林業実践ブック
基本技術と安全衛生
全国林業改良普及協会

まえがき

　ある林業技術者はこう言います。
「林業は身体能力を60～70%に抑えながら、脳をフル回転させてする仕事。かつ、森林を相手に、豊かさの手助けをする仕事です」
　例えば、木の伐倒などを行う作業は、知識と高度な技術と経験を要する仕事です。森林管理にはプロの手が必要です。

　『林業実践ブック―基本技術と安全衛生』は、森林管理を最前線で担おうとする皆さんに向けて編集しています。林業の基礎知識から、林業技術の基礎、林業界の動向、農山村の暮らし、各地の実践者まで、広範囲にわたる情報をやさしく紹介しています。

　次の点を意識して解説につとめました。
・林業の全貌・関連をわかりやすく提示すること
・作業の基本を確実にすること
・安全衛生の技術・意識を確実にすること

　もちろん述べていることは、一般的な事柄です。林業には、地域性、個別性が強くありますから、そのままでは通用しにくいこともあると思います。本書で得た知識や技術をもとに、現場で先輩や周囲の機関のアドバイスを受けながら、自ら工夫し、さらに専門的な実践を重ねていかれることを願います。

　本書をまとめるに当たって、林業家、森林・林業関係者、研究者など多くの方々にご指導をいただきました。
　本当にありがとうございました。

全国林業改良普及協会

林業実践ブック 基本技術と安全衛生 ●目次

第4章 森林作業の基本

第5章 間伐のいろいろ

第6章 あなたを守る知識

第1章

林業が目指すもの

森林を守り、育てる

●

森林は人類共通の財産であり、木材などの産物を供給するだけでなく、水資源のかん養、山地災害の防止、地球温暖化の防止、あるいは自然とのふれあいの場となるなど、大きな利益を社会にもたらしています。現在、私たちがこのような森林の恩恵を享受できるのも、長い時間をかけて森林づくりに取り組んだ先人たちのおかげなのです。

森林の手入れ・管理などを通じて森林の機能を高め、健全な状態で未来へ引き継ぐ。それが私たちの携わる林業の使命ともいえます。

林業の素晴らしさ

日本の面積の約7割は森林に覆われています。また、森林全体のうち約4割は人の手でタネをまいたり苗木を植えて育てた「人工林」と呼ばれる森林です。つまり、国土の約3割が人工林なのです。

資源を生み出す

人工林は、主に木材を供給する目的でつくられています。人工林は、植え付け、保育、伐採というサイクルを繰り返すことで再生が可能です。工場で生産するのと違い、自然（生態系）の力を借りて繰り返し生み出されるしくみに特色があります。これからの循環型社会では、きちんと人工林を管理し、そこから生まれる木材を効率よく利用して、他の資源の浪費を抑えるような社会のあり方が問われているのではないでしょうか。

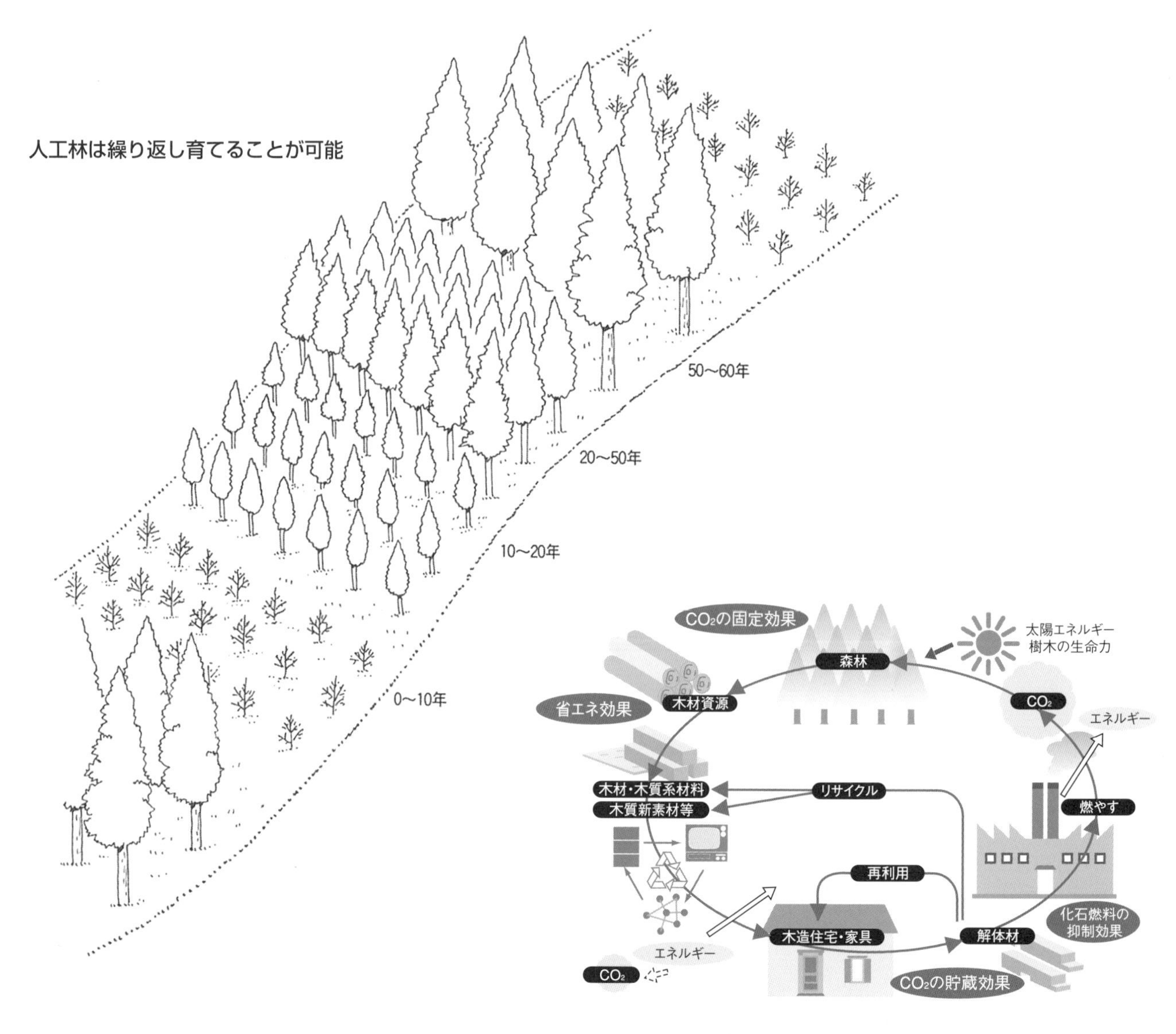

人工林は繰り返し育てることが可能

木材は究極のリサイクル材料

森林の多様な働き

人工林だけでなく、もう少し広く森林を見てみましょう。森林には木材供給という資源の面だけでなく、私たちの暮らしを支える実に様々な働きをもっています。これらを大まかにまとめると、以下の表のようになります。

このように様々な森林の働きを考えると、森林を守り育てる仕事「林業」の大切さ、素晴らしさが見えてきます。この章では、主に木材生産以外の森林の働きについて紹介したいと思います。

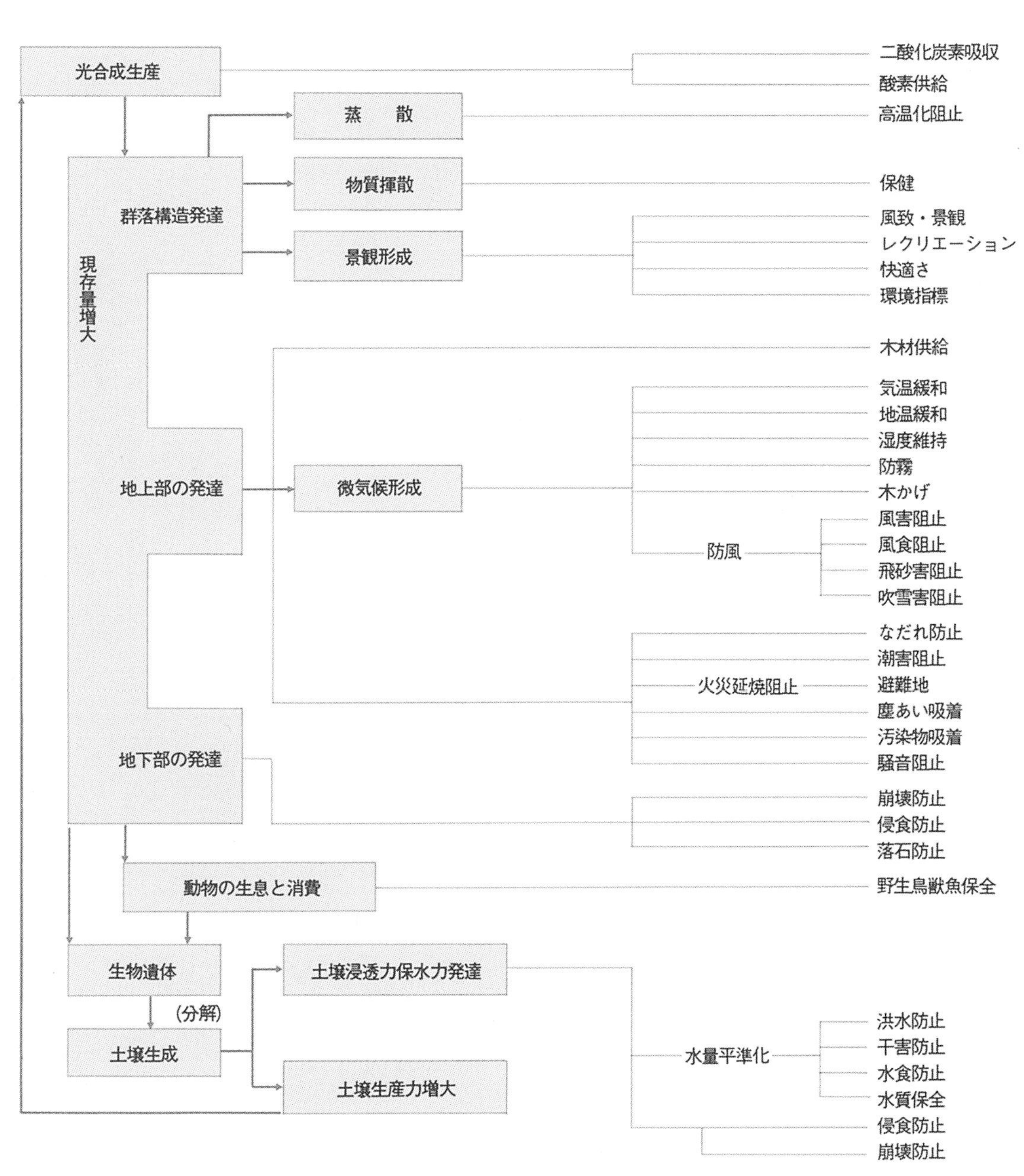

森林生態系の活動と森林諸効用の位置づけ（只木、1982　一部改変）

自然災害を防ぐ森林

よりよい状態で維持された森林生態系は、山地や水辺の自然災害を防ぐ働きをします。樹木のからだ自体が雨、風雪に働きかけたり、森林の土壌が表土や水の流れをコントロールするなど、地上部分、地下部分が一体となって機能するのが特色です。人工物には置き換えられないそのしくみを紹介しましょう。

山崩れを防ぐ

山崩れには、

1. 表層崩壊：基岩の上の土壌層が崩れるもの
2. 深層崩壊：基岩層もろとも弱い地質から一気に崩れるもの

があります。森林が防止効果を発揮するのは、表層崩壊についてです。

根の重量は樹木（地上部）重量の約1/3と言われるほど、地中で発達します。この根が表層崩壊の防止に直接関係しています。

土壌中に広く、深く伸びた根は、基岩層の亀裂にまで入り込みます。雨が降って地中に水がしみ込むと土壌が重くなり、傾斜が急な場所ほど、土壌層と基岩層の境界（すべり面）で滑りやすくなります。このとき根が基岩層まで達している森林は、根がすべり面をしっかり固定しているので、崩壊が起こりにくくなるのです。

土砂流出を防ぐ

森が土砂流出（侵食）を防ぐしくみ（防止機能）をまとめてみましょう。

- まず雨滴の落下エネルギーが樹木の葉・枝・幹、下層植生(下草)、地表をおおう落葉層で緩和されるため、雨滴が地表にぶつかるときの地表面の破壊が防がれます。
- 森林土壌が、スポンジのように雨水を吸収するので、地表流の発生を抑えます。
- また、多量の降雨で地表流が生じた場合でも、樹木の幹や、下草、落葉層が地表流を減速させます。
- 根がしっかりと土を緊縛しているため、土砂の流出（侵食）を防ぎます。このほか、
- 落葉層の保温効果が凍上融解侵食（霜柱により浮き上がった土壌が、傾斜地で滑り落ちる）を防ぐのです。

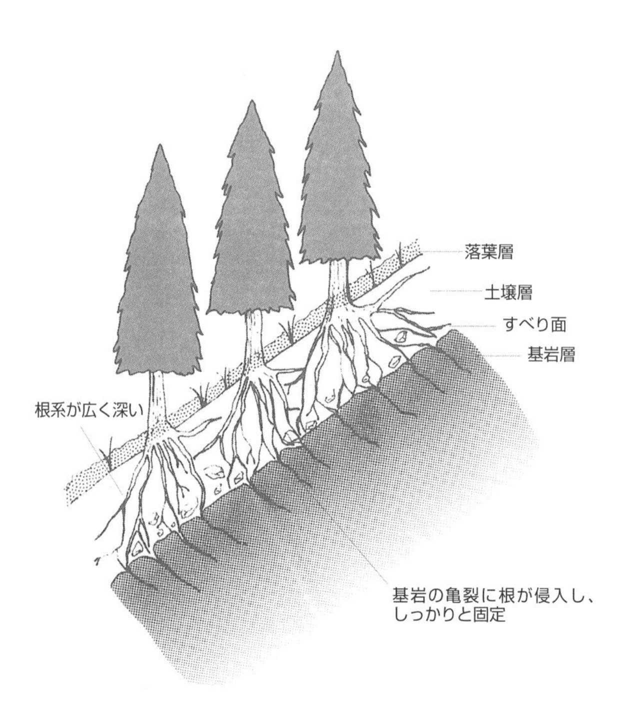

表層崩壊防止のしくみ

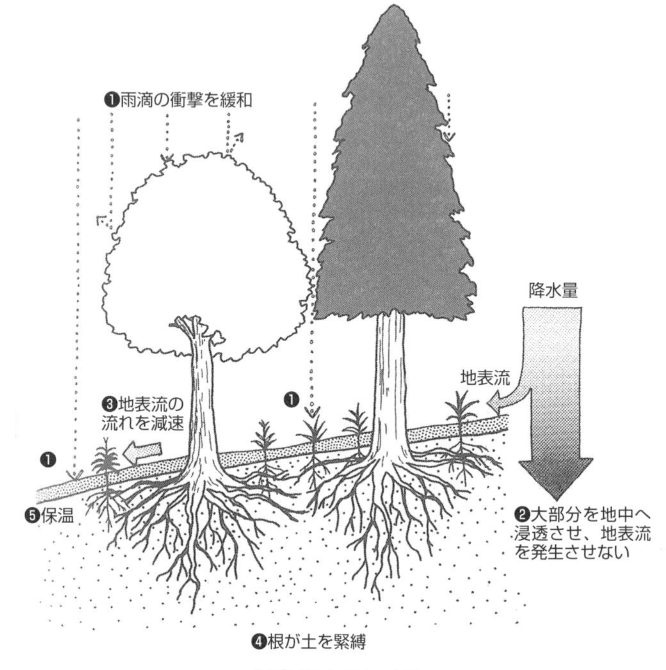

侵食防止のしくみ

洪水や渇水を防ぐ

森林では降水が土壌中に多く吸収され、地表流の発生が抑えられます。

森林ではおよそ降水の大部分が土壌中に浸透していきます。しかし、森林におおわれていない土壌では、しみ込む雨の量が少なくなり、その分河川へ流出する地表流が増えてしまいます。

大雨など一度に大量の降雨があると、地表流が河川を増水させ、洪水を招くおそれが出てきます。

なだれを防ぐ

なだれが発生しやすい傾斜地でも、樹木に密に覆われていると、その発生率は低くなります。これは、樹木が積雪層の移動を抑えるからです。ですから、樹高よりも高く積もった積雪層が崩れて発生するような表層なだれを防止することは難しいですが、地表のすぐ上の積雪層から崩れる全層なだれの防止には、効果を発揮します。

この場合、立木の樹高、密度、胸高直径が増加するほど、発生率は低くなります。

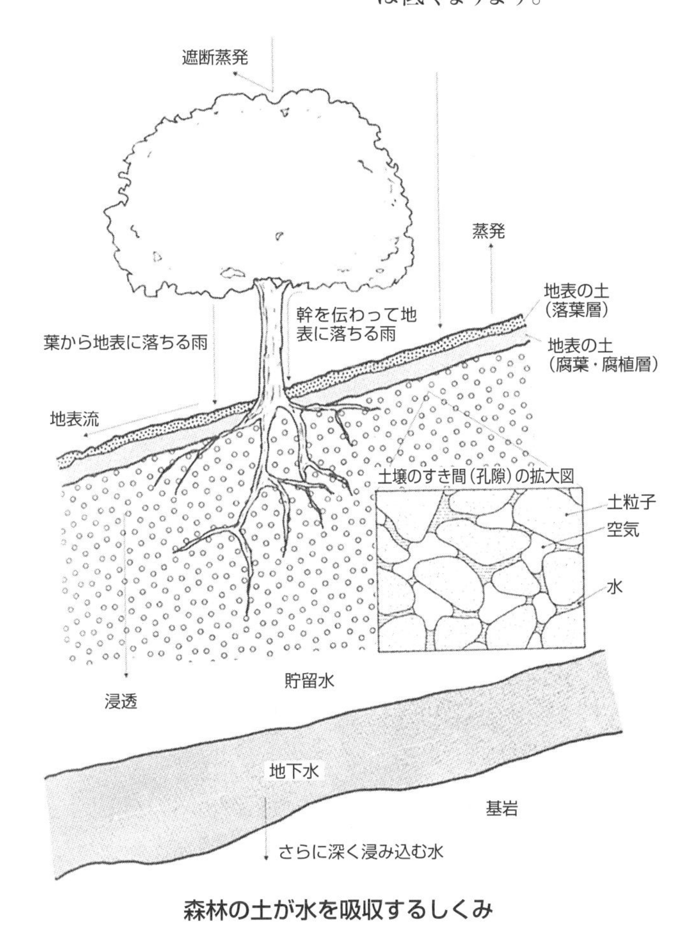

森林の土が水を吸収するしくみ

海岸沿いを守る

海岸付近の森（海岸林と呼ばれます）の機能について見てみましょう。

1. 強風を弱める：
   樹木の幹、枝葉によって風速を弱める。
2. 海風中に含まれる塩分を少なくする：
   樹木の幹、枝葉で空気中の塩分を捕捉する。
3. 飛砂を防ぐ：
   樹木、林床植生などによって海岸の砂地を覆い、風で砂が飛ぶのを防ぐ。風速も弱まるので、飛砂が運ばれにくくなる。
4. 霧害の防止・軽減：
   林木の樹幹、枝葉により霧粒を捕捉し、乱流を発生させ、霧を拡散する。
5. 津波の害の防止・軽減：
   林木の樹幹によって波や漂流物の破壊エネルギーを緩和する。

これらの機能をもつ森林は、効果的に配置されて、林帯背後の居住地、農地、生産施設、交通路の安全を守っています。

生活環境を豊かにする森林

私たちに身近な森とは何でしょう。市街地の小樹林、公園の樹木、並木、水辺林、郊外の雑木林など。そんな森は、快適な生活環境をつくり出したり、その景観でまちに彩りを加えたり、レクリエーションやスポーツの場になったりします。身近な森の存在を見直してみませんか。

風を防ぐ

防風機能の高い森林とは、どんな森林でしょう。森林（樹林）の幅、高さ、密度、形、葉の有無、風の向きや強さによって異なります。樹木が少なくとも幅7列ほど並ぶ帯状で、30～40%のすき間がある林帯が理想的で、その防風効果は風上で林帯の樹高の約5倍、風下で約30倍といわれています。

気温を緩和する

夏の暑い日に森林の中に入って、すーっとした清涼感を味わった人は多いでしょう。私たちは、体験的に森の中の方が、コンクリートに囲まれた都市部よりも涼しいことを知っています。それは、樹木の枝や葉が日射しを遮っているからだけではありません。森が与えてくれる清涼感のしくみとは何でしょう。

1. 樹木の蒸発散が熱を奪う
   日中の温度の上昇が抑えられるのは、樹木の蒸発散の働きがあるからです。太陽から地表に届いたエネルギーは、大気を暖める熱（顕熱と呼ばれる）、樹木からの蒸発散に使われる熱（潜熱と呼ばれ、大気を暖めたりしない）、地面を暖める熱などに使われます。
2. 樹冠が太陽光をカット
   樹木がない裸地では、太陽エネルギーが到達するのは私たち人間が歩く実際の地表です。しかし、森の中ではこずえ（樹冠）によって大部分の日射が遮られ、地面まで到達する量も減ります。その結果、地表面の温度の上昇も抑えられます。

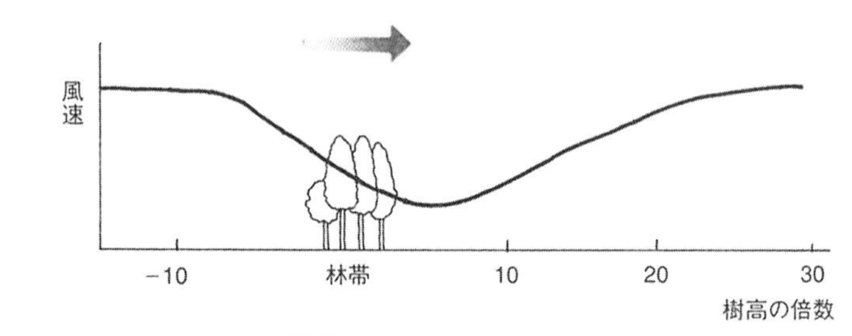

地上1m付近の風速の減少

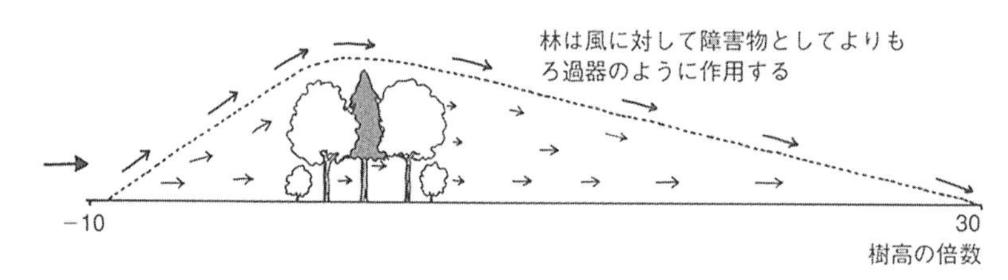

適度な密度（すき間がある）の林帯での風の流れ

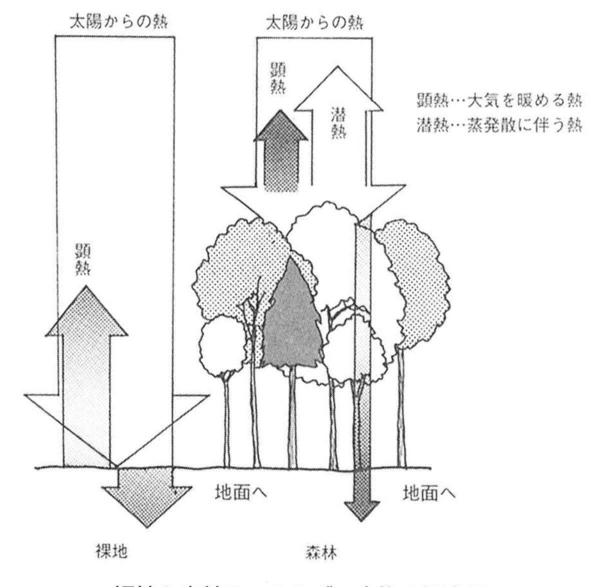

裸地と森林のエネルギー交換の概念図

騒音を抑える

音は、途中に障害物がない場合でも、音源から遠ざかるにつれ、次第に弱くなっていきますが、

1. 騒音源がない、
2. 枝や葉など樹体が騒音の音波を吸収する(高い音ほどよく吸収)、
3. 森があることによって騒音源からの距離を保つ、

ことによって森の内部は静かに保たれています。

大気の状態を改善する

植物は、イオウ酸化物やオキシダント(スモッグに含まれるオゾンなど汚染物質)などの種々の大気汚染物質を取り込んでしまう次のような働きをもっています。

1. 気孔から葉内に取り込んで、無害化する。
2. オゾンのように有害で分解しやすい物質は、林帯をぬける間に、枝葉や幹にぶつかり、分解される。
3. 枝葉や幹が、浮遊粉塵などを吸着するフィルター効果を発揮する。

このように、植物は浄化機能をもっていますが、実際には私たちが排出する汚染物の1%も植物に浄化させることはできません。それに、汚染物質が低濃度であれば、植物は成長を続けることができますが、濃度が一定の限度を超えると、耐えられなくなり、葉に被害症状が出たり異常落葉を起こし、ときには枯死することもあります。

ですから、樹木の浄化機能に無理な期待をかけるのではなく、汚染の程度をチェックする指標植物として利用するのが有効と思われます。

森がくれる楽しさ・豊かさ

まちのミニ樹林、郊外の林、公園の森、水辺林、里山の雑木林など私たちの身近な森は、私たちにいろいろな楽しさ、豊かさを提供してくれる存在でもあります。

その機能は、科学や技術だけでは完全には説明できません。みなさんが日頃から感じたり体験したりすることが多いのでは。

科学ですべて説明できない(いまのところ)からといって、森の役割を軽視したり、森を放置していいとは誰も思わないのではないでしょうか。一人ひとりの森への思いを持ち続けることも、森にとっては大事なことなのです。

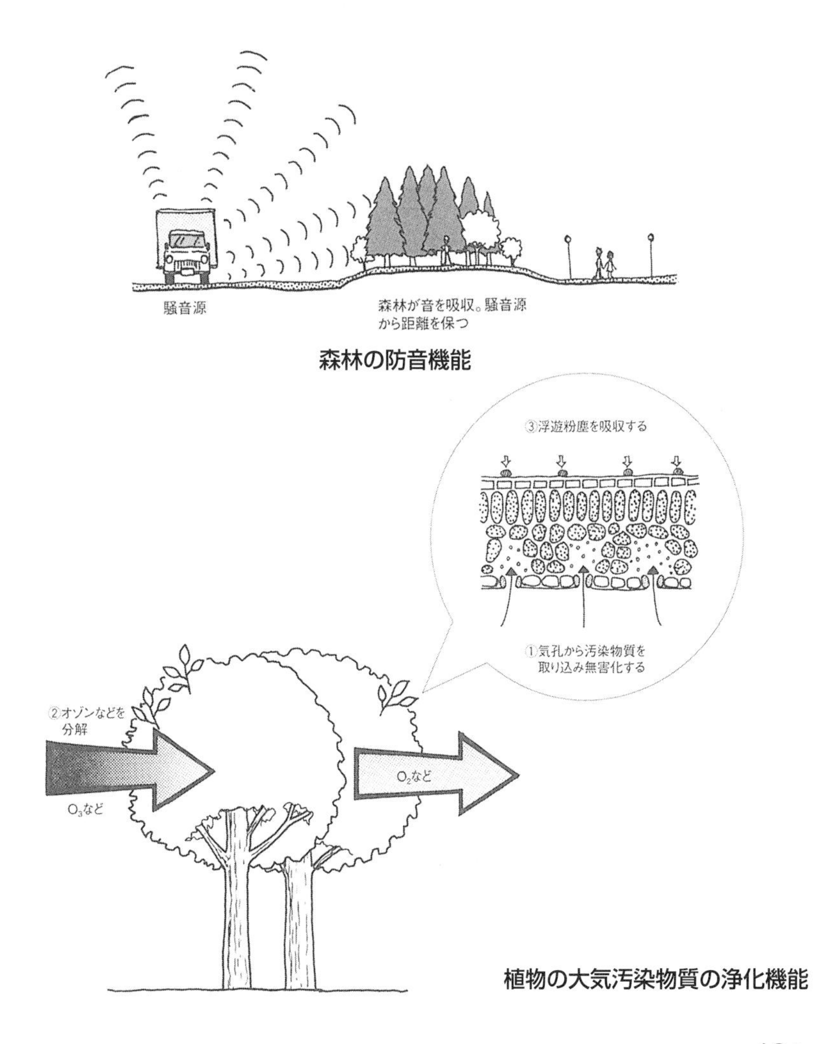

森林の防音機能

植物の大気汚染物質の浄化機能

地球温暖化と森林

地球環境を大きく変えてしまうおそれがある温暖化。温室効果ガスの代表である大気中の二酸化炭素濃度が濃くなっているのが原因と言われます。

その二酸化炭素を吸収・貯蔵してくれる森林と木材の役割がいま注目されています。

大気中の二酸化炭素を吸収する

植物は光合成によって、大気中の二酸化炭素を吸収し、有機物に変え、樹木の幹、枝、葉などの体内に貯えます。ですから森林は、二酸化炭素を貯蔵しておく生態系の巨大タンクともいえるのです。

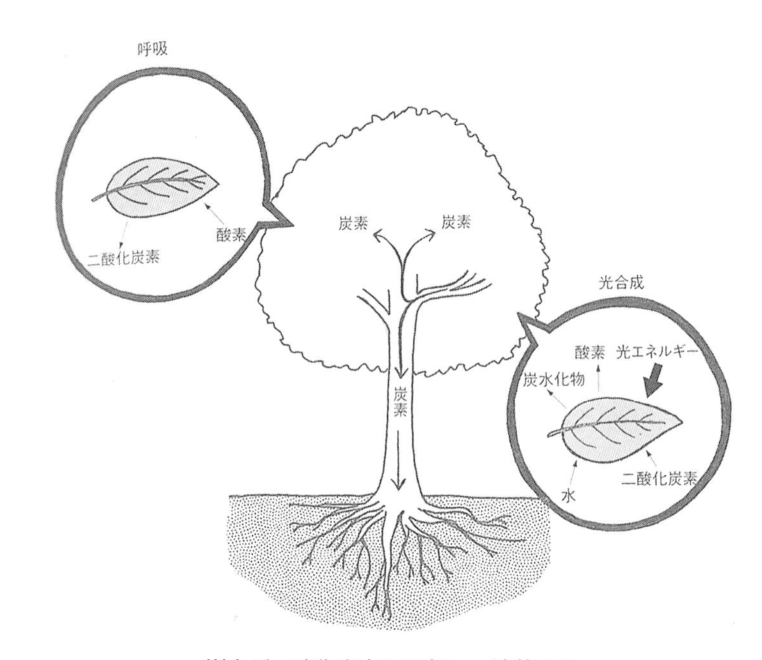

樹木が二酸化炭素を吸収し、貯蔵する

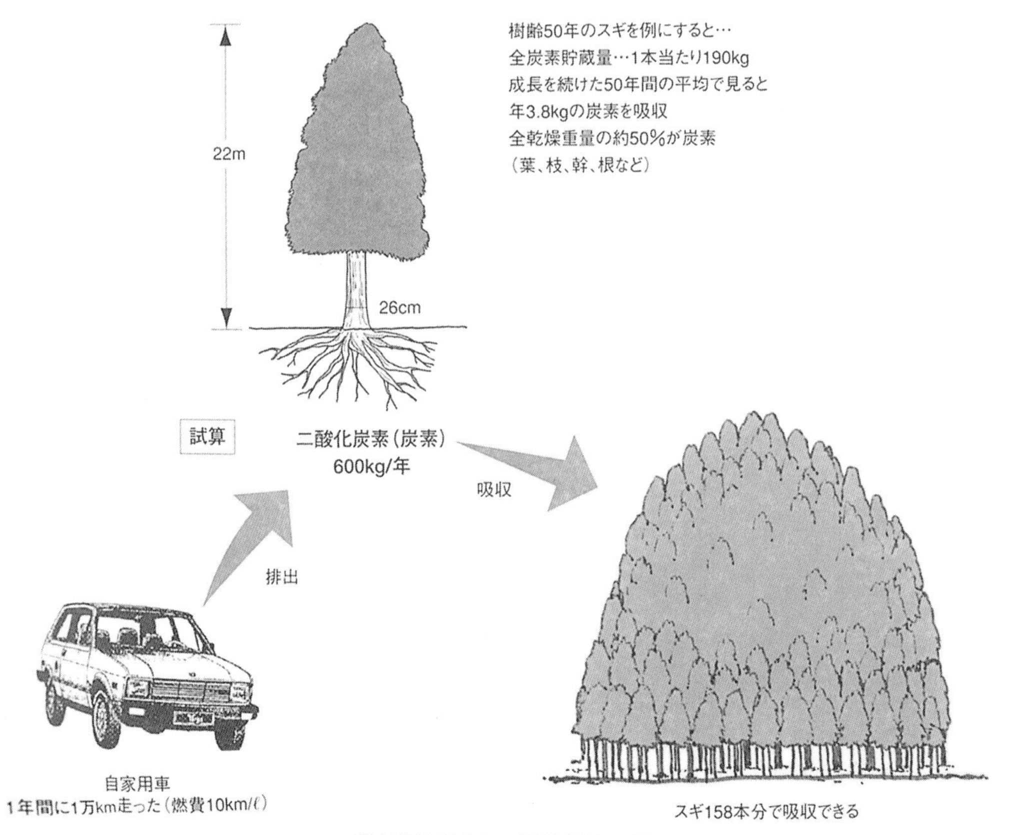

スギ林が吸収する二酸化炭素の量

どんな森づくりが良いか

森は、二酸化炭素を吸収してくれる大事な存在です。その働きを高めていくには、どんな工夫があるのでしょうか。

天然林

天然林は自然のしくみで、人為的エネルギーやコストをかけることなく炭素の貯蔵量を増やします。枯死木や倒木は徐々に分解して二酸化炭素を放出しますが、それだけ長い間炭素を樹体に貯蔵し続けると見なせます。

天然林でも、何かの原因で破壊され、若い樹木への世代交代（更新）がすすまないときには、人手による手助けを行うこともあります。

人工林

木材生産を目的とする人工林は、二酸化炭素の吸収・固定源として大変期待されています。というのは、若い森林は、たくさんの二酸化炭素を吸収して成長するからです。成長の低下した老齢木は二酸化炭素吸収速度が小さく、蓄積量があまり増えません。

このため、成長ピークを過ぎた森林を伐採し、木材として利用し、再び植林することで、大気中の二酸化炭素を積極的に吸収・固定できます。

日本の森林の約4割は人工林です。その7割を若い木（35年生以下）が占めているので、間伐しながらこの森を育てていき、成熟した森林を効果的に利用することが、二酸化炭素吸収につながります。

二酸化炭素対策として何も特別なことをするわけではありません。放置することなく若い人工林をきちんと手入れし、育てていくという、林業の基本が教えてくれることなのです。

よりよく保たれた天然林

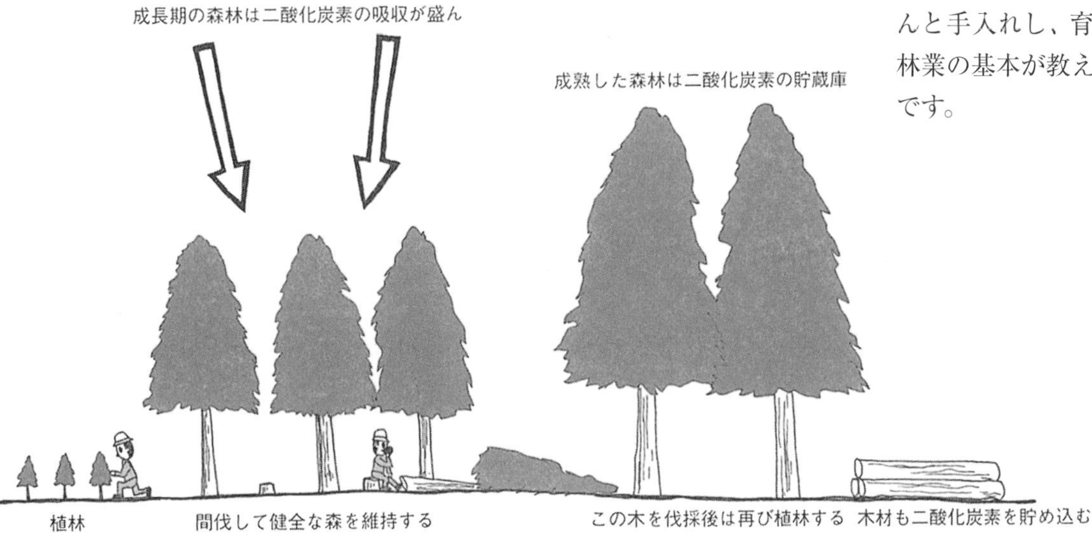

人工林施業

森林を巡る環境問題

視点を世界に移して森林を考えると、地球規模で大きな危機に直面していることがわかります。林業に携わる者として、その大まかな内容は知っておきたいものです。

砂漠化

国連環境計画（UNEP）の報告書（1991）によると、世界の陸地面積の約4分の1（約36億haの土地）、世界人口の約6分の1（約9億人）が砂漠化の影響を受けているといわれています。

耕作可能な乾燥地域が砂漠化する事例は、アフリカとアジアで世界の約3分の2を占めていることが分かります。

アフリカ大陸の65%（20億ha）は乾燥地です（UNEP、1991）。その3分の1は砂漠で、残りの3分の2の乾燥地、半乾燥地、半湿潤地に約4億人（アフリカ人口の3分の2）の人々がすんでいます。

アジアでは、耕作可能な土地の約35%（8600万ha）が砂漠化の影響を受けています。人口増加率が高い、中国、アフガニスタン、モンゴル、パキスタン、インドといった国々で砂漠化が心配されています。

生物種の減少

約40億年前に地球上に生命が誕生して以来、種は絶滅と誕生を繰り返しながら進化してきました。種の減少や絶滅は自然の過程のひとつですが、現代の絶滅は、自然の速度をはるかに超えるペースで進んでいると言われています。その原因のひとつが森林の減少です。特に熱帯雨林は種の宝庫とも呼ばれ、陸地面積の6%しかないのに、全生物種の約半数以上がここに生息するとされています。アマゾンの熱帯林がこのまま失われると、今後40年間に10万から45万種が絶滅すると予測されています（ウィノグラッド、1995）。

地球温暖化

温暖化がすすむと、いったいどうなるのでしょうか。各国の専門家で構成される委員会（「気候変動に関する政府間パネル」／IPCC）は、1990年～2100年の平均気温の上昇は約2℃で、その後も上昇し続けると予測しています（IPCC、1995）。

この急激な温度上昇で一番心配なのは、海面上昇です。また、気温が上昇すれば、蒸発量や降水量・降水分布も変化して、生態系や人間の経済活動は大きな影響を受けるでしょう。

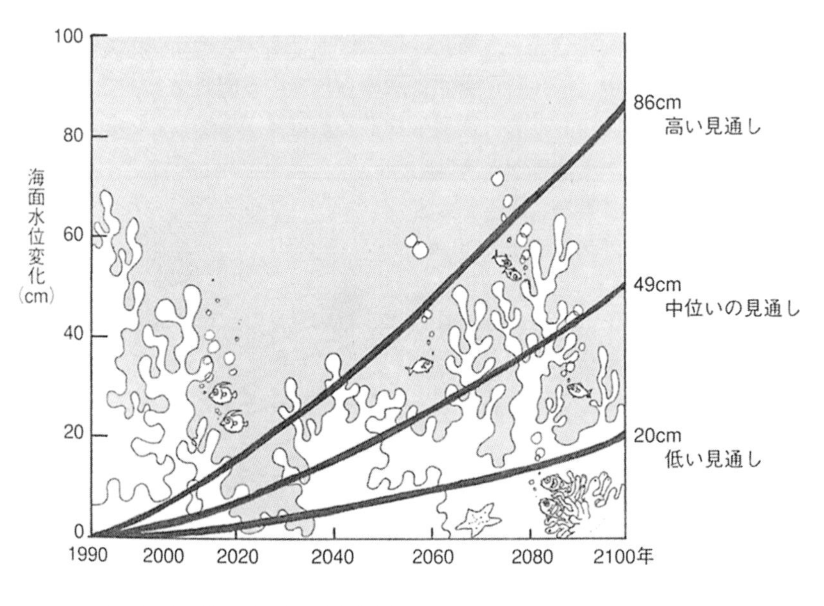

全球平均海面水位上昇の見通し　資料：IPCC,1995

酸性雨

酸性雨とは、硫黄塩や硝酸塩を含んだ酸性の強い雨（チリ、雪、霧を含む）のことです。石油・石炭などを燃やすと硫黄酸化物（SOx）が発生し、自動車を走らすと排ガスとして窒素酸化物（NOx）が出てきます。こうした大気汚染物質の増加がそもそもの原因と言われています。

酸性雨が降り続けると、

1. 湖沼・河川の酸性が強くなって水質が悪化する、
2. 土壌の酸性化で植物の成長が妨げられる、
3. 酸による腐食で建造物が破壊される、

などの影響があるとされています。

酸性雨が森林に与える影響については、どうでしょう。樹木への直接の害についてはないとされていますが、土壌、水流など森林生態系への影響については今後の調査・研究が必要です。

大規模な森林火災

近年では、地球全体で毎年約7000万haもの森林・草地が燃えているとの推計があります（D・ワード）。

インドネシアでは、1982年から1983年にかけてボルネオ島で大規模な山火事がありました。東カリマンタンで約360万haの森林が消失しています。

熱帯多雨林は、その名の通り多雨地域で、燃えにくいはずですが、伐採が進むと森の中が乾燥し、燃えやすくなります。

山火事によって大量の二酸化炭素が放出され、人の健康が損なわれるだけではなく、水源を保護し、生物多様性を維持する森林の働きが失われてしまいます。

酸性雨が予測される地域例（2050年の予測）　資料：ボッシュら／UNEP,1997

森林の減少

減少する世界の森林

一体、これまでにどのくらいの森林が失われたのでしょうか。

各地の気温と降水量が現在と同じであったと仮定して、8000年前（つまり農耕社会が成立する以前）の森林面積を推定すると、62億ha、陸地の約48％になるそうです。それが、農耕地や居住地の拡大とともに、原始の森は次々と切り開かれていきました。「平成30年版森林・林業白書」よると2015年時点の森林面積は40億haで、世界の陸地面積の約31％を占めており、8000年前に比べると約35％減少していることになります。

森林面積の減少は減速傾向

世界の森林面積は、2010～2015年までに中国やオーストラリアを始めとする植林等により大幅に増加させる国がある一方、ブラジルやインドネシア等における熱帯林等の減少により、全体として年平均で331万ha減少しています。

地域別に見ると、アフリカと南米で年平均200万ha以上減少している一方、アジア等では増加しています。

また世界の森林面積に対する減少面積の割合は、1990～2000年期は年平均0.18％でしたが、2010～2015年には年平均0.08％と半減しており、減速の傾向が見られます。

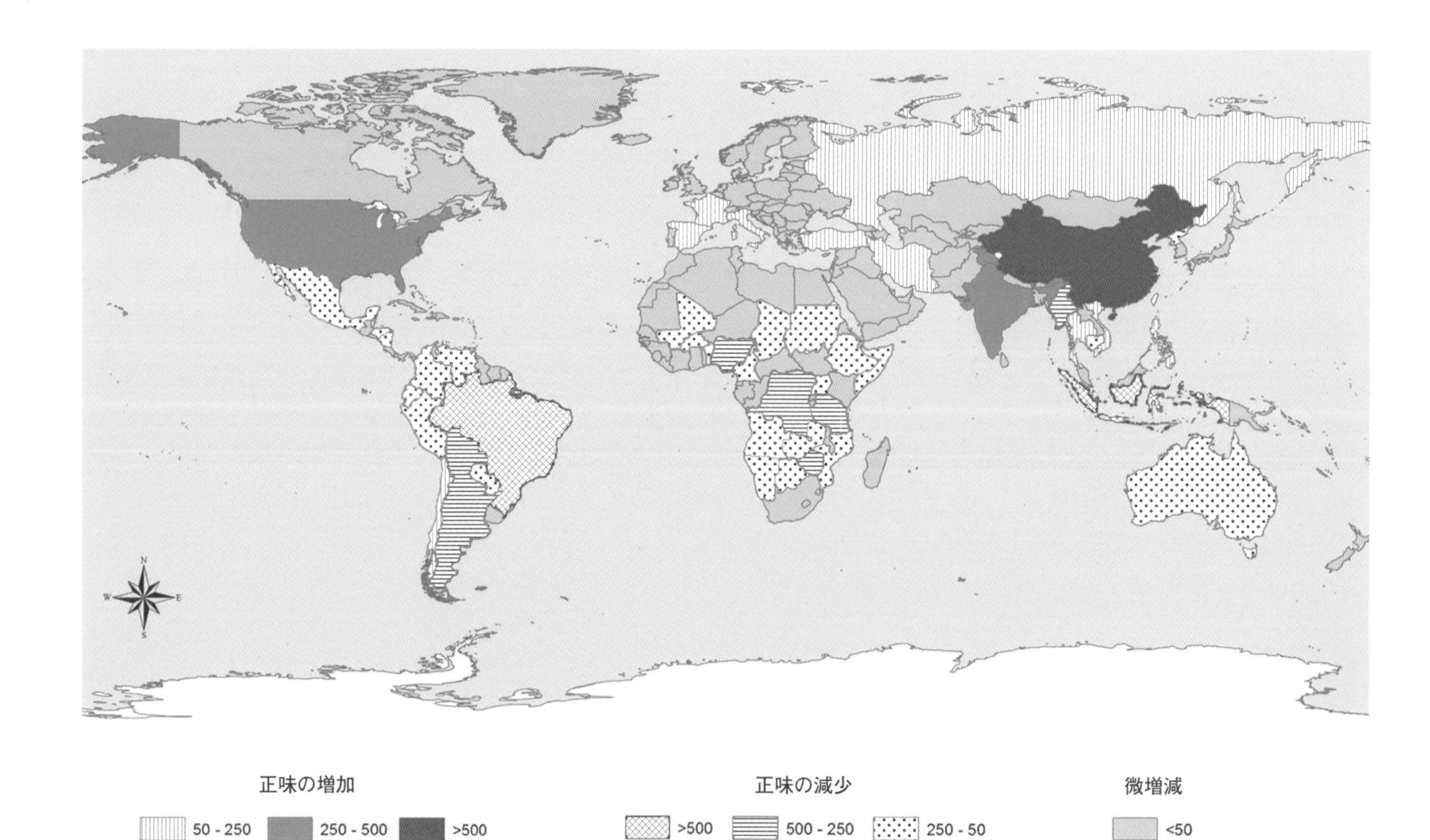

1990年と2015年を比較した森林面積の正味の増減（単位：1,000ha/年）　資料：「Annual change in forest area（1990-2015）」（FAO）より一部加工して作成

第2章

林業とはなにか

●

　森林を守り育てる仕事。夢のある「林業」とはどのような仕事なのか、そしてどのような職場であるのか、その全体像を見てみましょう。また、林業のおかれている現状についても、把握しておきたいものです。

林業の仕事とは

社会の期待

森林に何を期待するか。地域・流域社会の声は、森林・林業の仕事を大きく左右します。

人工林が多い山村では、木材生産など森林資源を地域経済に活かしたいという声が大きいでしょう。里山、都市近郊や都市部では、水や国土防災に森を役立てたいという声が大きいかもしれません。地域によって、森林に期待するものは多少の違いはあるでしょう。国全体では、国の世論調査が昭和55年(1980)から実施されており、期待度が高いものからあげると、ほぼ次の順となっています(平成12年度『林業白書』より)。

①災害防止
②水資源かん養
③大気浄化・騒音緩和
④野生動植物(生息場)
⑤温暖化防止
⑥野外教育
⑦保健休養
⑧木材生産、林産物生産

整理すると、地域による程度の違いはあるものの、社会が森林に求めるものは、

- サービス(上の①災害防止～⑦保健休養)
- モノ・財(⑧の木材生産、林産物生産)

になります。

森林・林業の仕事は、森林生態系のサービスとモノを生み出す機能を高め、引き出し、社会に役立てる仕事にほかなりません。

モノとサービス

森林生態系が作り出すモノの第一は、いうまでもなく木材です。きのこ、山菜など特用林産物もあります。自家用を別とすると、これらは市場で取り引きされる「商品」です(市場財)。

商品の大きな特徴は、それを育てた場所つまり森林を離れて飛び交うことです。木材の場合、それこそ地球規模で動き回っています。

一方、サービスとは逆にそれを生み出す場所・森林と切り離せません。なぜなら、森林がなければそもそもサービスは発生しないからです。いわゆる公益的機能、社会的機能と呼ばれるものです。二酸化炭素固定のように地球規模のもの、水源かん養のように流域に限定されるものなどサービスを享受できる範囲はいろいろありますが、こうしたサービスは、木材のように輸出したり輸入したりというわけにはいきません。土地と切り離して、地球の裏側でサービスそのものを売り買いできないのです。山地災害機能や水源かん養機能が足りないからといって、どこかからもってきたり、輸入したりできないのです。

ですから、もし人口が多く、その割に森林が少ない場合、そのサービスを皆で享受するためには、今ある森林を上手に使い、最大のサービスを引き出し、それがなくならないようにしながら使わなければならないということになります。

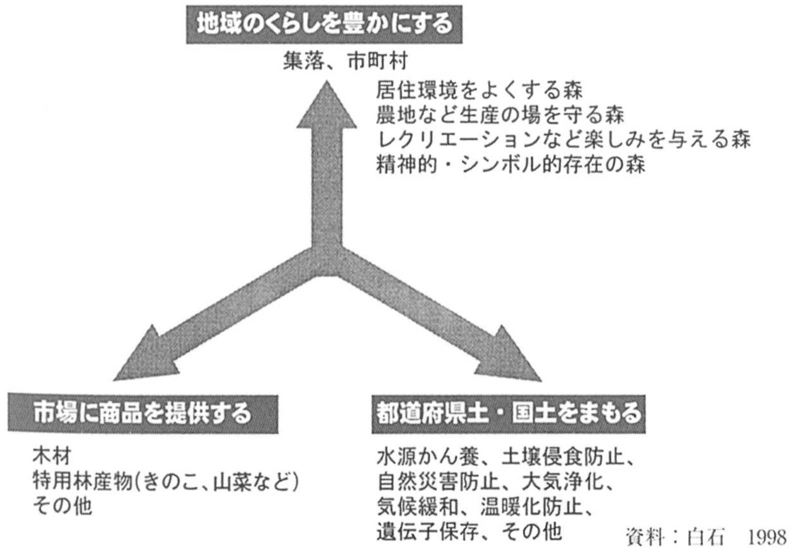

地域のくらしを豊かにする
集落、市町村
居住環境をよくする森
農地など生産の場を守る森
レクリエーションなど楽しみを与える森
精神的・シンボル的存在の森

市場に商品を提供する
木材
特用林産物(きのこ、山菜など)
その他

都道府県土・国土をまもる
水源かん養、土壌侵食防止、
自然災害防止、大気浄化、
気候緩和、温暖化防止、
遺伝子保存、その他

資料：白石　1998

森林・林業の仕事

市場へ商品を提供する仕事

木材、特用林産物生産（きのこ、山菜など）の仕事は、市場を意識する意味から「商品を市場に提供する仕事」と整理します。市場に提供するわけですから、必要なタイミング、量、質など市場のニーズを満足させて商品を提供しなければなりません。でないと、市場から相手にされなくなり、市場を失います。

これは、日本の場合、一林家ではなかなか難しい相談です。それだけの経営規模、条件をもたない林家がほとんどだからです。従って、市場へ商品（この場合木材・木材製品）を提供する経営主体として、地域が主役を担うわけです。林業地域としてまとまり、力を合わせて市場が求める商品を提供し、市場競争を勝ち抜こうというものです。

国土を守り、暮らしを豊かにする仕事

災害防止や水源かん養に代表される公益的機能は、森林がなければ発生しません。しかも人工的につくり出すなど代替ができないものばかりです。森林の公益的機能が生み出すサービスを考えるとき、「森林」ではなく「森林生態系」で見る視点が必要です。

森林生態系の視点とは、簡単に言うと水、土、空気、動植物・菌類などの「動き」もあわせてみるということです。動きというからには、量ばかりではなく、時間の視点がとりわけ重要です。森林生態系は変化し続けます。人口増に伴う人間の経済・社会活動の影響を受ければなおさらです。

今後、森林生態系の機能を保ち、増進し、そのサービスを社会に提供する仕事はますます重要となるでしょう。

サービスは、

- 国土防災、水源かん養など私たちの生活に欠かせないライフライン的なもの、経済・社会活動の土台となるもの、
- 地域のくらしを経済的、環境的に豊かにしてくれるもの、

の二つに整理してみました。

後者を少し説明します。

私たちの身の回りには、樹木、林、森が大なり小なり存在しています。農山村ではもちろんのこと、都市部や郊外であってもそうです。その存在は、私たちにいろいろな恵みをもたらします。風や日射しを和らげて快適な居住空間をつくったり、レクリエーションの場や美しい景観を提供してくれます。農山村では、農業用水上流の水源を守ったり、山地災害を防いだり。また、山菜・きのこは、採る楽しみだけではなく実益ももたらします。

むらやまちの森が生み出すこうしたサービスは、住みよい地域づくりに欠かせません。それを十分に引き出し、維持すること。それも森林・林業の仕事だと考えます。

身近な森が豊かな暮らしをつくる

林業の歴史

スギ、ヒノキなどの人工林を育て、伐採して木材として利用する林業地は、日本各地に広がっています。歴史のある林業地、戦後の比較的新しい林業地などさまざまです。

なぜ、私たち日本人は、昔から人工林をつくってきたのでしょうか。

奈良や平安時代、まちづくり、寺院づくりに大量の木材が求められました。使われたのは、運ぶのに便利な近在の天然林から伐採した木材です。その結果、森は伐採しつくされ、はげ山になる例もあるほどでした。次第に木材資源が枯渇していったため、造林が始まったのです。本格的な造林は、江戸時代に入ってからです。植えられたのは、スギやヒノキです。どちらも建築用木材としての性質に優れ、加工がしやすいからです。

なぜ人工林か

第二次大戦後、日本ではとくに人工林づくりが盛んになりました。なぜなら、戦争中や戦後の大量の木材伐採などで日本中の山が荒れていたからです。山に緑を取り戻し、加えて将来の木材需要に応えていこうと、全国の森林所有者、林業技術者、山村地域の人たちの努力で人工林づくりが進んだからです。

そこでも頼りにされたのが、スギやヒノキという私たち日本人が古くから植えてきた樹種です。

その結果、現在の1000万haという森ができ、全国各地に林業地が誕生しました。森づくりという大事業としては、きわめて短い間に成し遂げられたことで、日本の人工林づくりは世界中の注目を集めています。

いろいろな林業地の人工林

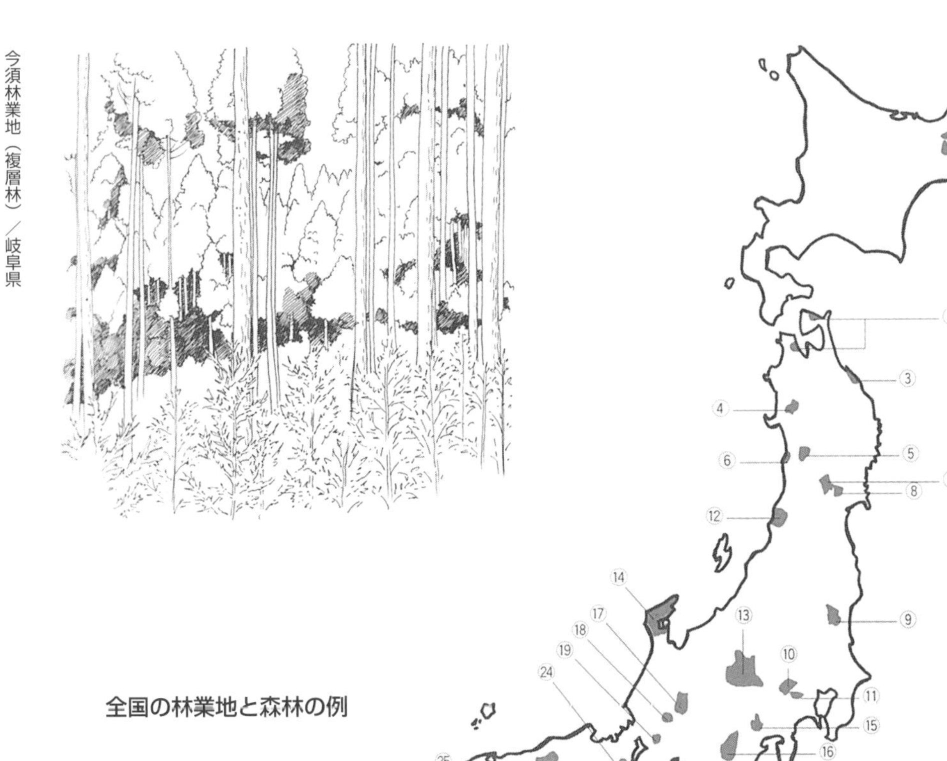

今須林業地（複層林）／岐阜県

全国の林業地と森林の例

① パイロット・フォレスト（カラマツ人工林）
② ヒバ天然林（日本三大美林）
③ アカマツ天然林
④ 秋田スギ林（スギ天然林・日本三大美林）
⑤ 金山林業地（スギ人工林）
⑥ クロマツ人工林（砂や潮風を防ぐ海岸林）
⑦ 鳴子林業地（スギ人工林）
⑧ 岩出山林業地（スギ人工林）
⑨ 八溝林業地（スギ、ヒノキ人工林）
⑩ 西川林業地（スギ、ヒノキ人工林）
⑪ 青梅林業地（スギ、ヒノキ人工林）
⑫ 山北林業地（スギ人工林）
⑬ 東信地方カラマツ林業地（カラマツ人工林）
⑭ 能登のアテ林業（アテ人工林）
⑮ 富士川林業地（ヒノキ人工林）
⑯ 天竜林業地（スギ、ヒノキ人工林）
⑰ 木曽ヒノキ（ヒノキ、サワラなどの天然林、日本三大美林）
⑱ 益田林業地（ヒノキ人工林）
⑲ 今須林業地（スギ、ヒノキ人工林）
⑳ 飯高林業地（ヒノキ人工林）
㉑ 尾鷲林業地（ヒノキ人工林）
㉒ 吉野林業地（スギ、ヒノキ人工林）
㉓ 龍神林業地（スギ、ヒノキ人工林）
㉔ 北山林業地（北山スギ人工林）
㉕ 智頭林業地（スギ人工林）
㉖ 粟倉林業地（スギ、ヒノキ人工林）
㉗ 木頭林業地（スギ人工林）
㉘ 嶺北林業地（スギ、ヒノキ人工林）
㉙ 久万林業地（スギ、ヒノキ人工林）
㉚ 太田川林業地（スギ、ヒノキ人工林）
㉛ 美秋林業地（スギ、ヒノキ人工林）
㉜ 日田・小国・八女林業地（スギ人工林）
㉝ 耳川林業地（スギ人工林）
㉞ 飫肥林業地（スギ人工林）

人工林をつくる仕事

日本の森林の約40%(1000万ha)は人工林です。スギ、ヒノキ、マツ、カラマツといった針葉樹が代表樹種。人の手によって苗木を植え、育ててきたものです。大部分は木材生産を主目的に造成してきたものです。

林業の仕事というと、人工林をつくる仕事とそこから木材を収穫する仕事があげられます。こうした林業に従事する人の数はおよそ4万5000人と調査されています(総務省国勢調査、平成27年)。

増加傾向にある間伐の仕事

人工林をつくる仕事には、苗木づくりから植付け、下刈り・つる切り、除伐などの初期保育、間伐などがあります。人工林づくりでもっとも人手がかかるのが植付けから当初10年くらいまで。もっとも、現在は植付けの仕事そのものが減っており、下刈り、つる切り、除伐などの初期作業もかつてほどではありません。人工造林最盛期の1950〜60年代は毎年40万ha前後造林されていましたが、現在は年間約2万7000haと10分の1以下の水準です。

代わって仕事量が増えてきたのが間伐です。樹齢20〜30年くらいの人工林では、とりわけ間伐作業が重要であり、この分野の仕事は今後も増え続けると見込まれています。

主な仕事内容

- 苗畑で苗木を育てる(スギ、ヒノキ、マツなど)
- 地ごしらえ(植付け場所をつくる)
- 植付け
- 下刈り
- 雪起こし(積雪で倒れた幼樹を起こす)
- つる切り
- 除伐(目的外の木を伐る)
- 枝打ち
- 初期の間伐

仕事の特質としては、技術はもちろんですが、森に入っての作業であり、それなりの体力が求められます。仕事場が森ですから、森が所在する農山村にすむことが前提となります。最近は、他業種からの転入、U・Iターン者の参入などで、さまざまな人々がむらにすみ、森の仕事に就く例が増えています。

森林組合の現場従事者(作業班などと呼ばれます)や林業会社の職員として、山の現場で働く例が一般的です。

森林組合の現場従事者（作業班員）

林業にかかわる人・組織の地域パノラマ図

山村で繰り広げられる林業の仕事

森の仕事の中心地は山村です。山村は森林資源豊富な地域だからです。けれどもその姿は一様ではありません。自然条件、地理条件、森林資源内容、労働力・木材市場の有無など経済・社会条件に左右されるため、森林・林業の仕事は地域性が強いのが特徴です。主な登場人物を紹介します。

- 森をつくり、保全する技術者、従事者
- 山村に在住し、森と生きる人々。
- 地域の森林管理を担う行政機関、林業団体など
- 技術を提供したり、支援する人たち
- その他森林産物にかかわる人たち

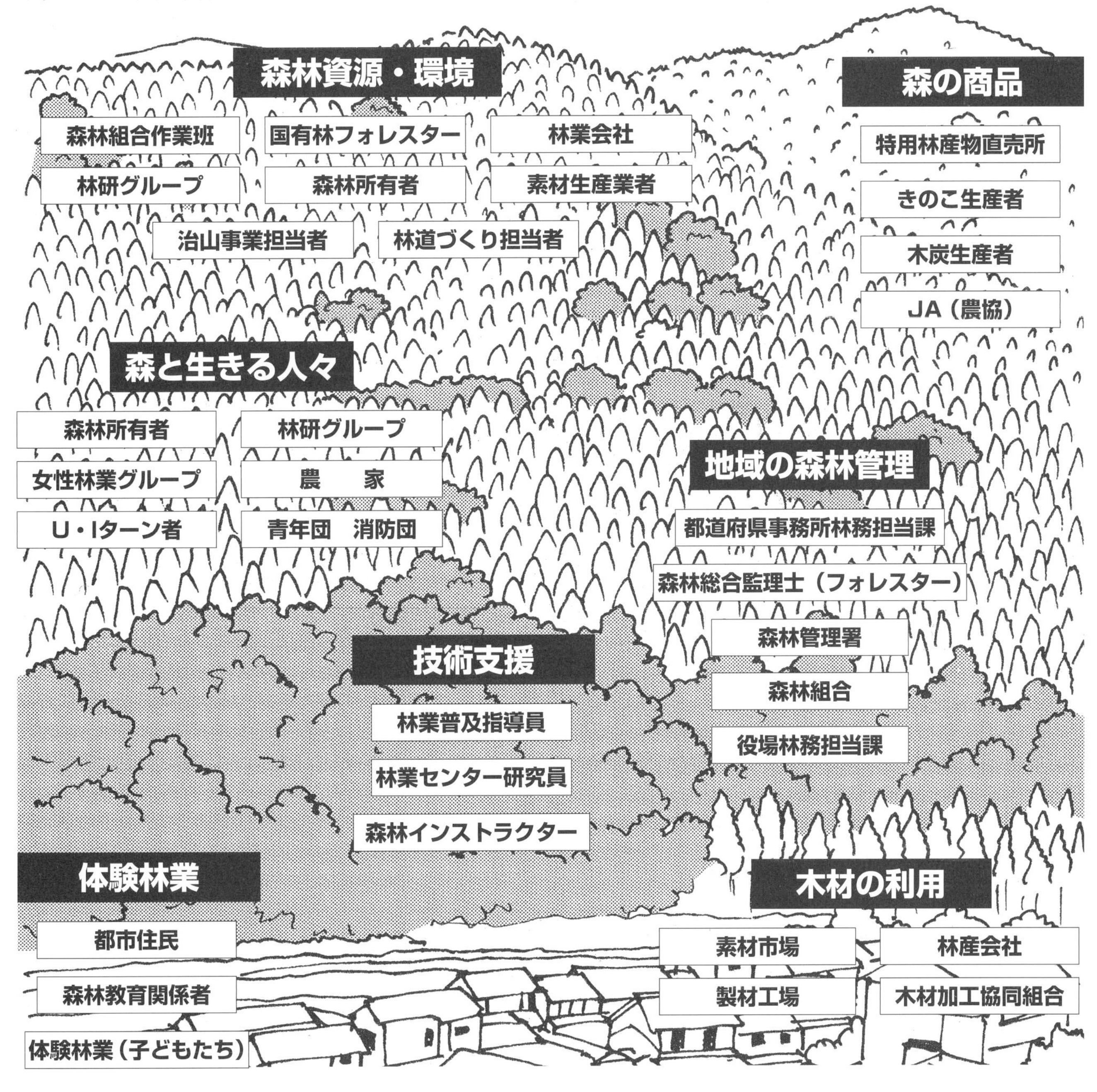

データで見る林業の現状

森林や林業を巡る情勢は、どのようなものでしょうか。データをもとに様々な角度から見てみましょう。

国土面積と森林面積の割合

わが国の国土面積は3779万haでそのうち2508万haが森林です。さらにその内訳をみると、個人や会社などが所有する私有林が約6割、国が所有する国有林が約3割、自治体が所有する公有林が約1割となっています。

〔国土面積と森林面積の割合〕

【全国】

(単位：万ha)

宅地 190 5%
その他 616 16%
農地 467 12%
国土面積 3，779万ha
森林 2507 66%

公有林 292 12%
国有林 767 31%
森林面積 2,508 万ha
私有林 1,449 58%

資料：国土交通省「平成23年度土地に関する動向」

資料：林野庁「森林資源の現況」
注：平成24年末現在。

森林資源の推移

わが国の森林面積は横ばい傾向をみせています。一方、蓄積は着実に増加を続けており、特に人の手で植えられた人工林の蓄積が増加しています。

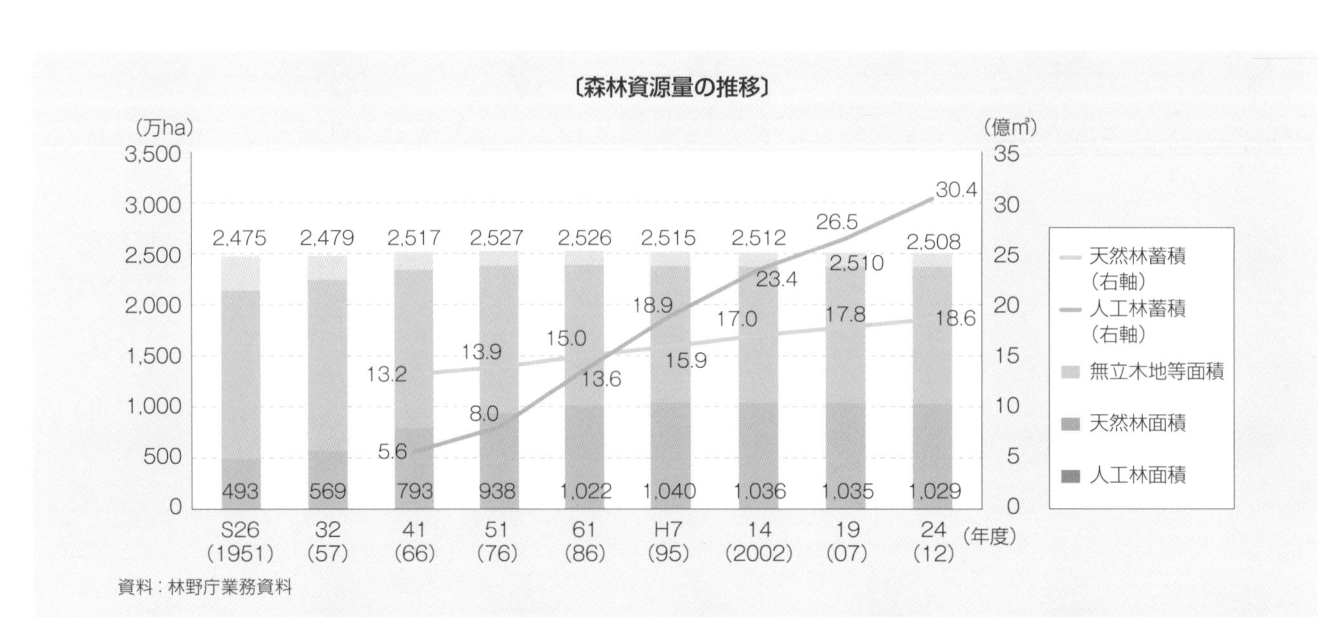

人工林の齢級別面積

わが国の森林のうち、約1000万haが戦後を中心に造成されたスギ・ヒノキ等の人工林です。林齢別にみると、伐採して木材としての利用が可能となるおおむね50年生以上の人工林が年々増加しつつあり、これまでの造林・保育による資源の造成期から間伐や主伐による資源の利用期へと移行する段階にあります。

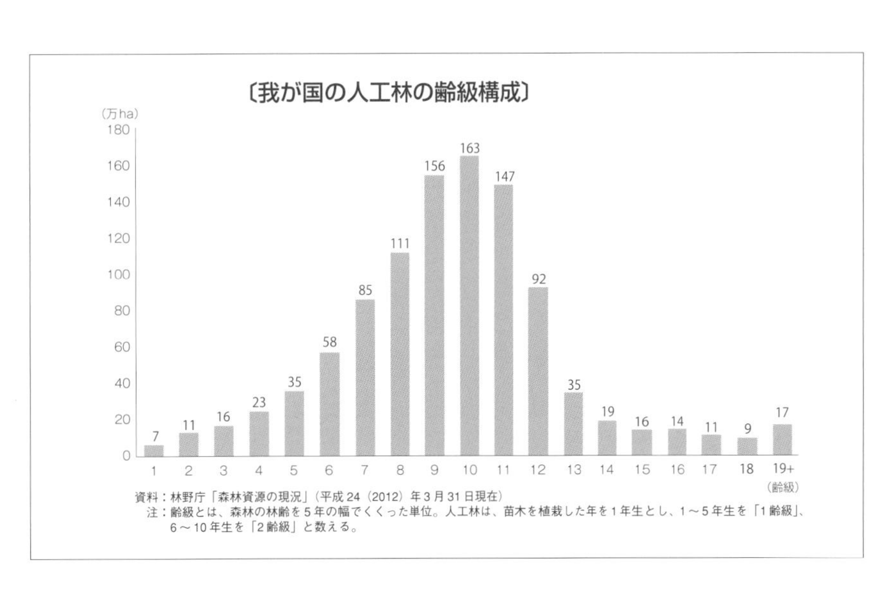

小規模経営

2015年農林業センサスによると、保有山林面積が1ha以上の世帯である「林家」の数は約83万戸であり、そのうち85%が10ha未満の保有となっています。一方で、これら林家の保有する山林面積は全体の約4割を占めるにすぎず、残りの約6割は保有山林面積10ha以上の林家が保有しています。

このように、わが国の森林の保有形態は、保有山林面積が小さい森林所有者が多数を占める構造となっています。

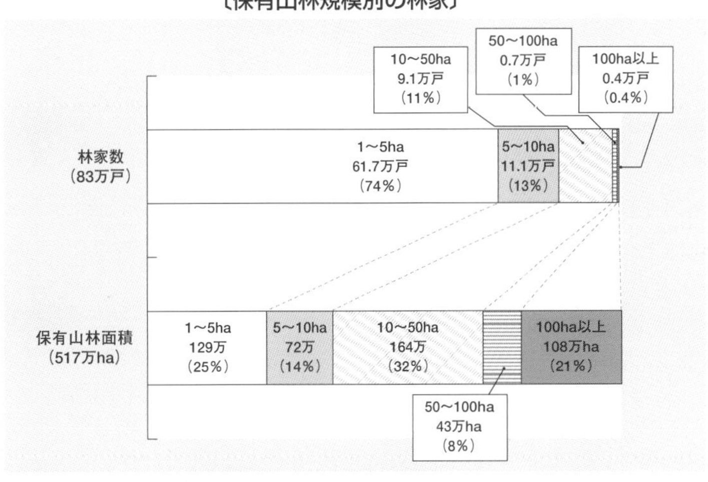

林業経営体

2015年農林業センサスによると、林業経営を行う「林業経営体(*)」の数は約8万7000経営体で、そのうちの6割弱が10ha未満の保有山林となっています。林業経営体の94%が法人でない経営体が占め、その大半は個人経営体(家族林業経営)です。

*林業経営体…保有山林面積が3ha以上かつ過去5年間に林業作業を行うか森林経営計画または森林施業計画を作成している、委託を受けて育林を行っている、委託や立木購入により過去1年間に200㎥以上の素材生産を行っている、のいずれかに該当する者。

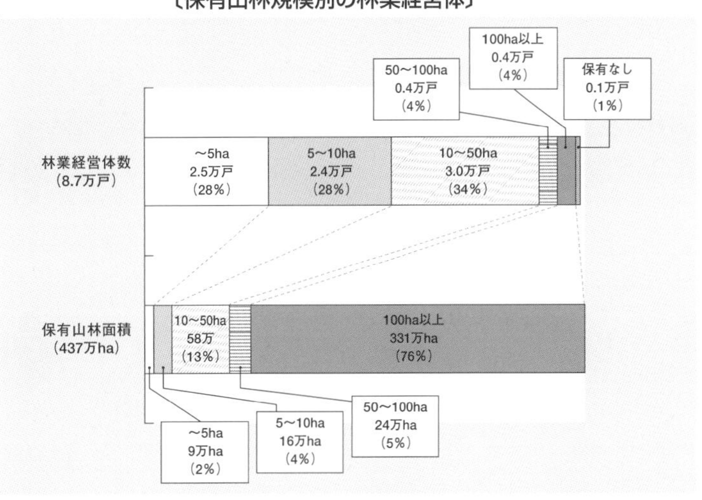

施業の実施状況

私有林における森林施業は、主に林家、森林組合及び民間事業体によって行われています。

森林組合は、植林、下刈り等及び間伐については全国の受託面積の56％を占めています。また民間事業体は主伐の55％を実施しています。

林業経営体による素材生産量は増加

調査期間の１年間に素材生産を行った林業経営体は、全体の約12％に当たる10,490経営体（前回比19％減）、素材生産量の合計は1,989㎥（前回比27％増）となっています。

また、受託者もしくは立木買いにより素材生産を行った林業経営体については、3,712経営体（前回比９％増）となっており、その素材生産量の合計は1,555万㎥（前回比42％増）となっています。

不在村森林所有者の増加

林家についてみると、不在村森林所有者（所有している森林がある市町村内に居住していない森林所有者）の増加が目立っています。このため、地域で共同作業を行う際にも了解が得にくい場合があり、管理不十分な森林の増加が心配されています。

〔林業経営体の林業作業の実施割合〕

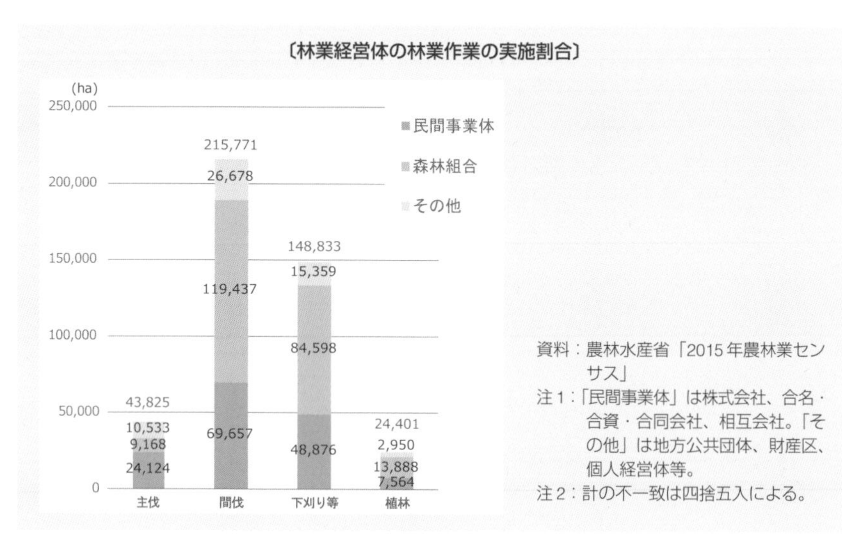

資料：農林水産省「2015年農林業センサス」
注１：「民間事業体」は株式会社、合名・合資・合同会社、相互会社。「その他」は地方公共団体、財産区、個人経営体等。
注２：計の不一致は四捨五入による。

〔林業作業の受託面積割合〕

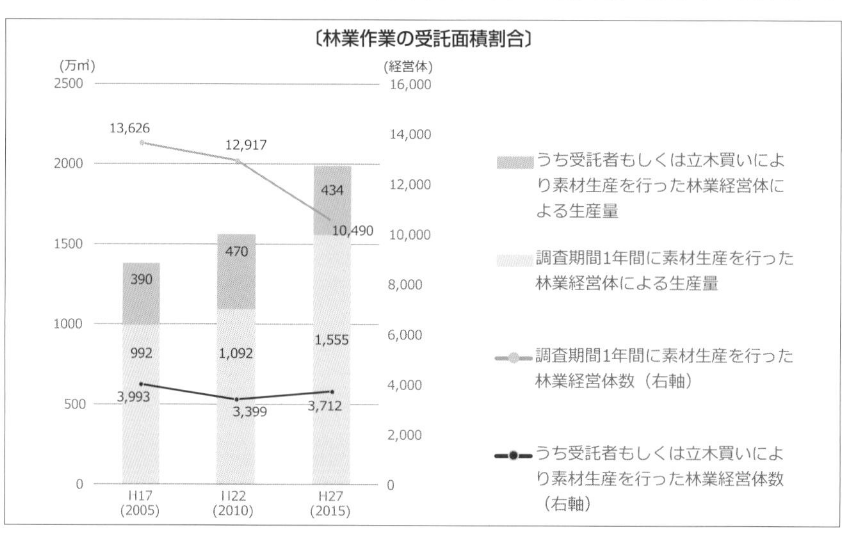

〔在村者・不在村者別私有林面積と割合〕

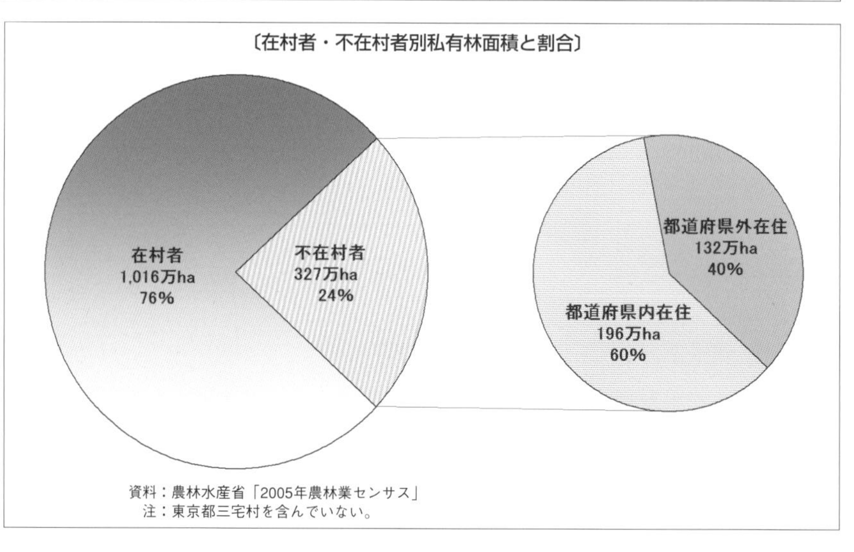

資料：農林水産省「2005年農林業センサス」
注：東京都三宅村を含んでいない。

スギの素材生産量・素材価格

スギの素材生産量は近年増加傾向にあります。スギの素材価格は下落傾向にあり、産出額もあまり伸びていません。

資料：農林水産省「木材需給表」
注：スギ素材価格は、スギ中丸太（径14～22㎝、長さ3.65～4.00m）の価格。

林業就業者数は、下げ止まり

森林組合および会社に雇用されている人を含めて林業に就業している人は、長期的には減少傾向で推移していましたが、平成17年は52,173人、平成22年には51,200人となり、近年は減少のペースが緩み、下げ止まりの兆しがうかがえます。平成17年以降は、高齢化率（65歳以上の従事者の割合）は減少し、若年者率（35歳未満の若年者の割合）は、上昇傾向で推移しています。

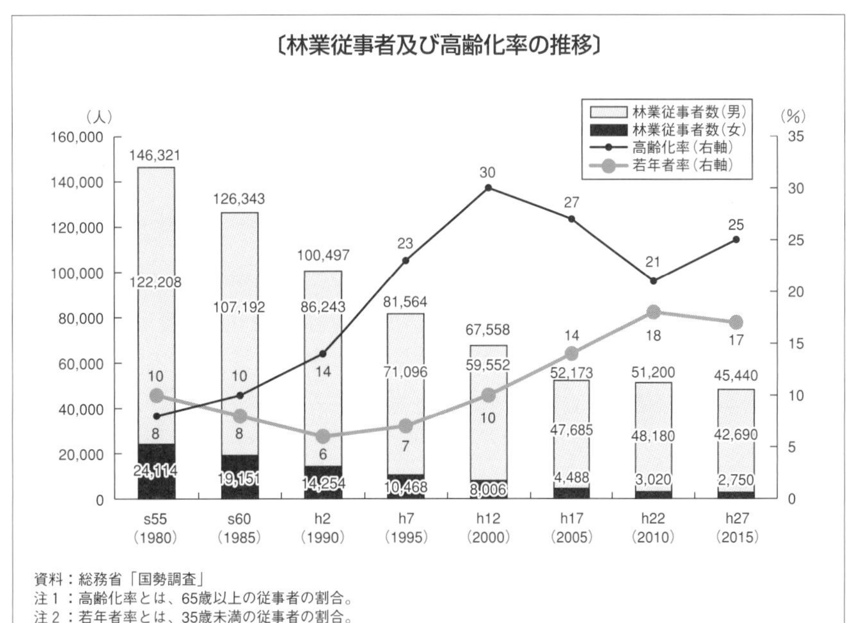

資料：総務省「国勢調査」
注１：高齢化率とは、65歳以上の従事者の割合。
注２：若年者率とは、35歳未満の従事者の割合。

新規就業者の増加

林業事業体の新規就業者は近年、U・Iターン就業者も含め増加傾向にあります。

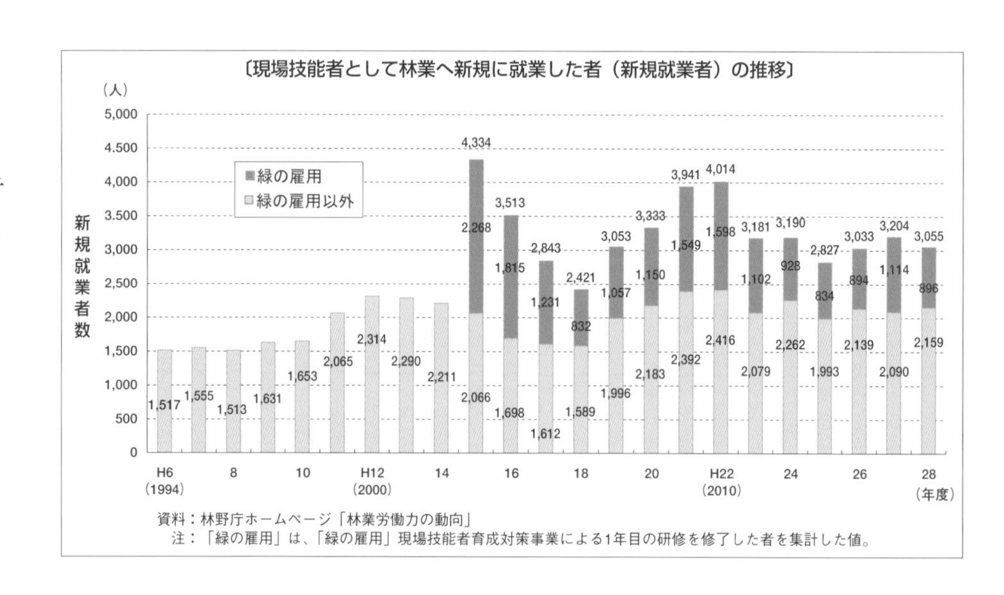

林業をめざす人へのメッセージ

新たに林業の世界へ飛びこんでくる人の中には、仕事や生活面での悩みを抱える人も少なくありません。林業家であり、森林インストラクターとしても活躍されている原島幹典さん(東京都)は、これから林業をめざす人に以下のようなアドバイスをしています。

林業は職人の世界

林業は決して楽な労働ではありません。重労働と言えるでしょう。

まずは体を慣らすこと。慣れるまでには3年を要するとも言われています。同時にいろいろな技を見て覚え、身につけることです。親方や先輩の指示に従い、腕を磨き、一人前の仕事が出来るようになるまで時間をかけて習得していく、まさに職人の世界なのです。山で仕事をしたい、自然の中で仕事をしたいと夢を抱いてやって来た人たちにとって、この労働のきつさは最初にぶつかるミスマッチ（誤算）です。

山村での生活

初めての仕事へのとまどい、職場での新しい人間関係、村での生活など、どこに身を置いても初めてのことばかり。そんな中で居心地のいい人間関係を築いていく努力が必要となってきます。生活になじむ、溶け込むということです。ある人にとっては楽なことでも、ある人にとっては耐え難いと感じることかもしれません。そこに生活する人たちとの考え方の違いだけでなく、生活常識の違いなど都会にいた頃には想像もできなかったミスマッチを多かれ少なかれ味わうことになるでしょう。

充分な準備を

ミスマッチを恐れることはありません。実態を知り、それを受けとめていこうとする気持ちが大切です。準備の段階であらゆる角度からの情報を収集し、地域の人たちとの交流の機会を設け、自分自身がそこで本当にやっていけるか何度も検討してみることによって、ミスマッチから受けるショックを和らげることは可能になるのです。

地域で主催される体験学習やレクリエーションに積極的に参加してみましょう。「情報を得たい」というアンテナは人との輪も広げます。

受け入れ側に過大な期待をしない

森の仕事にあこがれて都会から山村へ若者がやってくるということは、過去には、まずあり得なかった事です。都会からの人材と受け入れ側（例えば地域の森林組合）との利害関係が一見一致しているようでも内情はそう簡単ではありません。ミスマッチを体験してリタイアしてしまう都会の人、希望する現場作業に配属されず悩む人など、いろいろな問題が起きています。

双方への過大な期待は大きな不満につながる危険をはらんでいます。

両者はこれからつくりあげていく新しい関係の上にあるのです。

第3章

林業の仕事

森林管理

●

地面に落ちた種の成長を助ける、あるいはスギやヒノキの苗木を植えることからはじまり、樹木、森林の成長とともに、林業の仕事は移り変わり続いていきます。それらはすべてが森林の力を引き出す作業です。森林をつくることは、環境をつくり出すことにもつながっています。それが林業という仕事です。

この章では、苗木の選び方から、木材の伐採・収穫まで、森林の成長とともに移り変わる仕事（施業）を取り上げました。森林管理としての林業の全体像が見えてくるでしょう。また、あなたがいま行っている仕事が、森林づくりのどの過程にあるのか参考にしてみてください。

林業
森林をつくる仕事

森林の力を引き出し、森林をつくる

森林の二酸化炭素吸収の働きが地球温暖化防止になるとして注目されています。

林業は、その森林を育て、木材を生産したり、森林の力を引き出し、さらにその働きを高める仕事です。日本では、森林を持っている人たち(＝林家)が中心になって、先祖代々の山を受け継ぎ、何十年、何百年も森林をつくり続けてきたのです。

そしていま、世界的に循環型社会を目指す中、この日本型の森林経営が世界中から注目を集めています。

木材生産のための森林の維持管理—スギやヒノキなどの人工林の森林管理

日本では、昔からスギやヒノキを中心とした人工林がとぎれることなくつくられてきました。今では

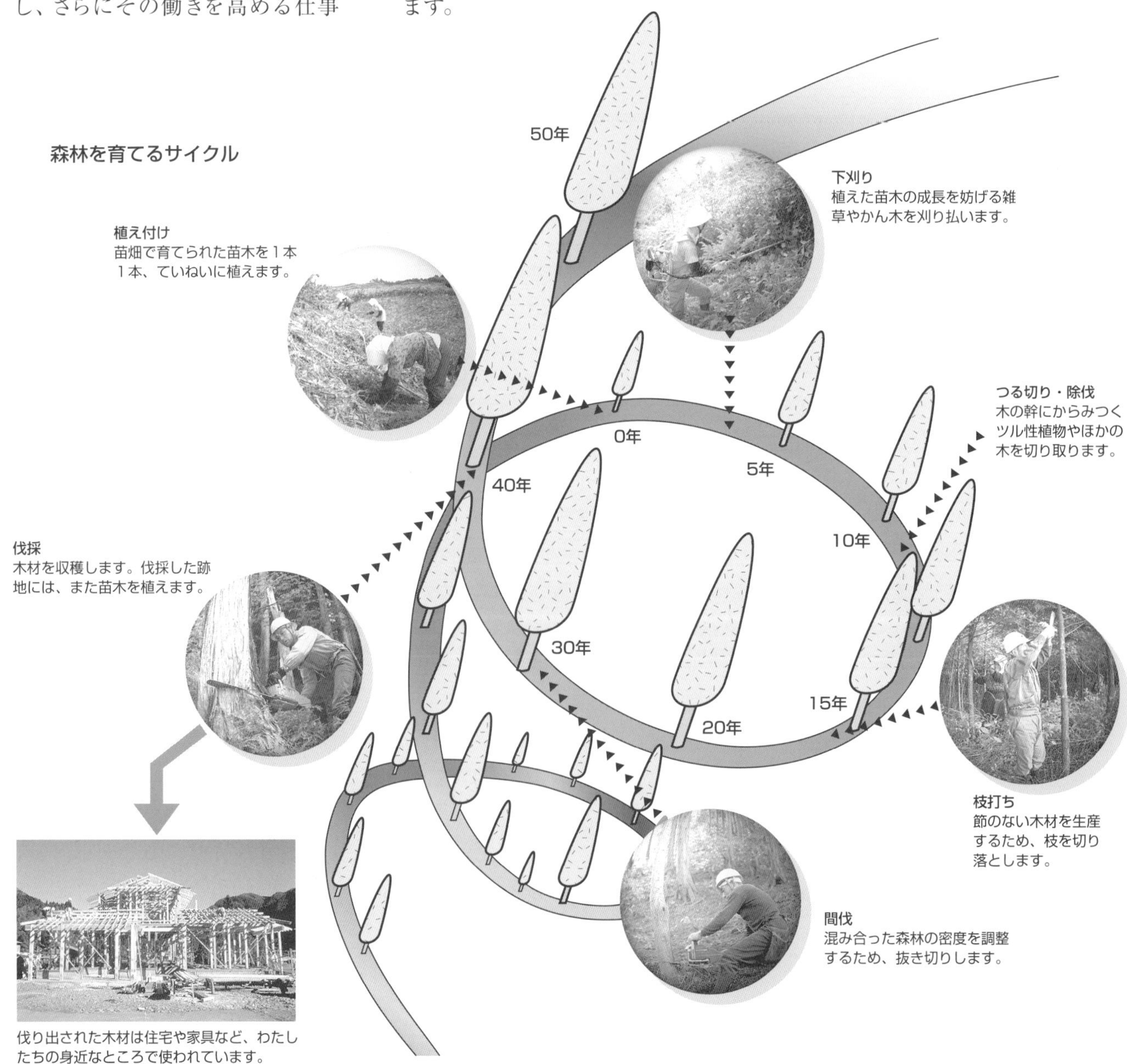

伐り出された木材は住宅や家具など、わたしたちの身近なところで使われています。

全国に約1000万haの人工林の森があります。世界的には砂漠化などで森林の減少が心配されている中、これだけの森林を人の手で作った例はありません。

木材が収穫され、再び植林され、数十年、ときには百年以上管理されて立派な木に育てられ、木材として利用されることが昔から繰り返されてきたのです。

くらしのための森林の維持管理 —薪や炭などを得る里山・雑木林の管理

昔は、身近な森のいろいろなものを生活に利用していました。薪や柴、木炭などの燃料をはじめ、季節の山菜やきのこ、木の実などを食料に、田畑の堆肥をつくるための落ち葉、また生活用具のための木材などさまざまに利用していました。そうしてできた森が雑木林です。くらしのために伐ったり利用することが、雑木林の維持管理につながっていたのです。

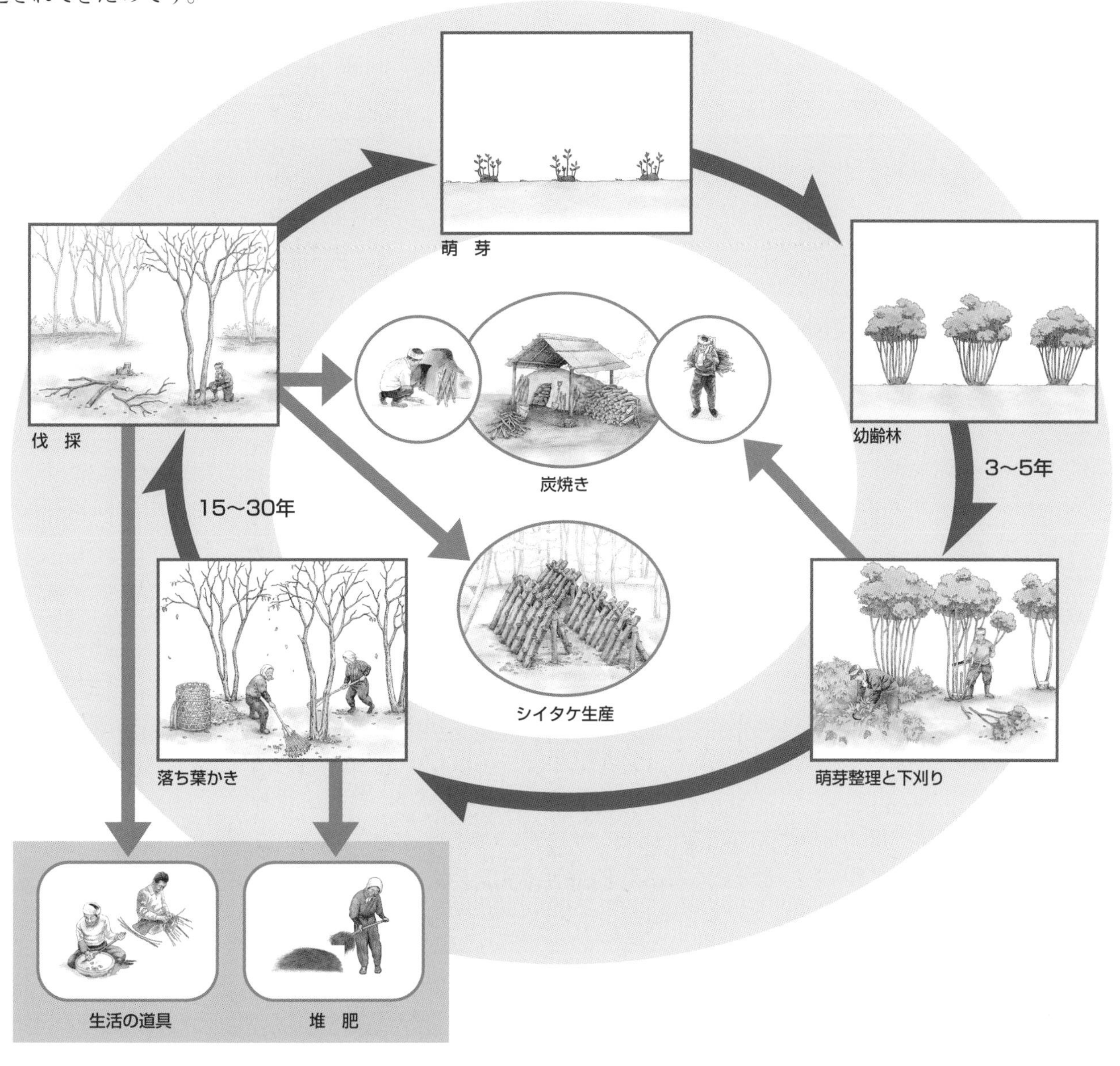

多様で健全な森林を計画的に整備
―森林計画制度

健全な森林をはぐくむために

森林は、美しく豊かな国づくりの基礎です。国土の保全、水源のかん養、自然環境の保全、保養休養の場の提供、地球温暖化の防止、木材等林産物の供給など、私たちのくらしをいろいろな場面で支える大きな働きを持っています（下図）。

計画的に森林を取り扱うための森林計画制度

森林の成長には長い年月が必要であり、一度損なわれるとその働きを回復するのは容易ではありません。このため、長期的な視点に立って、森林の取り扱いを計画的かつ適切に行う観点から、森林法では森林計画制度が設けられています。

全国森林計画（国レベルのプラン）、地域森林計画（都道府県レベルのプラン）、市町村森林整備計画（市町村レベルのプランのプラン）、森林経営計画（森林所有者などが立てるプラン）などそれぞれの役割に応じて森林の取り扱いを定めています（次頁図）。

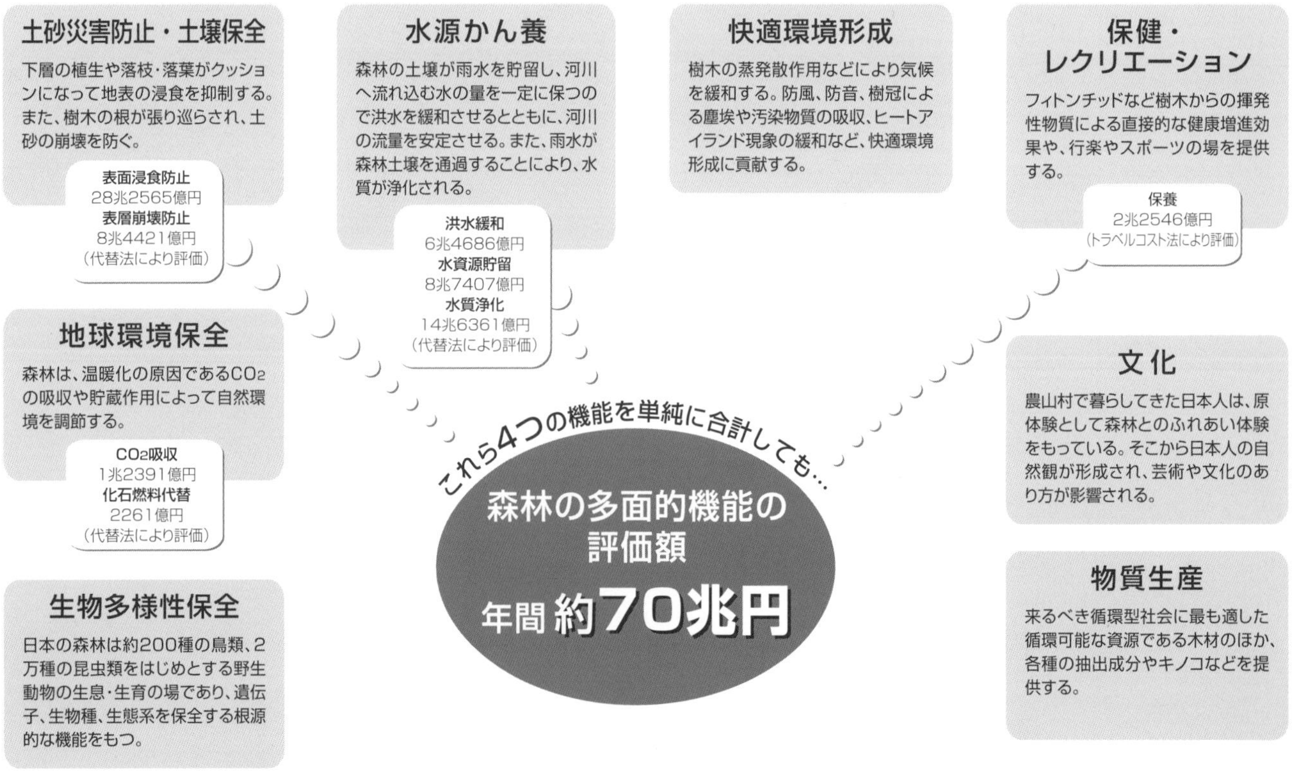

土砂災害防止・土壌保全
下層の植生や落枝・落葉がクッションになって地表の浸食を抑制する。また、樹木の根が張り巡らされ、土砂の崩壊を防ぐ。
表面浸食防止 28兆2565億円
表層崩壊防止 8兆4421億円
（代替法により評価）

水源かん養
森林の土壌が雨水を貯留し、河川へ流れ込む水の量を一定に保つので洪水を緩和させるとともに、河川の流量を安定させる。また、雨水が森林土壌を通過することにより、水質が浄化される。
洪水緩和 6兆4686億円
水資源貯留 8兆7407億円
水質浄化 14兆6361億円
（代替法により評価）

快適環境形成
樹木の蒸発散作用などにより気候を緩和する。防風、防音、樹冠による塵埃や汚染物質の吸収、ヒートアイランド現象の緩和など、快適環境形成に貢献する。

保健・レクリエーション
フィトンチッドなど樹木からの揮発性物質による直接的な健康増進効果や、行楽やスポーツの場を提供する。
保養 2兆2546億円
（トラベルコスト法により評価）

地球環境保全
森林は、温暖化の原因であるCO_2の吸収や貯蔵作用によって自然環境を調節する。
CO_2吸収 1兆2391億円
化石燃料代替 2261億円
（代替法により評価）

文化
農山村で暮らしてきた日本人は、原体験として森林とのふれあい体験をもっている。そこから日本人の自然観が形成され、芸術や文化のあり方が影響される。

生物多様性保全
日本の森林は約200種の鳥類、2万種の昆虫類をはじめとする野生動物の生息・生育の場であり、遺伝子、生物種、生態系を保全する根源的な機能をもつ。

物質生産
来るべき循環型社会に最も適した循環可能な資源である木材のほか、各種の抽出成分やキノコなどを提供する。

これら4つの機能を単純に合計しても…
森林の多面的機能の評価額 年間 約70兆円

森林の多面的機能の高度発揮　資料：日本学術会議「地球環境・人間生活にかかわる農業及び森林の多面的な機能の評価について」

地域の森林のマスタープラン
―市町村森林整備計画

森林計画の中で、地域の森林のマスタープランとなるのが、市町村が作成する市町村森林整備計画です。森林・林業関連施策の方向や、森林所有者等が行う伐採・造林・間伐などの森林施業の標準多岐な方法を定める計画です。

市町村は、地域の要請に応え、森林の働きを発揮する望ましい森林の区域に誘導するために、下表の「森林の期待される機能」に応じて森林の区分を設定（ゾーニング）します。

市町村は、市町村森林整備計画の中でゾーニングを行うことにより、地域の森林づくりをどのように進めていくのか、目指す方向を分かりやすく示し、それぞれのゾーン（区域）のなかで、目標とする森林へ誘導するために推進すべき森林施業の方法を設定しています。

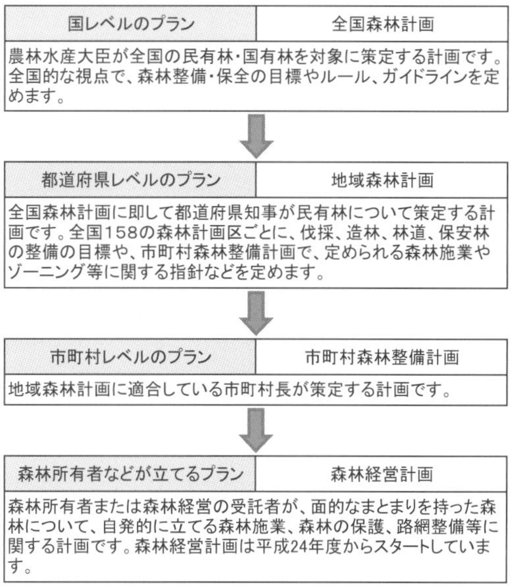

国レベルのプラン	全国森林計画
農林水産大臣が全国の民有林・国有林を対象に策定する計画です。全国的な視点で、森林整備・保全の目標やルール、ガイドラインを定めます。	

↓

都道府県レベルのプラン	地域森林計画
全国森林計画に即して都道府県知事が民有林について策定する計画です。全国158の森林計画区ごとに、伐採、造林、林道、保安林の整備の目標や、市町村森林整備計画で、定められる森林施業やゾーニング等に関する指針などを定めます。	

↓

市町村レベルのプラン	市町村森林整備計画
地域森林計画に適合している市町村長が策定する計画です。	

↓

森林所有者などが立てるプラン	森林経営計画
森林所有者または森林経営の受託者が、面的なまとまりを持った森林について、自発的に立てる森林施業、森林の保護、路網整備等に関する計画です。森林経営計画は平成24年度からスタートしています。	

森林計画制度のしくみ

森林の期待される機能

区分	森林の機能ごとの望ましい森林の姿
水源涵養機能	下層植生とともに樹木の根が発達することにより、水を蓄える隙間に富んだ浸透・保水能力の高い森林土壌を有する森林であって、必要に応じて浸透を促進する施設等が整備されている森林
山地災害防止機能／土壌保全機能	下層植生が生育するための空間が確保され、適度な光が射し込み、下層植生とともに樹木の根が深く広く発達し土壌を保持する能力に優れた森林であって、必要に応じて山地災害を防ぐ施設が整備されている森林
快適環境形成機能	樹高が高く枝葉が多く茂っているなど遮蔽能力や汚染物質の吸着能力が高く、諸被害に対する抵抗性が高い森林
保健・レクリエーション機能	身近な自然や自然とのふれあいの場として適切に管理され、多様な樹種等からなり、住民等に憩いと学びの場を提供している森林であって、必要に応じて保健・教育活動に適した施設が整備されている森林
文化機能	史跡・名勝等と一体となって潤いのある自然景観や歴史的風致を構成している森林であって、必要に応じて文化活動に適した施設が整備されている森林
生物多様性保全機能	原生的な森林生態系、希少な生物が生育・生息する森林、陸域・水域にまたがり特有の生物が生育・生息する渓畔林
木材等生産機能	林木の生育に適した土壌を有し、木材として利用する上で良好な樹木により構成され成長量が高い森林であって、林道等の基盤施設が適切に整備されている森林

注）森林・林業基本計画（平成23年7月26日閣議決定）による。

人工林と天然林

人工林と天然林の姿、見分け方

●木と木の間隔

まず、遠くから見たときには、こんな点に気をつけてみましょう。針葉樹の人工林は、木と木の間隔がそろっていて、同じ種類の木が集まって森をつくっています。なぜなら、一定の間隔で苗木を植え、手入れをして育てるからです。だから、遠くから見ると色や木の大きさがそろって見えるのです。

これに対して、自然にできた天然林は、針葉樹や広葉樹などいろいろな種類の木が混じっています。高い木、低い木が混じり合っていたり、遠くから見ると色もさまざまだったりします。

●冬も葉をつけているか

スギやヒノキの人工林は一年中葉をつけています、一方、広葉樹には秋に葉を落とす種類があるので見分けやすいでしょう。ただし、針葉樹の仲間でも、カラマツのように晩秋には葉を落とす種類もあります。

●四季の色の変化

スギやヒノキの人工林は一年中葉をつけていますが、季節により、多少その色を変えます。春には、光合成など木の成長活動が盛んになり、葉の色が鮮やかな濃い緑に変わります。秋には成長活動が弱まるので、葉の緑色がだんだん薄くなり、若い木では赤みを帯びてきます。

人工林施業

●なぜ人工林施業を行うのか

人工林とは、目的に適した樹種を植栽して造成管理された森林です。自然の状態では、ほとんどの樹種はその樹種にとって最も適した環境条件の場所に生育できるわけではありません。最適生育地でも、樹種同士の競争に勝ったわずかの樹種しか、そこに生育することはできません。

したがって、利用目的に合った最適の樹種を、その樹種にとって最適の生育地に植栽し、保育することは賢明なことであり、それが

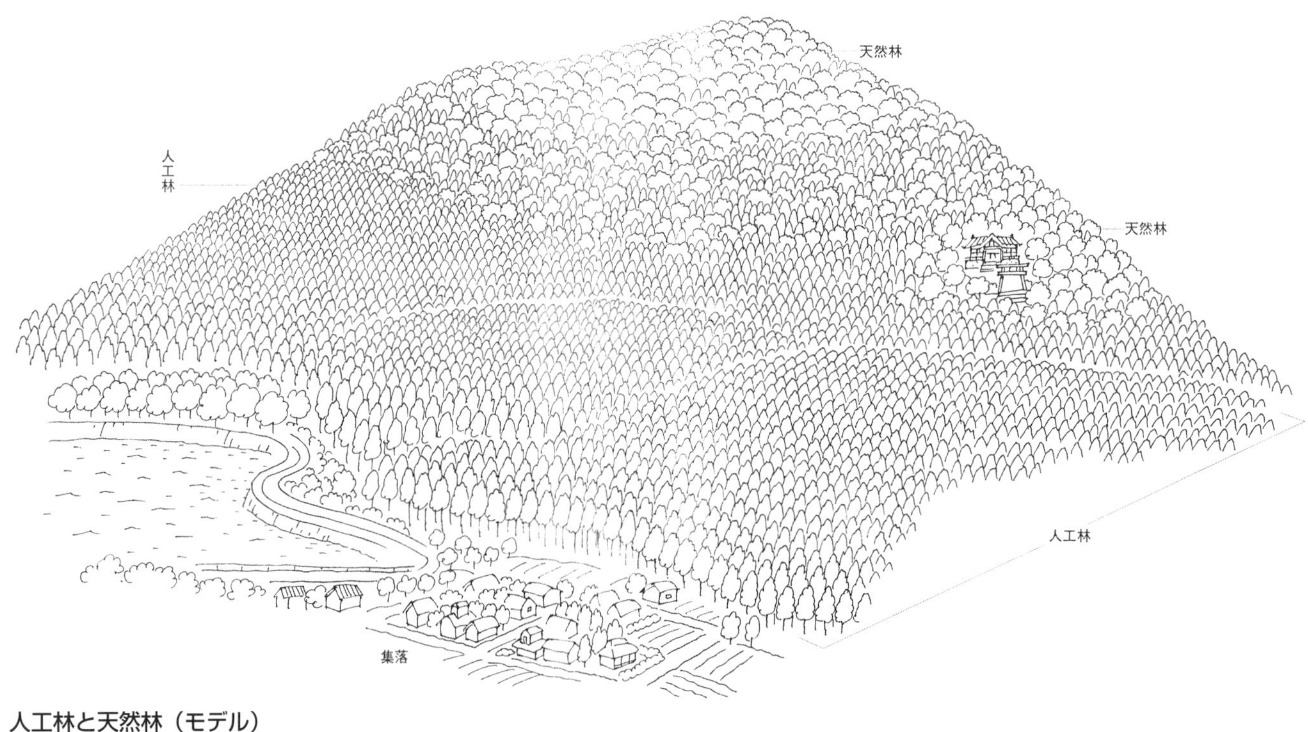

人工林と天然林（モデル）
集落に近い場所、傾斜の緩い場所から人工林が広がっていった。
天然林が比較的残るのは、神社の周り（社寺林）や急峻な山の山頂など。

人工林施業の大きな意義です。また優れた品種、系統を選んで早く効率的に更新(世代の交代のこと)を図れることも人工林施業の利点です。

●人工林の管理を怠ると…

人工林は同質の木を同時に育てることが多いので、込み合ってきたときに間伐をしないと、風や雪などに対して共倒れ的な被害を受けやすくなります。また、同じ高さの場所で樹冠同士が込み合うので、間伐や枝打ちをしないと林内が暗くなり、林床の植物が乏しくなります。

林床植物が欠乏すると、生物多様性は低くなり、土壌が雨滴の直撃を受け、表層土壌が流亡しやすくなり、土壌保全、水保全の上で問題となります.

天然林施業

●なぜ、天然林施業を行うのか

天然林にはいろいろな種類の樹木が生えています。どの木も、鳥や獣の餌になったり隠れ家になったり、落ち葉が土地を肥やしたり、水源をかん養したり、日本の秋の紅葉の景観を演出したりと、それなりに存在意義があります。しかし、私たちが木材資源として利用しようとした時、これらの森林の中には実際に役に立つ木は少ないし、樹形の悪いものも多いはずです。

せっかくの森林なのですから、木材として有用な樹木の種類を増やし、天然自然に放ったらかしにしておくよりもよい成長をするようにし、木材として収穫したとき形質のよい木であるようにできるならば、手入れをしたいものです。このように考えることが、天然林施業の始まりです。

●天然林施業とは

自然の力を最大限に利用して、最小の努力で木材生産を行いつつ、森林を維持しあるいは再生させることです。ただ自然に任せるだけではなく、手を加えて森林の質を高める施業方法です。

天然林施業には、人工林のような植え付けがいらない、競合する雑草木の刈り払いという保育作業の手間がいくらかでも省略できる場合がある、あるいは人工林より多様な種からなる森林を作れる、といった期待がもてるという魅力があります。

●天然林施業を怠ると…

更新補助作業を怠ると稚樹が充分に発生しない場合が生じて、天然林施業がスタートの時点で頓挫してしまいます。将来の有用な森林づくりに充分な量の稚樹が確保できない場合は、有用樹種の苗を植えるのがよく、それをしない場合は良好な林分を期待できません。

保育作業を怠ると、せっかく発生し、成長を始めて将来を期待された稚樹が、被圧されて枯れたり、樹形を損ねたり、つるに巻かれて傷んだりしてしまいます。その結果、優良林を育成できなくなります。

収穫を期待する木を大きく育てるには、周囲木を伐採除去して成長を促進しなければなりません。保育伐をしなければ、なかなか肥大しませんし、道管が年輪に沿ってできる環孔材では木口が道管の穴だらけになってしまう糠目となって材質を損ないます。また、広葉樹では、隣接木との競争で大枝が枯れたりして材質を損なうことになります。

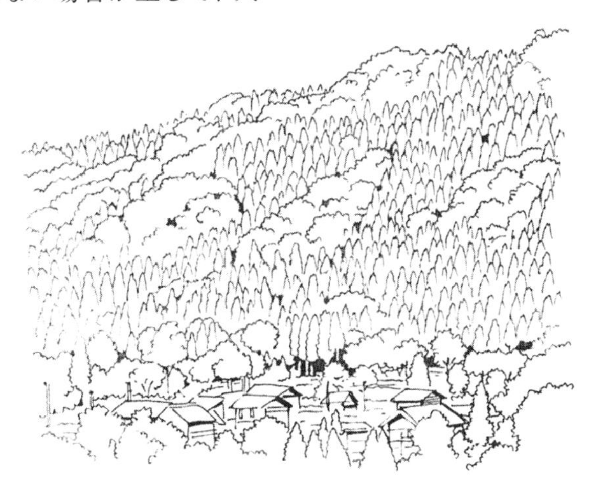

遠くからの見分け方—スギ（人工林）と広葉樹（天然林）
スギ人工林はこずえがとがった形でそろっている。広葉樹はもこもこして見える。

人工林の管理技術①
地ごしらえと植栽

地ごしらえ

地ごしらえとは、伐出後に林地に残された幹の先端部（末木）や枝（枝条）、あるいは刈り払われた低木や草本などを、植栽しやすいように整理、配列することです。

末木枝条など有機物は、養分の供給源として、また表層土の流亡を抑え、土壌の物理的、化学的条件をよくするために、さらにまた、土壌の乾燥、霜柱などを防ぐために重要です。

地ごしらえの方法には、低木類を全部伐る「全刈り地ごしらえ」と、低木類を部分的に伐る「筋刈り地ごしらえ」や「坪刈り地ごしらえ」などがありますが、全刈り地ごしらえが一般的です。

全刈り地ごしらえにおいて、刈り払われた低木類や末木枝条などが少ない場合は、末木枝条などを1、2mの長さに切って、それらを均等に配置します。これを「枝条散布地ごしらえ」と呼んでいます。末木枝条などが多い場合は、4～8m間隔の筋状にまとめて配列し、これを「筋置き地ごしらえ」と呼んでいます（図A）。傾斜地の場合は表層土壌の流亡を抑えるために斜面に水平に末木枝条を配列します。この場合も、細かな末木枝条や刈り払われた低木類などは全面に均等に散布します。

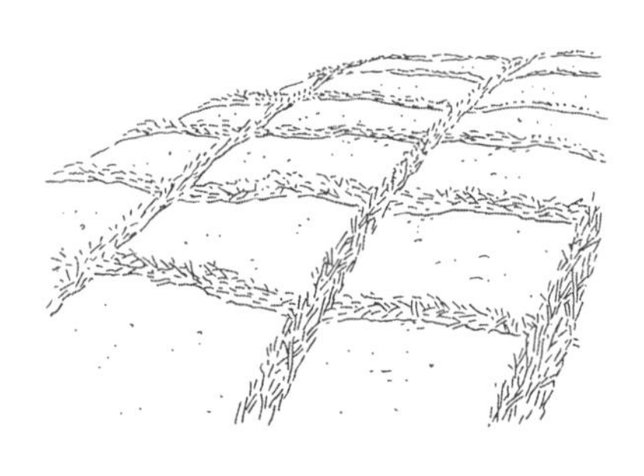

図A　全刈り地ごしらえ
—筋置き地ごしらえ

植栽

●苗木の入手と選び方

苗木の良し悪しは、その後の森林の成長、形質の良し悪しを左右するために非常に重要です。苗木の良し悪しは、苗木が形態的、生理的に健全であること、苗木が優れた親からの遺伝を引き継いだものであることです。

苗木には裸苗とコンテナ苗等があります（図B）。裸苗は苗畑で掘り取った苗で、根が裸の状態で林地に運ばれます。その長所は安価で輸送が容易なことですが、欠点は根が傷みやすく、それと関連して植栽時期が早春と秋に限定されること、植栽に手間のかかることです。

一方、コンテナ苗はその育成と運搬にコストはかかりますが、植栽は手間がかからず、植栽時期も真夏と厳冬期を除けば制約がほとんどありません。

針葉樹

裸苗の場合は、根がしっかりしていることが基本的に重要です。豊富な細根が四方に均等に広がり、地上部（幹、枝、葉）に対して地下部（根）のよく発達したものがよい苗木です（図C）。

広葉樹

広葉樹の苗木は直根性のものが多く、地上部も枝張りが少なく、全体として細長く、針葉樹の苗木の評価法はそのまま当てはまりません。

遺伝的に優れた苗木を求めるためには、信頼のおける苗木店から購入するか、研究熱心な林業家の助言を得て購入することが大切です。そのような情報のない場合は、都道府県の普及員、林業試験場（林業センター）などに相談するとよいでしょう。

●苗木の取り扱い

裸苗の場合は早春の新芽が吹き出すまでの間か、秋の彼岸から霜の降りるまでの間に植栽します。根を乾かさないことが最も重要で、苗木の搬出移動から植栽までの間に根が直射日光に当たること、風にさらされることは極力避けなければなりません。

コンテナ苗は、培土と根で成型された「根鉢付き苗」です。ココナツハスク、ピートモスなどの有機培地がベースです。植栽道具を地面に突き刺してからこじって植穴をあけ苗木を植えます。一クワ植えをすることにより、高い作業効率が得られます。

●植栽配置と密度

植栽配置は、一本一本の木の成長と健全性の上から、それらの木にどのような生育空間を与えるか、植栽、下刈り、間伐などの作業能率の上から、どのような配置が都合よいかなどの考えのもとに決めます（図D）。

通直で真円性の高い幹を生産するためには、樹冠が四方に均等に張れる空間を与えることが必要です。「正方形植え」（一般には方形植えと呼ぶ）は平地ではよいのですが、傾斜地では上下方向の空間が小さくなります。しかも傾斜地では、樹冠は谷側の部分が発達し、樹冠の山側の部分は、その上の木の樹冠の谷側の部分によって侵食されます。したがって、上下方向に距離の長い「矩形植え」は傾斜地で有効です。

「正三角形植え」（一般に三角植

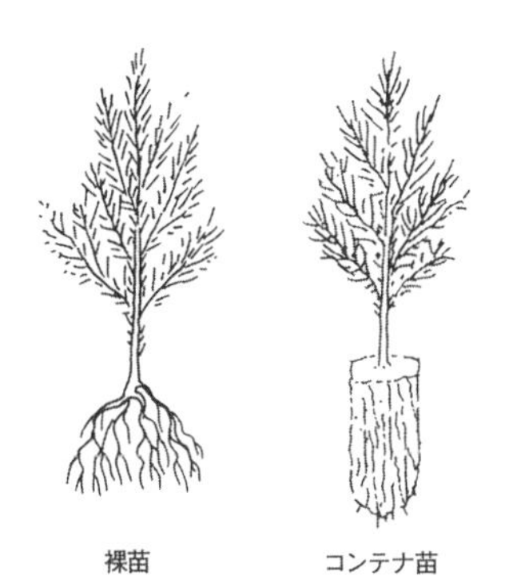

図B　裸苗とコンテナ苗

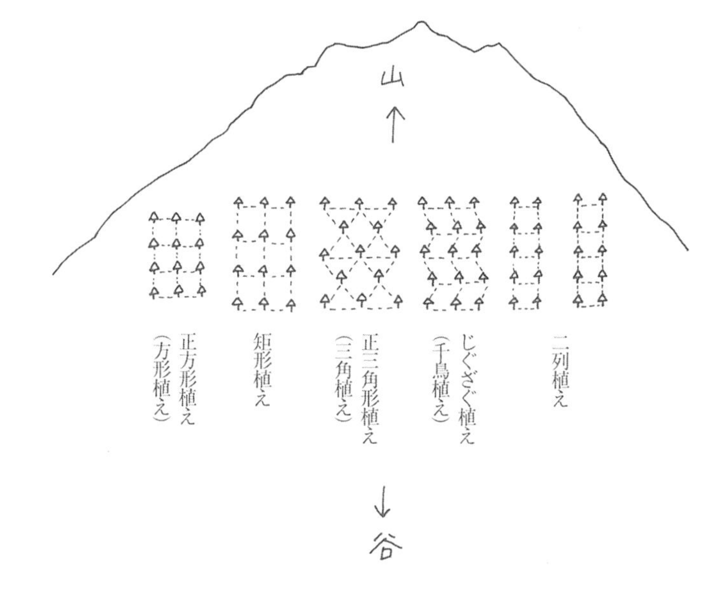

図D　植栽の配列

	目標とする森林	ha当たりの植栽本数
針葉樹	一斉林	
	雪の少ない地域の良質材生産	4,000～5,000本
	標準	3,000本
	積雪地帯	3,000本未満
針葉樹	短期二段林	2,000～2,500本
針葉樹	長期二段林	1,000～1,700本
針葉樹	択伐林	上木1本につき3～5本
広葉樹	用材生産林（ケヤキ、ミズナラなど）	5,000～10,000本
広葉樹	クヌギ、コナラ林	4,000本

植栽密度の目安

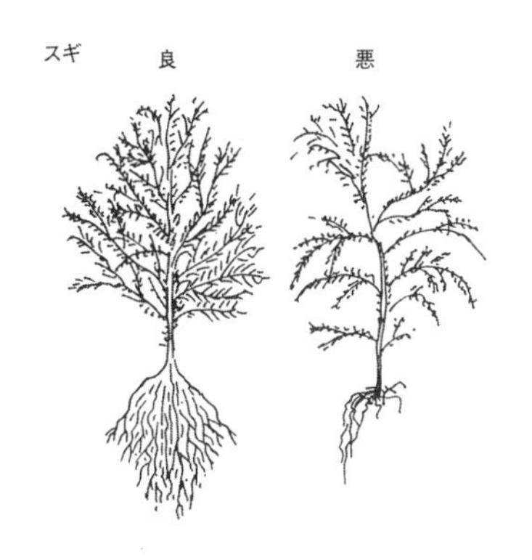

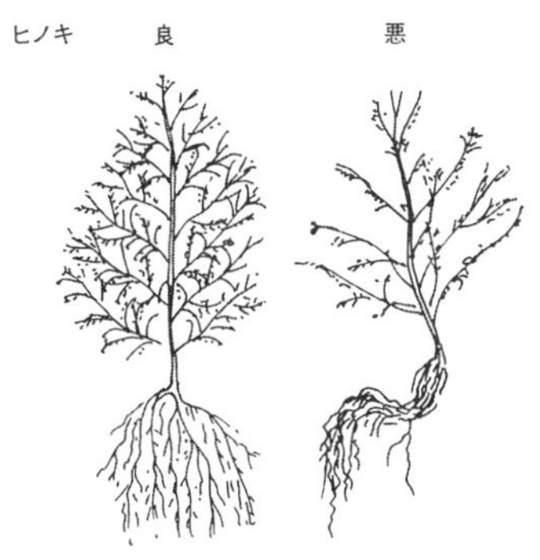

図C　良い苗木と悪い苗木

	苗木と苗木の間隔X（m）	
植栽密度（本/ha）	正方形植え	正三角形植え
10,000	1	1.1
5,000	1.4	1.5
4,000	1.6	1.7
3,000	1.8	2
2,500	2	2.1
2,000	2.2	2.4

Xm
Xm
Xm
Xm
正方形植え　正三角形植え

苗木と苗木の間隔の目安

えと呼ぶ）は、平地でも傾斜地でも、それぞれの木に均等な樹冠スペースを与えるのに最適です。三角植えは冠雪害による共倒れを防ぐのに効果があります。しかし間伐の伐出作業の能率は落ちます。

「じぐざぐ植え」（千鳥植え）は三角植えに近い効果があり、積雪地帯でよく用いられます。列状植栽は2列植え、3列植えなどがあり、機械作業には便利です。

●植え付け方

裸苗の植栽

植栽された苗木を活着させるだけでなく、雑草木との競争に負けずに順調に生育させるためには、植栽効率を考えつつ、できるだけていねいに植栽することが大切です。傾斜地での植栽の基本的手順は、次のとおりです（図E、図F）。

一クワ植え

植栽能率を高めるために、また耕運による乾燥を最小限に防ぐために、「一クワ植え」という方法もよく用いられます。

植生と地被物を除いた後、クワを打ち込んで山側に押し付け、苗木を穴に差し込みます。この方法は掘りやすい土の場所で、競合する植生の比較的少ないところに適しています。

斜め植え

積雪地帯におけるスギの植栽では、斜め植えが有効です。斜め植えにすると、雪圧による根切れ、根の浮き上がり、幹折れを防ぐのに有効です（図G）。

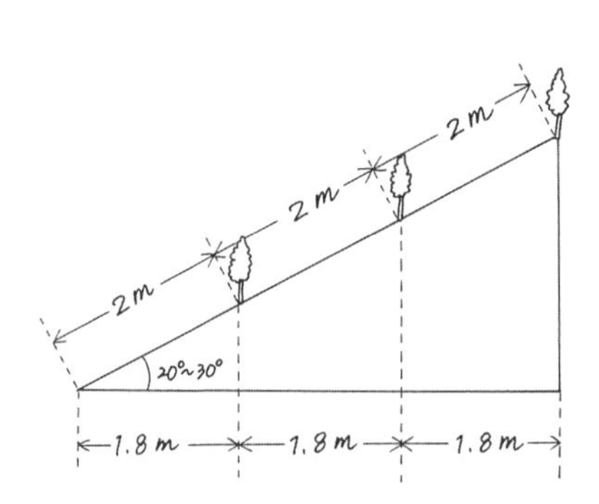

斜面での間隔の注意点

図E　植え付け作業

1　地被物を表土が出てくるまで取り除く
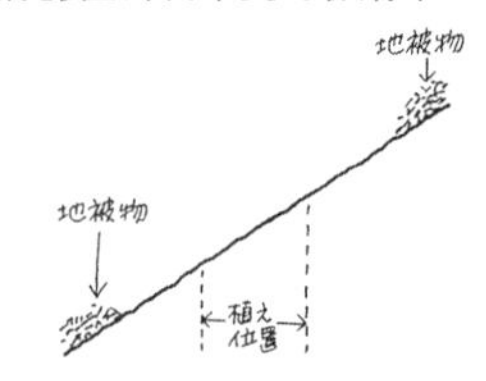

2　植穴を中央より下側に掘る
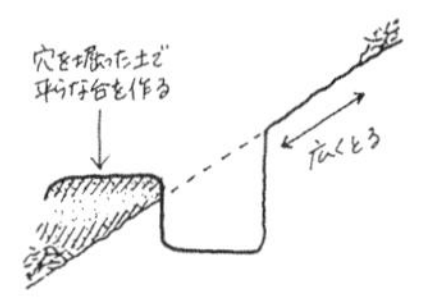

3　植え付けの覆土を穴の上方からくずして植える
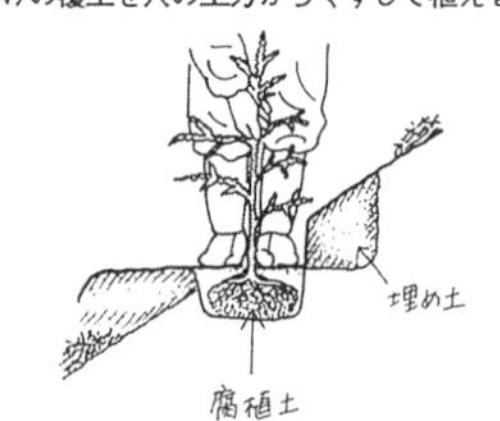

4　植えあとを平らにする
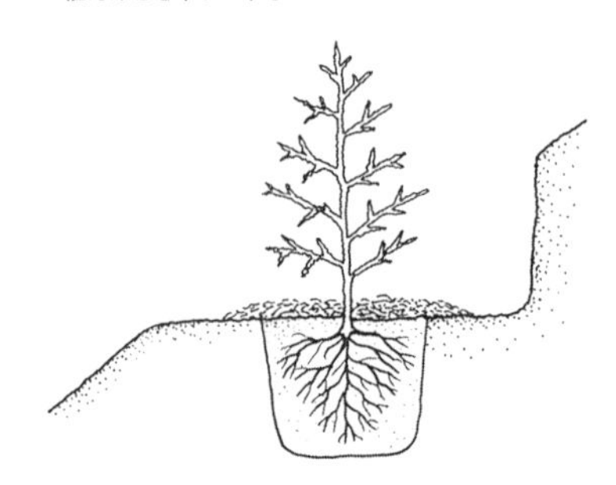
図F　傾斜地での植栽の手順

1　広く地被物を除く
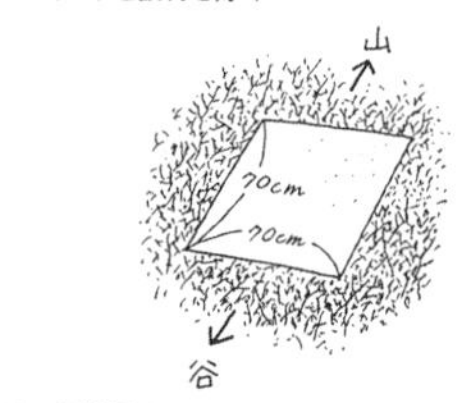

2　深く掘る
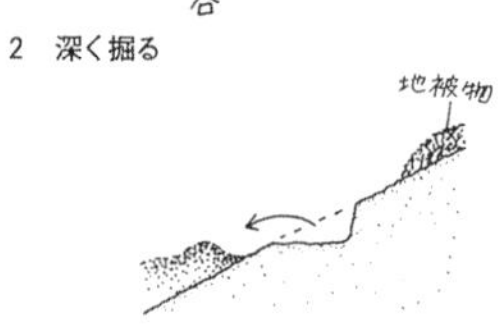

3　掘り上げた土（マクラ土）を踏みつける

4　上部表土を植え穴に入れる

5　苗木の山側部分を十分踏みつける

6　地被物をかける

図G　斜め植えの手順

人工林の管理技術②
初期保育

下刈り

●下刈りの目的

苗木はその樹木の生育に必要な明るさの場所に植栽されますが、その明るさは草本類や他の樹種にとっても好適な生育環境です。下刈りせずにそのまま放っておくと植栽木の生育が妨げられ、生存すらできなくなることが多いのです(図A)。

下刈りは、目的樹種を植栽した後、目的樹種が種間競争に打ち勝てるように、目的樹種の生育を阻害する植物を刈り払う作業です。また除草剤を使用することも広義の下刈り作業に入ります。ササ生地など除草剤の使用を必要とするときは、専門家や経験者の指導を得ることが望ましく、できる限り最小の使用で最大の効果をあげることが必要です。

●下刈りの必要期間

土壌条件のよい場所では短期決戦型となり、スギやヒノキで下刈り期間は5年ぐらいで、2、3年目または2～4年目は年に2回の下刈りが必要となります。

一方、土壌条件の落ちるところでは下刈り期間は10年近くかかりますが、下刈りは年に1回で、後半は隔年でよい場合もあります。また、一つの林分(周辺に比べて樹種の構成や林齢などが同じようなひとまとまりの森林)でも、斜面の上と下では下刈りの頻度と期間が異なることに注意が必要です。

植栽後、最初の生育シーズンはベニバナボロギクのような1年生植物が主体で、ススキや広葉樹のように植栽木にかぶさるようなことはないので、植栽木への影響が懸念される部分だけ下刈りする程度でよいでしょう。むやみに下刈りすると、やがて勢力をふるうススキなどの多年生草本の成長を早めることになります。

2年目から4、5年目までは最も下刈りの必要な期間で、この時期は土壌条件のよい場所では年に2回、土壌条件が落ちる場所では年1回の下刈りが必要です。もともと広葉樹林であったところは広葉樹の萌芽が盛んで、その分下刈りを多く要します。

植栽木の周りだけを下刈りするのを「坪刈り」、植栽列に沿って下刈りするのを「筋刈り」といいます。それらは最初は省力にはなりますが、3年もすると周りからかぶさってきてその下刈り労力は大変なので、最初の年に必要な部分だけを下刈りするようにして、それ以降は全面を刈る「全刈り」にした方が作業が楽であるとともに、植栽木の

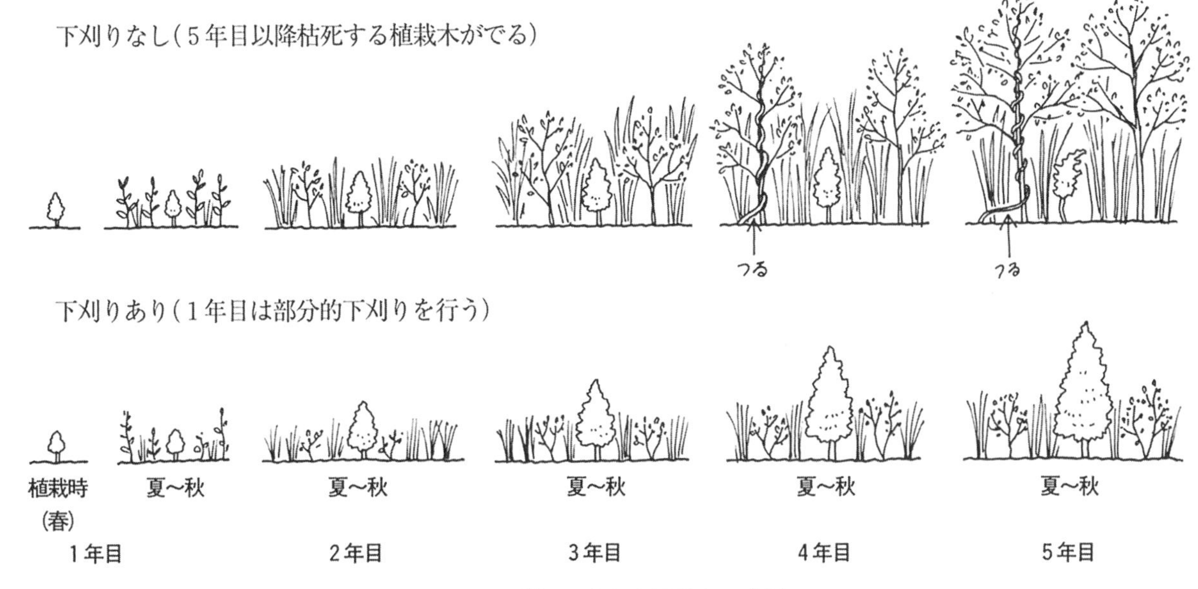

図A　下刈りの有無と植栽木の成長

成長もよく、早く下刈りを卒業できます。

●下刈りの実施季節

下刈り季節は、年1回の場合は7月下旬から8月上旬にかけて、年2回の場合は6月下旬から7月上旬にかけてと8月中旬です。真夏に行う理由は、この時期が被圧のピークに近くなること、加えて雑草木が前年の生産の蓄積（主に根に蓄積）を使い果たし、かつ来春の成長に備えての今年の生産の蓄積はまだ始まっていないからです。前年の蓄積が残っていたり今年の蓄積が始まっていると、下刈り後の再生力が強いので、この時期に下刈りを行うと効果があるのです。

一方、この季節の炎天下での下刈り作業は非常に厳しいものとなります。したがって、皆伐地では、できることなら早朝から始めて9時頃には終わるように時間の段取りを工夫するとよいでしょう。なお、寒さの厳しい地方では、9月中旬以降に下刈りすると植栽木が寒さの害を受けるので注意が必要です。

●下刈りの道具

手刈りの作業はカマを使います。カマには柄が短く刃も小さいものと、柄が長く刃も大きなものとがあります。柄が長いものは柄を振りかざして雑草木を切断するので、ある程度手ごたえのあるものでも切断でき、立った姿勢で作業ができるために疲れも少ないことから、作業の主流は長柄のカマとなります（図B）。なお、長柄のカマは植栽木をはねる危険性があるので、植栽木の周辺は柄を短く持っててていねいに刈るか、長柄のカマで植栽木に危険がないようにひととおり刈った後、植栽木の周りに刈り残された雑草木を、柄の短いカマでていねいに刈るとよいでしょう。

刈払機を使うと作業効率は高くなります。しかしこの作業も、短い柄のカマを用いた手刈りの作業に比べて細かい作業は難しく、植栽木の周りの植生は刈り残されやすくなります。それらをきれいに刈ろうとすると植栽木を間違って伐ってしまいかねません。

刈り残されたところからつる植物が繁茂しやすいので、まず刈払機で作業してから、柄の短いカマを使って手刈りで仕上げることが望ましいでしょう。なお、刈払機は石（岩）の多い林地では避けた方がよいでしょう。

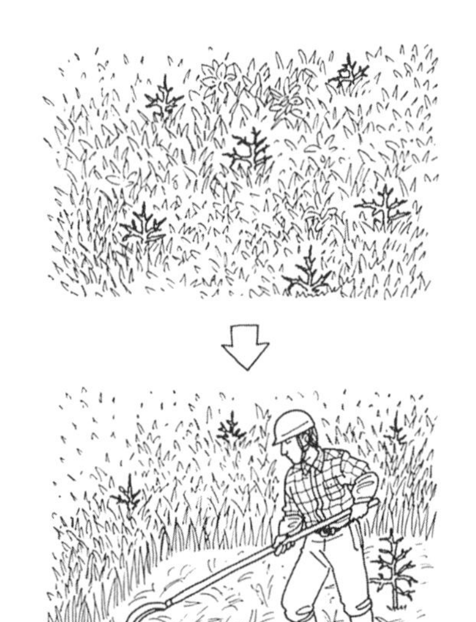

図B　下刈り作業

つる切り

下刈り作業において、つる植物も同時に刈り取っておく必要があります。

植栽木が雑草木の影響を受けない大きさになると下刈りは終了しますが、植栽木の樹冠同士が完全に接して林床が暗くなり、つる植物が侵入生育できなくなるまではつる切りを続けなければなりません。下刈り終了後、隔年に2回ぐらいはつる切りが必要です。

つるはナタで切りますが、その作業に伴い幹に傷をつけてはなりません。幹に傷をつけるとその場所から変色が生じ、材の価値を下げるからです。つるはその地際部を探し求め、そこで切り、幹に食い込み始めたつるは必ず幹から取り除くようにします（図C）。そうしないと幹の成長につれてつるが幹に食い込み、幹の価値は著しく低下します。

図C　つる切りの作業

除伐

除伐は、林分の込みすぎを緩和し、形質のよい将来性のある木の生育条件をよくするために、目的樹種以外の侵入樹種を中心に、形質の悪い木を除去する作業です。間伐との違いは、間伐は目的樹種を中心に伐採が行われるのに対して、除伐は目的樹種以外の樹種を中心に伐採されるところにあります。したがって、人工林施業では下刈り作業が十分にされていれば、ふつう除伐は必要ありません。

雪起こし

雪起こしは、雪圧によって倒伏した幼齢木を起こし、縄などで固定して、木を通直に育てる作業です。雪解け後直ちに作業しないと幹の肥大成長が生じて、もとに戻らなくなったり、幹に傷がついたりします。

ただし、次の積雪期まで固定したまま放置しておくと積雪で折れたり、奇形を呈したりするので秋には縄を外さなければなりません。針金は幹に食い込むので使ってはなりません。倒伏と同時に山側の根が浮き上がることが多いので、根を土の中に戻して、その上に土をかけ、両足でよく踏み固めます。作業は水平方向に行き来するのが能率的です。

ヒノキは積雪に弱くて多雪地帯では育ちません。スギは多雪地帯でもよく育ちますが、最深積雪深が1m以上になると雪起こしが必要になります。雪起こしは大変な作業であり、最大積雪深が1.5m以上の場所では、人工林の造成に際しては雪起こしの作業に対応できるかどうかよく検討する必要があります。最大積雪深が2m以上の場所では、特に必要のない限り人工林の造成は避けた方がよいでしょう。

雪起こしの方法

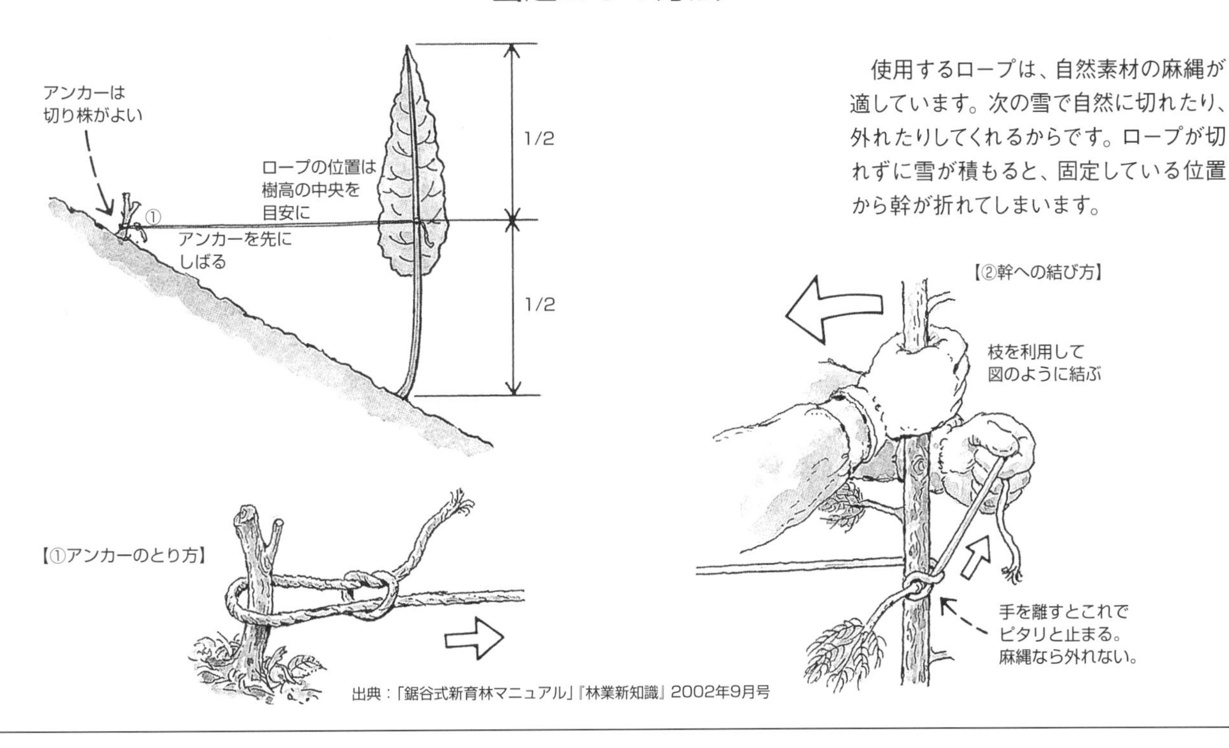

出典：「鋸谷式新育林マニュアル」『林業新知識』2002年9月号

人工林の管理技術③
枝打ち

目的

枝打ちは、無節の良質材の生産を主目的として、枯れ枝やある高さまでの生き枝を、その付け根付近から除去する作業です。枝打ちの第一の目的は、無節の材の生産ですが、それと同時に年輪幅、年輪の走向角度など年輪構成の優れた材の生産にも効果があります。

枝打ちは、樹冠量を調節することによって幹の成長を制御することができ、密度管理（間伐）は生育空間を調節することによってやはり幹の成長を制御できます。したがって、枝打ちは密度管理（間伐）と組み合わせることによってより大きな効果を発揮することができます。

枝打ちは間伐とともに林内の光環境を改善し、下層植生の欠乏を防ぐなど林分の健全性にプラスになります。また、枝打ちによって林内の歩行、見通しをよくし、林内作業の能率向上を図ることができます。

さらにまた、枝打ちは森林火災において、林床火が林冠火に拡大するのを防いだり、スギノアカネトラカミキリやスギザイノタマバエなどによる幹の被害を防ぐ効果もあります。

下刈り、除伐、つる切りなどの作業は、それをしないと植栽木が生存できなかったり、材質が著しく低下するため、やむを得ず行う受け身の作業です。

それに対して、枝打ちは生産材の質の向上を図り、さまざまな側面から好ましい林分構造に誘導するなど積極的な攻めの作業です。地域特性に優れ、商品価値の高い材を創り出す積極的な技術は、密度管理と間伐の選木技術、および枝打ち技術です。特に、枝打ち技術はその決め手となる具体的な技術です。

枝打ちの作業季節

新緑の頃から梅雨明けの時期までは形成層の細胞分裂が最も盛んで、新たな組織が未熟であり、樹液の流動が盛んなため、幹に傷がつきやすく、また傷つくとそれが大きく拡大しやすい時期です。したがって、この時期に枝打ちを行ってはなりません。

冬季の生育休止期は最も傷がつきにくい時期です。しかし厳冬季は枝の材質が堅く、低温のために刃が傷みやすく、また寒さで手の動作が鈍くなりがちなため、作業

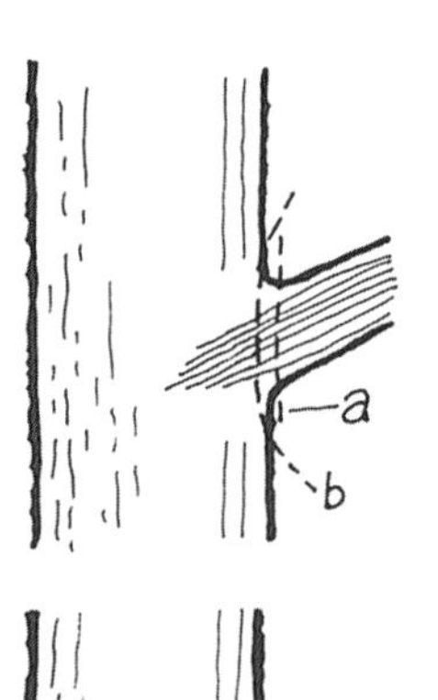

枝の上下に凹凸や太りの差のない枝

枝下部分の太った枝。成長の旺盛な枝

枝隆の発達した枝

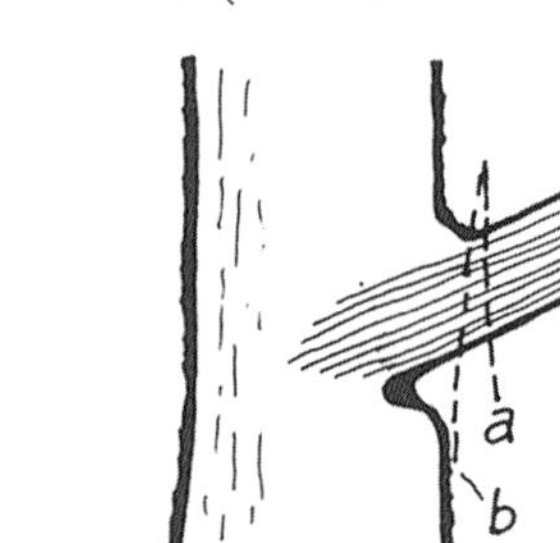
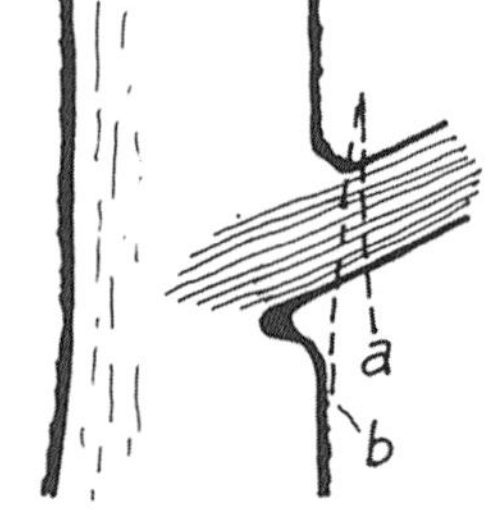

枝下部分のへこんだ枝。成長の低下、または枯死した枝

図A　枝の切断位置
a：正しい切断位置
b：幹に傷がつき変色が生じる

能率が低下するとともに、そのことが幹に傷をつける原因にもなるので、この時期の枝打ちは避けた方がよいでしょう。

したがって、枝打ちの適期は早春の新芽の吹き出す前頃までと、紅葉の始まる頃から雪の降る頃までです。しかし、7月下旬以降は組織もしまりだし、傷もつきにくくなるのでこの時期の枝打ちも可能です。

枝の切断位置と切断のしかた

枝の切断作業にあたっては、原則として幹に傷をつけないように注意します。幹に傷がつくとそこから内側に変色が生じて、材の価値を下げるからです。そのためには、切断の位置に注意します。

切断位置は、図Aのとおりで、aの場所を切断します。bの場所を切断すると幹に傷がついて変色が生じます。枝隆と呼ばれる枝の付け根の膨らみ(図Aの右上、左下)を切断すると変色が生じるので注意が必要です。

また、切断の方法は、図Bのとおりです。

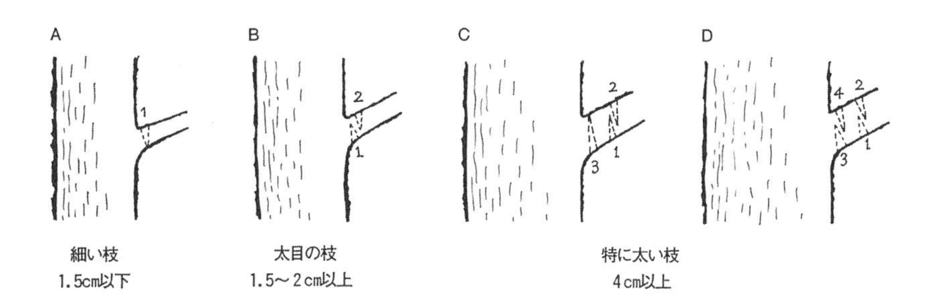

・1.5cm以下の細い枝は、Aのように上から切断する。
・2～4cmの太さの枝の場合はBのように下から受け口を入れて上から落とす。
・4cm以上の太い枝になるとCのように枝の付け根から少し離れたところに、まず受け口を入れて上から切断し、そこでできた大きな残枝を下から切断する。あるいはDのように最後は上から落とすこともある。

図B　枝の打ち方　切断の手順

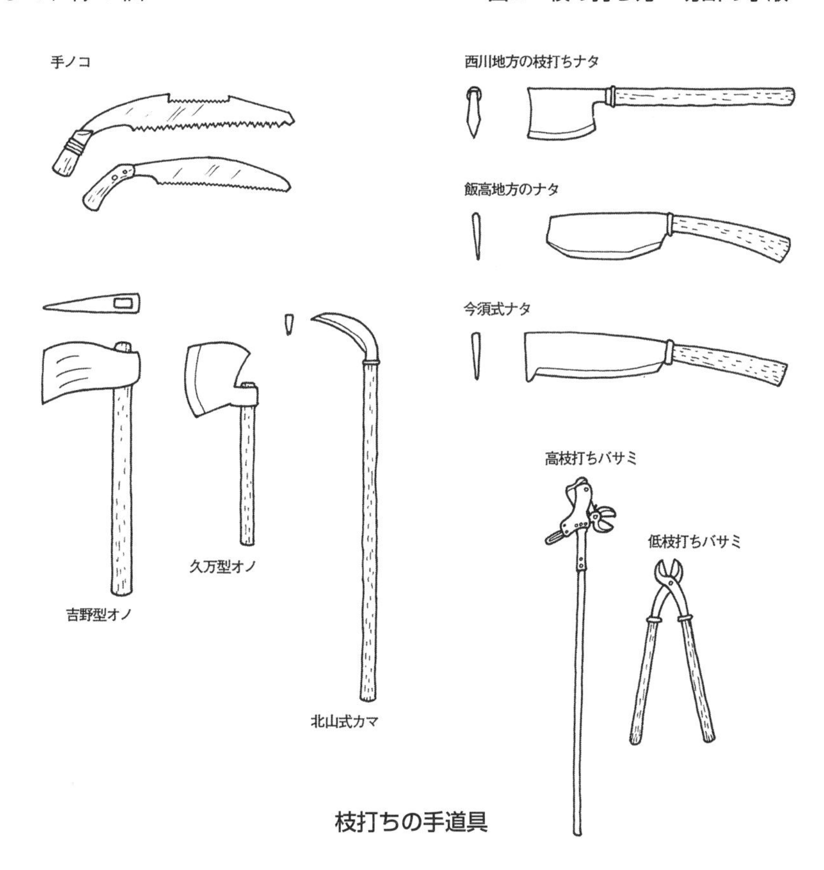

枝打ちの手道具

人工林の管理技術④
間伐

間伐の目的と定義

間伐は、込みすぎた森林を適正な密度で、健全な森林に導くために、また利用できる大きさに達した立木を徐々に収穫するために行う間引き作業です。

除伐も間引き作業の一つですが、除伐は目的樹種以外の侵入してきた樹種を中心に、形質の悪い目的樹種も含めて間引きを行う作業をいいます。しっかり下刈りされていれば、また植栽樹種がその適地を間違っていなければ、除伐を必要とすることはありません（図A）。

目的樹種が込みだして、細長の木の集団になることを防ぐために、また形質優良木の成長を維持するために、まだ利用径級に達していない段階で形質不良木を主体に間引きを行うことを「切り捨て間伐」または「保育間伐」といいます。

間伐は、適正な密度を考えつつ、いつ、どのような木をどの程度伐採するかの技術、すなわち密度管理と選木の技術です。これによって個々の木の成長を制御し、望ましい年輪構成へと導くことができます。

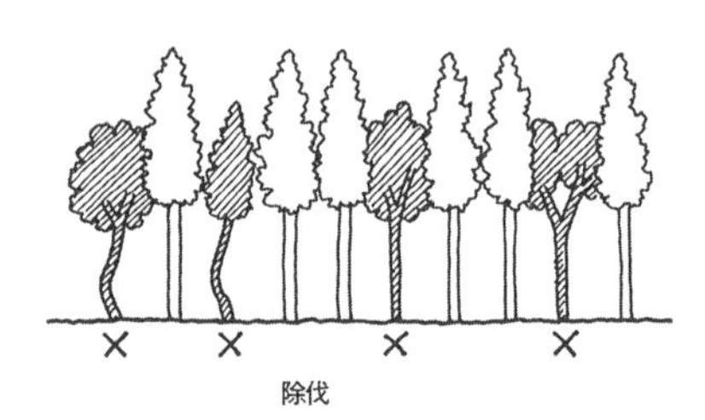

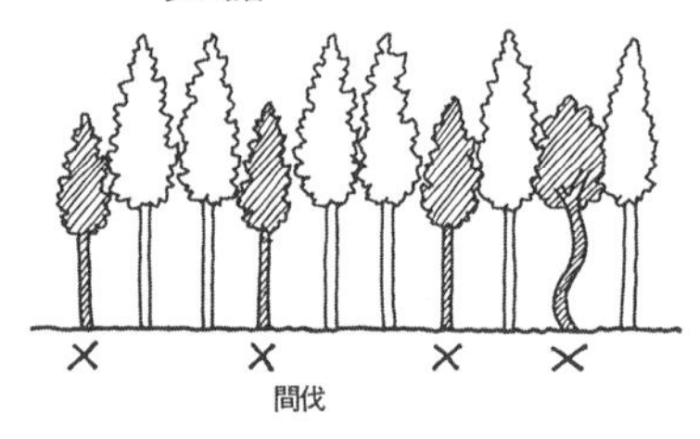

図A　除伐と間伐の区別

間伐の種類	間伐する木（選木対象木）
下層間伐（普通間伐）	準優勢木、介在木、劣勢木
上層間伐（樹冠間伐）	優勢木
優勢木間伐	優勢木、劣勢木
自由間伐	優勢木、準優勢木、介在木、劣勢木
機械的間伐	機械的に選木

表A　間伐の種類

※上表の各間伐方法は「第5章　間伐のいろいろ」で詳しく解説しています。

間伐の種類と方法

間伐は選木のしかたによっていくつかのタイプに分けられます（表A）。

●林分構成木を見分ける

同齢林の場合、まず林分構成木を見分ける必要があります。これには、優勢木、準優勢木、介在木、劣勢木があります（図B）。

間伐の強度と頻度

間伐の強度と頻度は、基本的には植栽本数によって決まります。植栽本数は、生産目的とその地域の環境条件に照らして決まります。逆にいうと、間伐の強度と頻度は、生産目的と森林の健全性の維持、そしてそれらと関連した植栽本数によって決まるということです。

植栽密度と間伐の頻度は強い関係にあり、植栽密度が高い林分ほど間伐を繰り返す（間伐頻度は高くなる）のがふつうです。特に良質材生産を目指す場合は、植栽密度が高く、何度も間伐を行います。スギやヒノキで無節の年輪密度の揃った良質材を生産しようとする場合は、植栽本数ha当たり4,000～5,000本ぐらい、一般的にはha当た

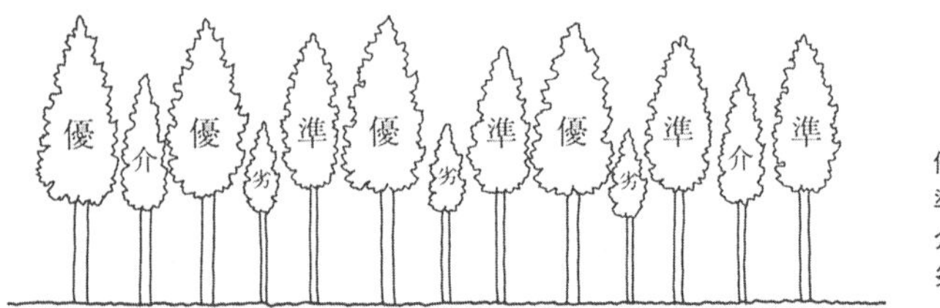

優勢木――相対的に樹高が大きく、樹冠が発達し、陽光をよく受けており競争力が最も高い。
準優勢木――樹冠位置は優勢木とほぼ同じ位置にあるが、側方からの陽光はやや少なく樹冠の発達は優勢木よりもやや劣る。
介在木――樹冠位置は優勢木、準優勢木と同じく上層にあるが、側方からの陽光は少なく、樹冠および幹ともに細長い。
劣勢木――樹冠の位置が低く、上方からも側方からも陽光は制限され、成長は劣っている。

図B　樹型のクラス分け

り3,000本ぐらい、スギで多雪地帯の場合は2,000本ぐらいです。エゾマツ、トドマツ、カラマツ、アカマツの場合は3,000本ぐらいがふつうです。

広葉樹用材生産の場合は針葉樹よりも高密度に植栽する必要があります。広葉樹は若齢期に高密度を維持しないと通直性に乏しく、単幹部分が短くなってしまうからです。しかし広葉樹は針葉樹よりも優劣の差が生じ、自然間引きが起きやすいので、必ずしも針葉樹よりも間伐頻度を高くしなければならないということはありません。

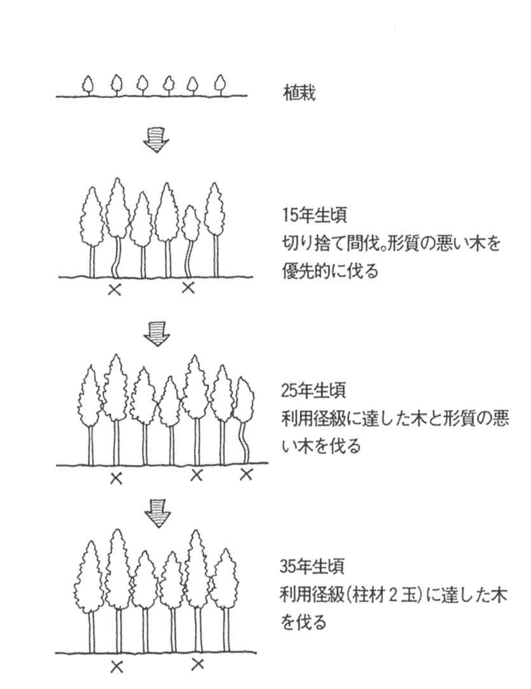

針葉樹人工林の標準的な間伐のすすめ方

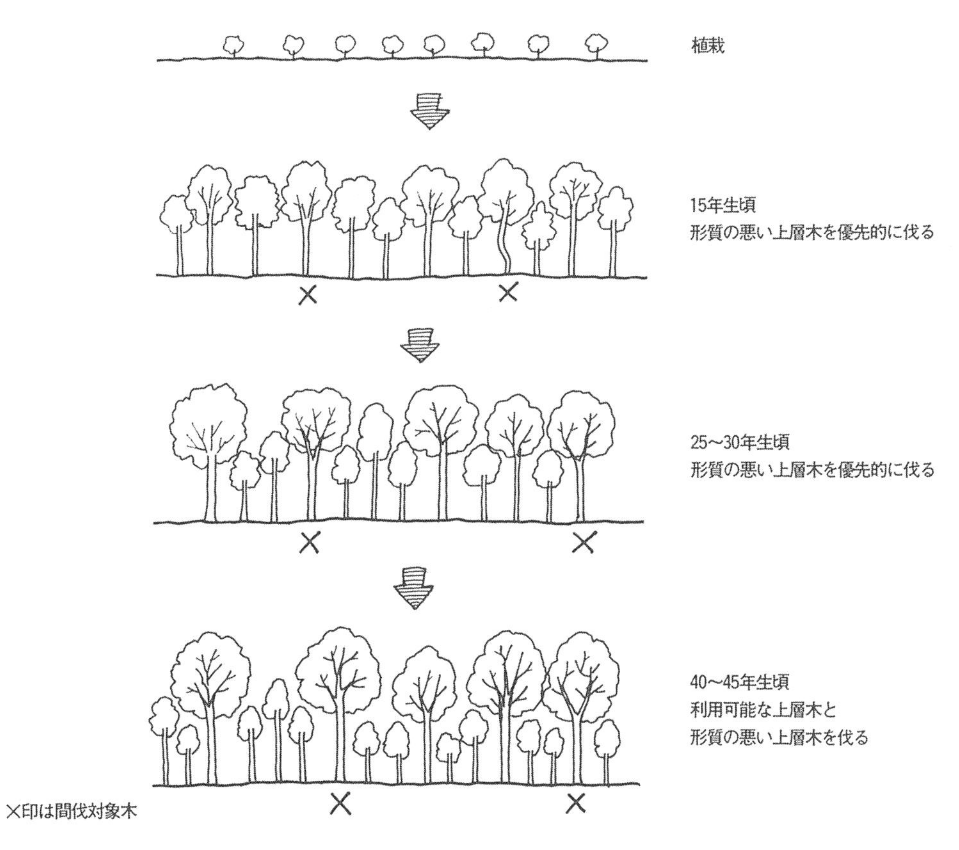

広葉樹用材生産林の間伐

人工林の管理技術⑤
立木の成長と収穫時期

立木の成長と収穫時期

木は、長い年月をかけて成長し、大きくなります。農作物と違い、森林の収穫の時期ははっきりしていません。しかし、森林の収穫時期は、伐期齢と呼ばれ、林分ごとに計画されているのがふつうです。

収穫時期は、目的とする大きさに木が成長するとき、最も効率的に多くの量の木材が得られるとき、または木材の販売収入が最大になるときなど、いろいろな決め方があります。何十年も先までの計画を立てることができるのは、収穫表と呼ばれる木の成長を予測する資料があるからです。収穫表は、地域、樹種、林地の良しあしごとに作られており、林の年齢と1本ごとの木の大きさと本数、林分全体の材木の量（材積）などが分かるようになっています。

スギの人工造林地の例では、ha当たり3,000本の苗木を植え、弱い木を除伐しながら育てて、十数年経ったときに、本数にして立木の1/3程度を間伐します。その後、間伐を3回ほど繰り返し、最後におよそ900本の立木を仕立てます。

木の成長は、植栽密度と深い関係があり、次のような性質が知られています。木の高さは密度に関係なくほぼ同じで、幹の太さは密度が高いほど細くなり、林分全体の幹の材積は密度が高い方が大きいのです。林分の密度は生育段階によって限界があり、限度を超えて高密度になると競争に負けた弱い木が枯れてしまいます。このような関係は詳しく調べられており、森林を取り扱う上での重要な指針となっています。

林分全体の幹の材積の増加（成長量）については、図Aのような関係もあります。毎年の成長量（連年成長量）は、はじめは林齢とともに増加しますが、ピークがあって、それ以降は減少します。そして、平均成長量が最大となる林齢の時、連年成長量と同じ値となります。

林分の幹材積（総成長量）は、連年成長量が最大のときを過ぎると、増加の割合（図Bの総成長量の曲線の勾配がこれにあたります）が徐々に小さくなります。

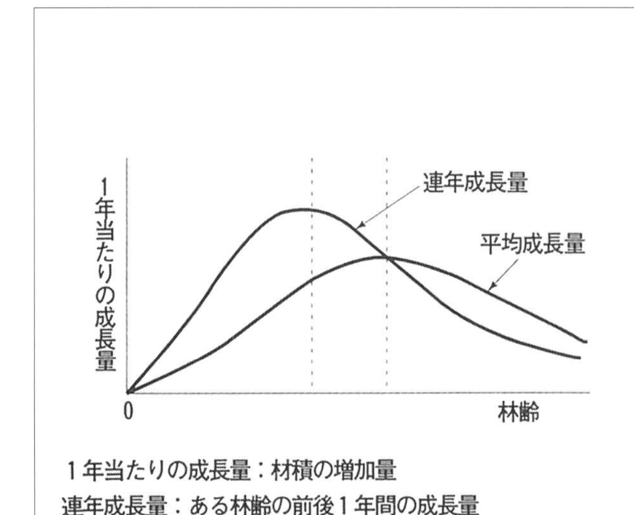

図A　連年成長量と平均成長量

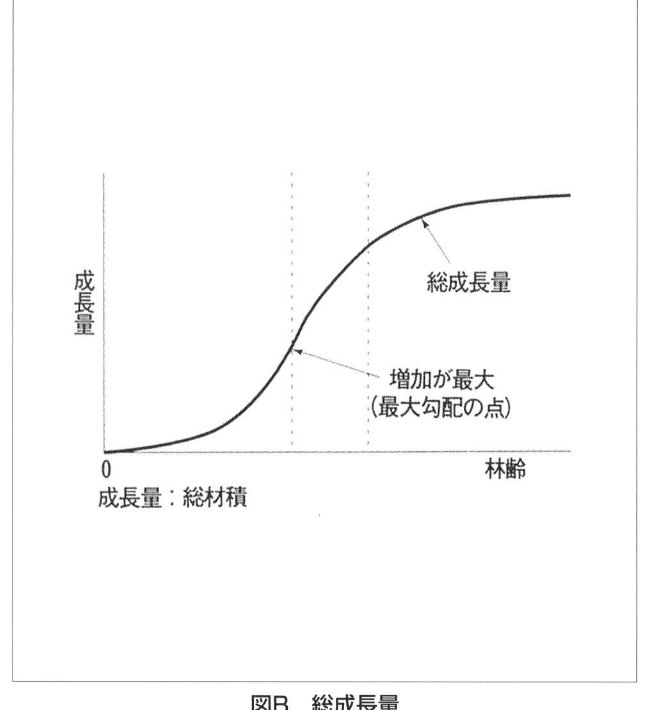

図B　総成長量

人工林の管理技術⑥
伐採の方法

皆伐と非皆伐

伐採は、単に伐採のことだけを考えるのではなく、その後の更新から保育のことまで、どのような形の森林を作り、管理していくかまでを考えなければなりません。

伐採の方法は大きく分けると、ある程度以上の面積を一度にまとめて伐る皆伐法（図A）と、伐採による裸地化を避ける非皆伐法（図B、次頁にもつづく）があります。

●皆伐

皆伐とはどの程度の広さ以上のものを指すのでしょうか。それは、伐採面の一辺が上木の樹高の2倍以上の長さの場合が皆伐に当たる、とみなせばよいのです。その理由は、それ以上の広さを伐採すると微気象的に森林生態系に変化が起きる場合を皆伐とし、樹高の2倍の長さがその区分の基準とみなされるからです。

皆伐は伐出作業が容易であり、植栽、保育作業も画一的で容易ですが、下刈り、つる切りなどの保育作業量を多く要します。

●非皆伐

非皆伐施業には、

- 林内で更新（世代交代）した木が、上木を伐ってもほぼ自力で成林できる大きさになったら上木をまとめて伐る短期二段林施業（または傘伐作業）
- かなりの長い期間（20年以上）二段林を維持して、上木をまとめて伐る長期二段林施業
- 上木を単木的に伐採して、そのたびに伐採跡に苗木を植栽する択伐施業（常時複層林施業）

などがあります。非皆伐施業と複層林施業はほぼ同じ意味に使われます。

	皆伐施業		非皆伐施業					
	短伐期施業 50年以下	長伐期施業 80年以上	短期二段林施業	長期二段林施業	常時複層林施業	群状複層林施業	帯状複層林施業 横	帯状複層林施業 縦
木材生産の保続性の高さ	×	△	×	○	◎	○	○	○
作業の平準化	×	△	△	○	◎	△	△	△
計画の立てやすさ、管理の単純さ	◎	◎	△	×	×	○	○	○
土壌、水の保全性の高さ	×	△	○	○	◎	○	△	○
伐出経費の軽減	◎	◎	△	×	×	△	○	△
下刈り経費の軽減と作業環境の向上	×	×	◎	◎	◎	△	△	△
寒害回避			◎	◎	◎			
景観上マイナスの裸地状態の回避	×	×	◎	◎	◎	△	△	△

注）◎：プラスの関係が強い
○：プラスの関係あり
△：マイナスの関係あり
×：マイナスの関係が強い

表1　皆伐、非皆伐施業の各種タイプと特徴

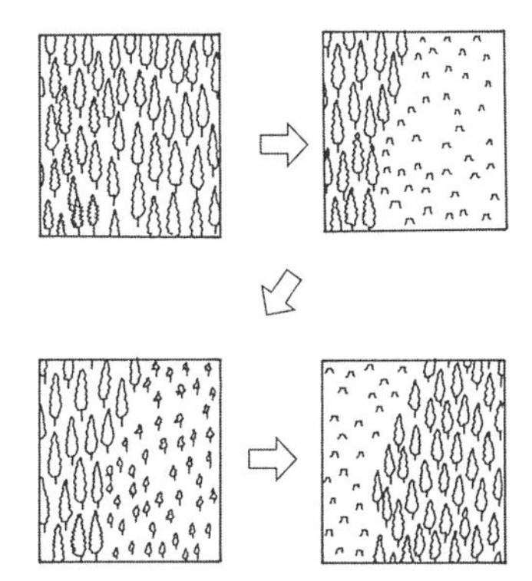

図A　伐採方法1─皆伐施業

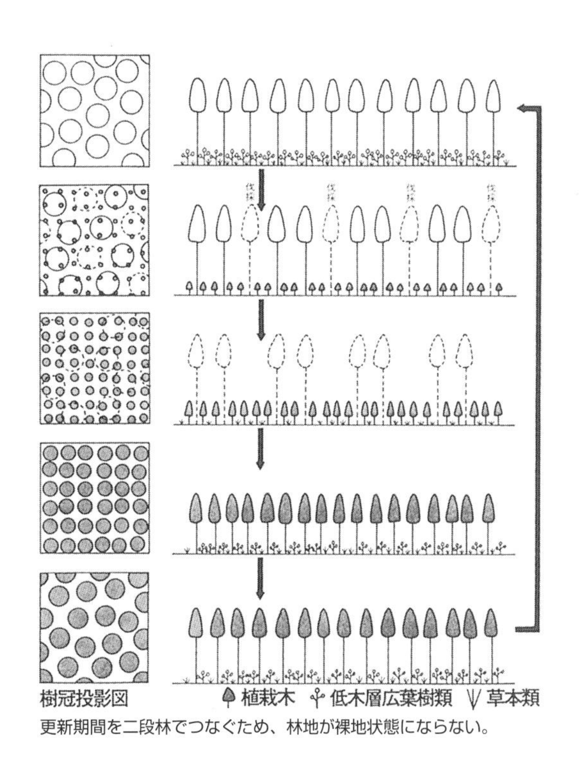

図B　伐採方法2─非皆伐施業　短期二段林施業

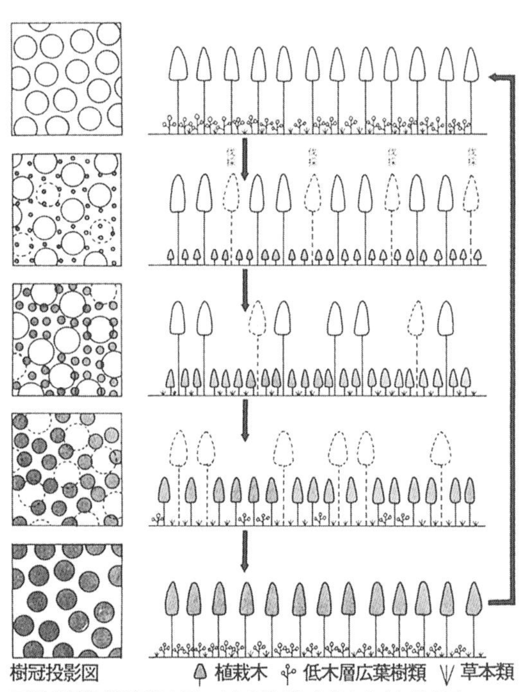

二段林状態が20年以上で、また下木がかなり大きくなるまで
二段林の形を保つ。

長期二段林施業

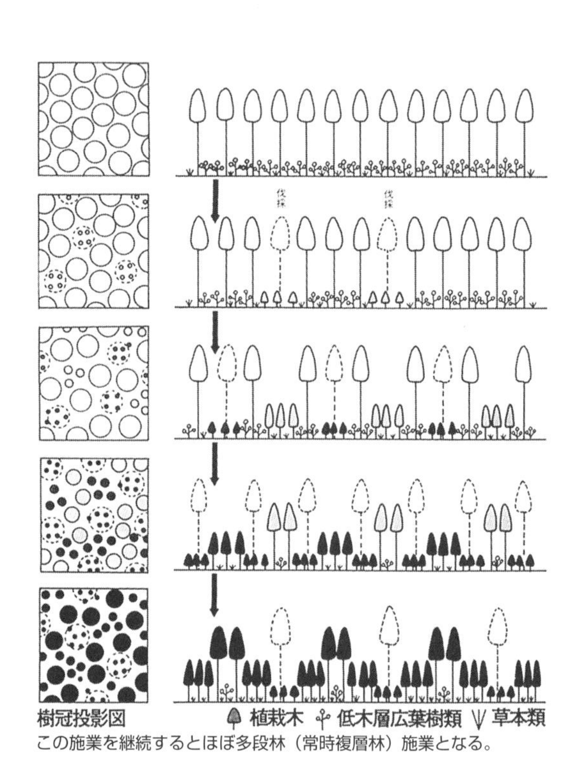

この施業を継続するとほぼ多段林（常時複層林）施業となる。

常時複層林施業

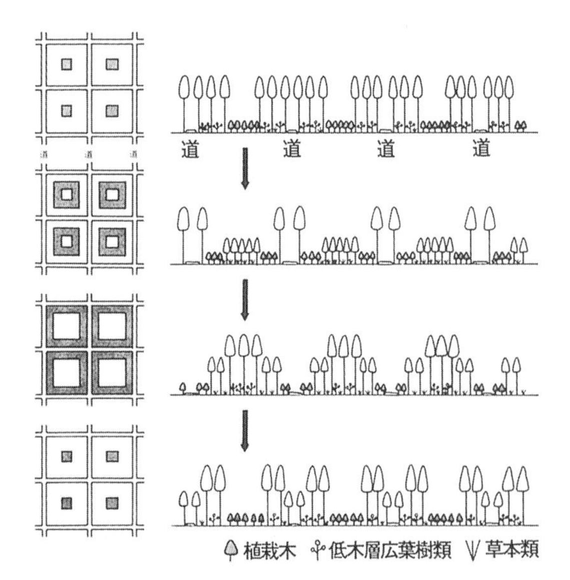

各図の左は林分の上から見た断面、右は横から見た断面。
上から見た断面の色の濃い部分はそれぞれの時点の伐採・植栽場所を示す。

群状複層林施業

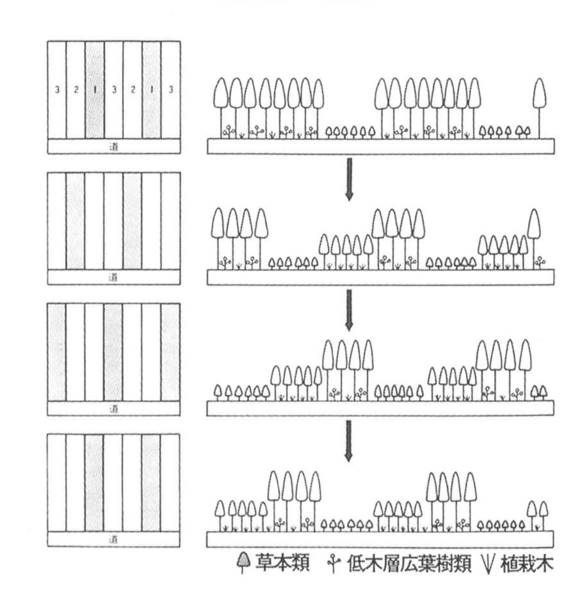

各図の左は林分の上から見た断面、右は横から見た断面、上から見た断面の色の濃い部分はそれぞれの時点の伐採、植栽場所を示す。
番号は伐採、植栽の移行順を示す。
道は、横方向に走っている場合と上下方向に走っている場合があり、前者の場合は縦の帯状複層林、後者の場合は横の帯状複層林となる。

帯状複層林施業

図B　伐採方法2—非皆伐施業（前頁つづき）

天然林の概念と管理
天然林施業のタイプ

天然林施業の特長

天然林施業の特長は、勝手に生えてできた天然林において、無用な木を伐採除去して、隣接した有用木の成長を促進させ、必要に応じて稚樹を植え込んで有用樹種の数を増やすなどして森林の質を高めることにあります。

さらに、有用木を収穫した後の林分の更新（森林の世代交代）をできる限り天然力で行うことで、省力林業を可能にすることも特長の一つです。

更新を天然力で行うには、自然に生えてくる稚樹やすでに生えている稚樹を利用する天然下種更新と、有用樹種の切り株から発生してくる萌芽枝（後生枝）を成長させる萌芽更新、あるいは両方を併用する方法があります（下表）。もちろん、更新初期の状態が思わしくなければ、種子を追加して播いたり苗木を植えたりしてもよいでしょう。

このように、天然力に人為的補助作業を加えた天然林もどきの林分を、育成天然林といい、このような作業は天然林施業技術の一部といえます。

「末は野となる山となる」という言葉があるように、日本の林地は一度裸にしても自然と植生が回復します。しかも、放置して数年経つと樹木からなる森林が再生してきます。これら木本種は収穫作業を行う前から林内に芽生えていた前生稚樹だったり、伐採後に芽生えたり萌芽したりした後生稚樹だったりしますが、いずれにしろ歩きにくいほど密生するはずです。

もし、密生しないようであれば、そこは天然林施業をやってもうまくいかない場所ですから、早めに人工植栽に切り替えた方がいいでしょう。

一斉に伐採した場合、ふつうの地力のある所だと30～60年経った頃には後継樹の優劣がついて枝の枯れ上がりが始まり、樹形もはっきりしてきます。この頃が、将来残す収穫予定木を育成するための除伐作業の始まりです。若すぎる林分ではまだ優劣の差が明確でなく、その後の変化が予想できませんし、老齢の林分では、優勢な木はアバレギや二又木などになっていて、適当な木を効率的に選択し、育成することはできなくなっています。

天然下種更新

●伐採方法

種子を供給する母樹の残し方により、更新方法は上方下種更新、側方下種更新の2種に分けられます。そして、母樹の残し方に応じて伐採方法が決められます。

施業の名称	特徴
天然下種更新	母樹から種子を散布させて、自然に生えてくる稚樹、あるいはすでに生えている稚樹を利用する更新方法
上方下種更新	択伐や群状伐採で母樹を残す
側方下種更新	帯状伐採で母樹群を残す
萌芽更新	切り株から発生する萌芽枝を成長させる
天然下種更新と萌芽更新の併用	

天然林施業のタイプのまとめ

●上方下種更新

天然下種更新では、針葉樹の場合だけでなく広葉樹の場合でも、徐々に上層木を伐っていく上方下種更新が一般的です。施業の特徴は、次のとおりです(図A、図B、図C)。

●更新補助作業

種子が小さく飛散しやすい針葉樹やカンバ類では、落下した種子を根づきやすくするために、林床に溜まっている落葉落枝の腐植層を取り除いて、鉱物質土壌を剥き出しにしてやるかき起こしが有効です。同時に、ササやかん木類などの前生植生があるときはこれらを伐採し、あるいは刈り払って除去する必要があります(図D)。

ブナやナラ類などの大型種子では根の伸長量が大きいため、腐植層の除去は不必要です。これらの種子は乾燥に弱いので、落葉が風で飛ぶことなく落下した種子を覆うように、枝などを林床にバラまいておくと役に立ちます。

もちろん、発生後の成長を促すために下層植生や林床植生の除去は大事ですが、その結果、林内の見通しがよくなるため、種子の摂食者であるノネズミ類の活動を弱めるのにも役立ちます。

さらに、ブナやナラ類など乾燥に弱い大型種子の場合、種子のある所を見つけて土をかぶせてやると、発生条件はよくなります。

充分な稚樹発生がない場合や、そのような場所が生じた場合は、苗木を植え込む補植も大事な補助作業です。

萌芽更新施業

萌芽力の強い広葉樹の有用樹種を対象に行う施業です。主に薪炭林を対象に行われ、最近では、シイタケ原木生産林の造成維持のために行われるのがふつうです。一部の地域でスギを用いた方法がある

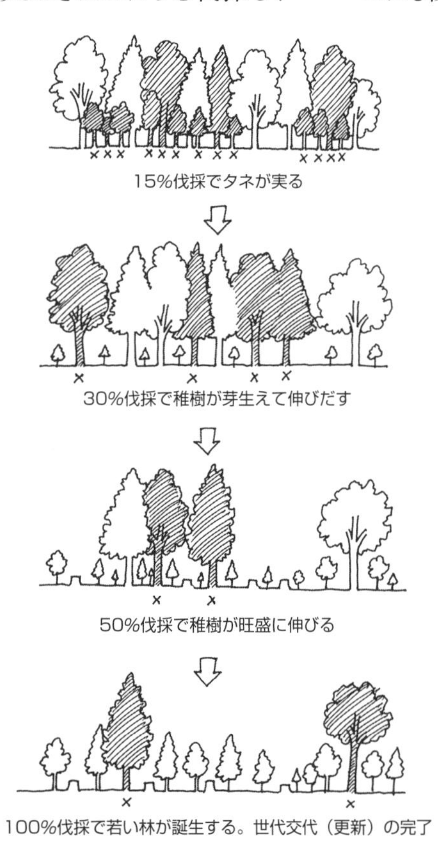

図A　上方下種更新―三伐天然更新法／適する樹種：シラベ、アオモリトドマツ、ヒノキ、ヒバ、ブナ、ナラ類、シイ・カシ類
予備伐～下種伐～後伐といった順に、3種の伐採を行う方法を三伐天然更新といい、分かりやすくて、しかも効果的な方法です。

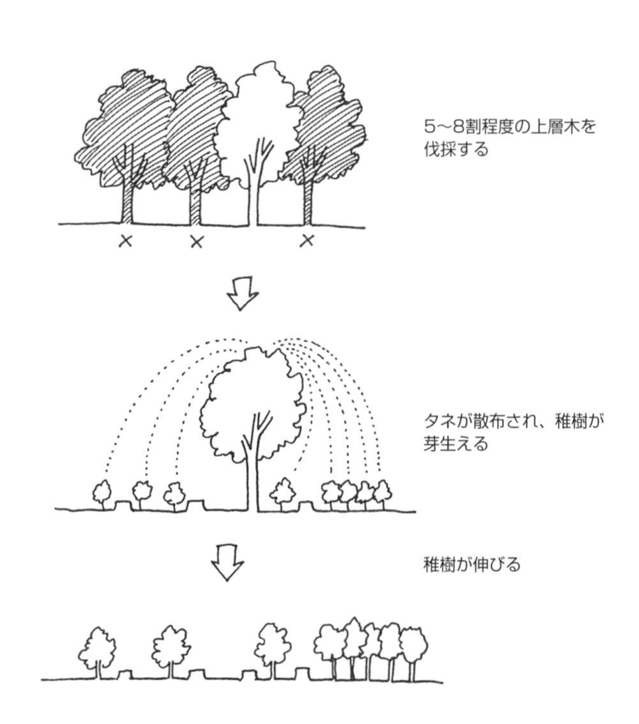

図B　上方下種更新―母樹保護法／マツ類、カンバ類
上方下種更新のもう一つの伐採方法が母樹保残法です。この母樹保残法は、種子生産量と散布範囲を考慮して、理論的に必要な数の母樹を残して、5～8割以上もの上層木を収穫してしまうという特異なものです。

ものの、一般には針葉樹に対しては行われません。

●萌芽整理

株によっては十数本、時には数十本の萌芽枝が集団となってコロニー状に、1つの株のあちこちに出現することがあります。これらは、2～5年程度の間に激減し、多くても3～5本の優勢な木が残る程度になりますので、初期に特別の手入れは必要ありません。ただし、競合する雑草木が繁茂するのはふつうの造林地と同じなので、これらの下刈りは必要です。

林分の閉鎖が始まり、競争がおおむね一段落する頃、萌芽枝を伐って本数を減らす整理作業を行います（図E）。10年頃までに1～数本程度を残すようにするのがよいでしょう。

残す萌芽枝は上層林冠を形成しているものです。すでに被圧されているものはほどなく枯れる運命にあります。株が小さいうちは、このような萌芽枝が枯れても株に対する影響が小さいのですが、枯れる萌芽枝の直径が10cm以上になると、その株の発生している部分も枯れ、株の腐朽で生存株まで傷められることがあるので、収穫時を考えて萌芽整理を行います。

タネが散布され、更新面に稚樹が芽生える

図C　側方下種更新─帯状伐採法／カンバ類、マツ類、ヒノキ、ヒバ
側方下種更新は母樹群を帯状に残し、あるいは帯状に収穫した後、季節風により種子が林木を収穫した後の更新面に散布されるのを期待するという方法です。

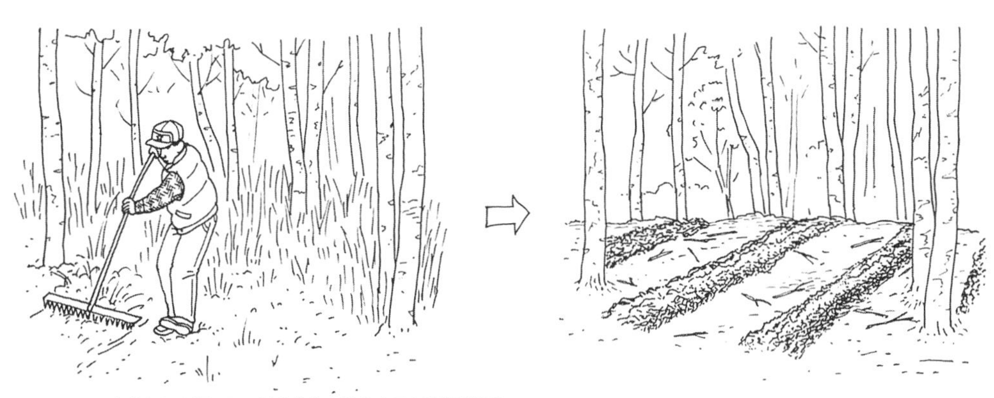
表土をかき起こし、林内植生を除去すると稚樹が増える

図D　表土のかき起こし、ササやかん木の刈り取り作業

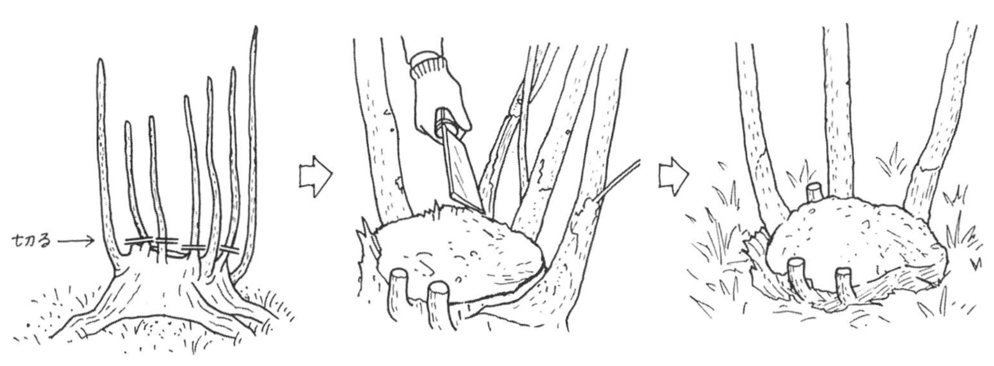

コロニー状に出る萌芽枝を伐り、数を減らす

萌芽枝を伐る作業

萌芽を整理した後

図E　萌芽整理のしかた

国土を守り、暮らしを豊かにする林業の施策

森林は、洪水や渇水を緩和し、水質を浄化する水源かん養機能、土砂の流出や崩壊を防止する山地災害防止機能、気候緩和や自然とのふれあいの場を提供する等の生活環境保全機能・保健文化機能、さらに野生動植物の生息・生育の場として生物多様性を保全する機能や二酸化炭素の吸収源・貯蔵庫としての機能など様々な公益的機能をもっています。

このような森林の公益的機能の維持・向上等を図る林業の政策として、保安林制度や治山事業等があります。

保安林制度

保安林とは、水源のかん養、土砂の崩壊その他の災害の防備、生活環境の保全・形成等、特定の公共目的を達成するため、農林水産大臣または都道府県知事によって指定される森林です。保安林では、それぞれの目的に沿った森林の機能を確保するため、立木の伐採や土地の形質の変更等が規制されます。

●保安林の種類

保安林は、水源のかん養、土砂災害の防備等それぞれの公益目的の達成のために指定され、その種類は17種類に及びます(表)。

●保安林における制限

①立木の伐採：都道府県知事の許可が必要です。

（許可要件）伐採の方法が、指定施業要件(※)に適合するものであり、かつ、指定施業要件に定める伐採の限度を超えないこと（間伐及び人工林の択伐の場合は、知事への届出が必要です）。

②土地の形質の変更：都道府県知事の許可が必要です。

（許可要件）保安林の指定目的の達成に支障を及ぼさないこと。

③伐採跡地へは指定施業要件に従って植栽をしなければなりません。

(※)指定施業要件

保安林の指定目的を達成するため、個々の保安林の立地条件等に応じて、立木の伐採方法及び限度、並びに伐採後に必要となる植栽の方法、期間及び樹種が定められています。

1号	水源かん養保安林
2号	土砂流出防備保安林
3号	土砂崩壊防備保安林
4号	飛砂防備保安林
5号	防風保安林
	水害防備保安林
	潮害防備保安林
	干害防備保安林
	防雪保安林
	防霧保安林
6号	なだれ防止保安林
	落石防止保安林
7号	防火保安林
8号	魚つき保安林
9号	航行目標保安林
10号	保健保安林
11号	風致保安林

保安林の種類

治山事業とは

治山事業は、森林の維持造成を通じて山地に起因する災害から国民の生命・財産を保全し、また、水源かん養、生活環境の保全・形成等を図る事業です。

治山事業とは、以下の２つの事業をあわせた総称です。

●保安施設事業

保安施設事業は、保安林の目的のうち、水源のかん養、土砂の流出の防備、土砂の崩壊の防備、飛砂の防備、風害、水害、潮害、干害、雪害又は霧害の防備、なだれ又は落石の危険の防止、火災の防備の目的を達成するため、森林の造成や維持に必要な事業を実施しています。

●地すべり防止工事に係る事業

地すべりを防止する事業は、農林水産省（農林振興局・林野庁)、国土交通省で実施していますが、このうち保安林等が存する箇所で行うものを治山事業（林野庁）として実施しています。

代表的な日本の林業樹種①
針葉樹

〔凡例〕①分布　②特性と適地　③形態

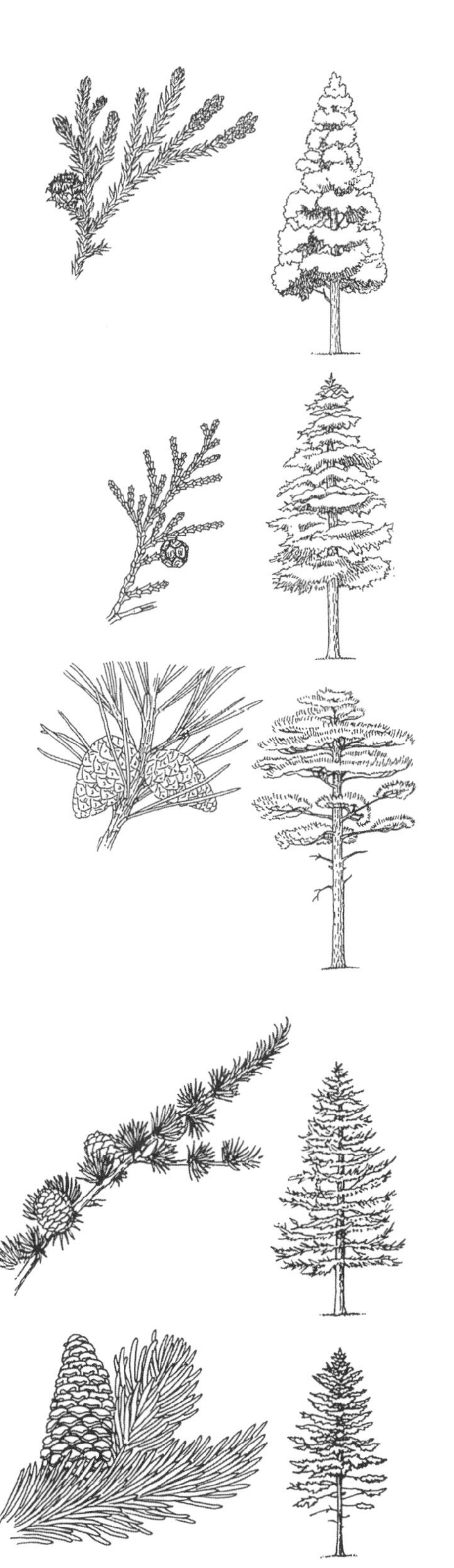

スギ
①本州・四国・九州の冷温帯・暖温帯、ブナ林中に土地的極相を形成する。北海道南部から南西諸島の一部まで広く植林されている。
②深根性、やや陽性。土壌の深い肥沃な適潤地を好むが、さまざまな場所に生育可能。
③常緑高木、樹皮は赤褐色、繊維質で細長く裂ける。日本海側と太平洋側の2系統に大別され、さし木による林業品種も多い。

ヒノキ
①本州（福島県以南）・四国・九州の冷温帯・暖温帯、土地的極相を作る。
②浅根性で耐陰性は大。土壌の乾燥と酸性化に耐える。
③常緑高木、樹皮は赤褐色、縦に裂ける。葉は鱗状で、尖らない。

アカマツ
①北海道南部・本州・四国・九州の冷温帯・暖温帯の二次林や土地的極相として純林をつくりやすい。
②深根性、極陽性。せき悪地の尾根、養分に乏しい湿地に耐える。
③常緑高木、樹皮は赤褐色、若木では薄く、老木では亀甲状に剝げる。葉はやや柔らかく、冬芽は赤褐色。

カラマツ
①本州（宮城県〜石川・静岡県）の亜高山帯・冷温帯。火山地の先駆樹種。
②やや浅根性、極陽性で土壌条件の不良地に生育できる。
③落葉高木、樹皮は灰褐色、縦に裂け目が入り、鱗片状に脱落する。長枝・短枝の違いが明瞭。

トドマツ
①北海道の石狩・日高以北の亜寒帯。
②深根性、適潤、肥沃地を好む。耐陰性大。
③常緑高木、樹皮は灰白色、平滑、老木では縦に裂ける。当年枝は褐色毛を密生する。

代表的な日本の林業樹種（針葉樹）

代表的な日本の林業樹種②
広葉樹

〔凡例〕①分布　②特性と適地　③形態

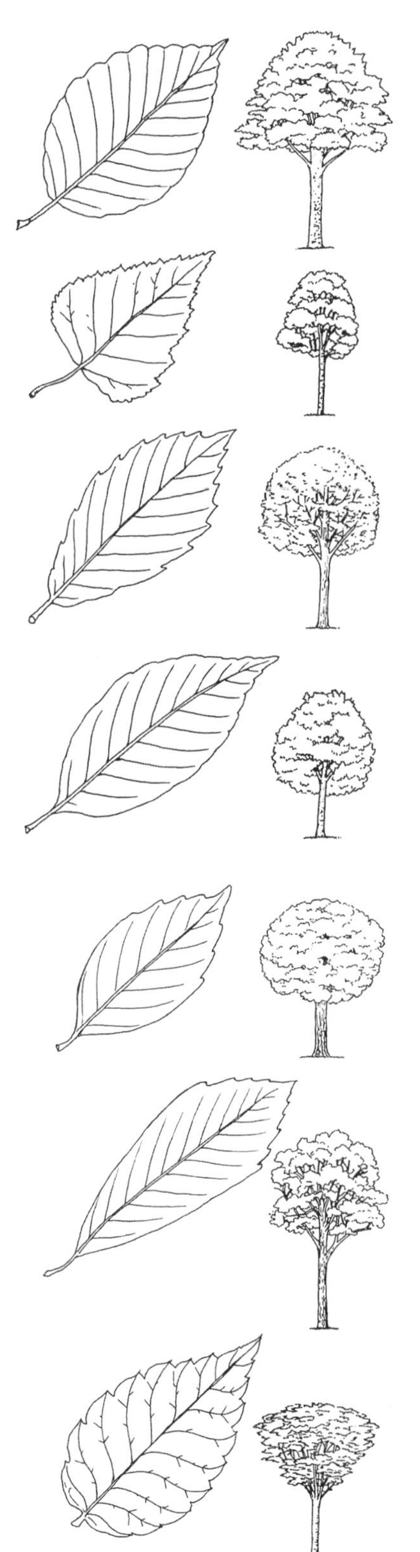

ブナ
①北海道南部・本州・四国・九州の冷温帯に極相を形成する。
②深根性だが根の支持力は大。耐陰性あり。適潤地。
③落葉高木、樹皮は灰白色、平滑。

シラカンバ
①北海道・本州（岐阜県以東）の冷温帯・亜寒帯に二次林を形成する。
②浅根性の陽樹。山火事跡、伐採跡地の先駆樹種、肥沃地で成長が速い。
③落葉高木、樹皮は白色、横に薄く剝げる。

コナラ
①北海道・本州・四国・九州の冷温帯下部・暖温帯の二次林を形成。
②深根性の陽樹。乾燥したせき悪地の土壌に耐える。
③落葉高木、樹皮は灰白色、不規則な割れ目が縦に入る。

アラカシ
①本州（宮城県以南）・四国・九州・南西諸島の暖温帯に極めて多い。
②やや深根性の陽樹。乾燥に耐え、稚樹は耐陰性が大。
③常緑高木、樹皮は灰黒緑色、皮目が多く、ざらつく。

スダシイ
①本州（福島県・新潟県以南）・四国・九州・南西諸島の暖温帯の極相。
②深根性の陰樹。沿岸地、尾根、急傾斜地などの乾燥地に耐える。
③常緑高木、樹皮は灰黒色、縦に割れる。樹皮の内面は平滑。葉は大きく、厚く、上半部の鋸歯が顕著。

イチイガシ
①本州（南関東以西）・四国・九州の暖温帯の極相の優占種。
②深根性の陰樹。土壌の深い適潤地で生育がよい。
③常緑高木、樹皮は灰黒色、不規則に剝げる。葉の裏面に黄褐色の星状毛が密生する。

ケヤキ
①本州・四国・九州の冷温帯、暖温帯。
②浅根性の陽樹。礫の多い、谷筋の湿潤地。
③落葉高木、樹皮は灰紫褐色、平滑、まだらに剝げる。

代表的な日本の林業樹種（広葉樹）

第4章

森林作業の基本

●

　林業現場での作業は、いろいろな道具を状況に応じて臨機応変に使いこなす作業でもあります。そのためには、道具の名称、正しい使い方をきちんと知っておく必要があります。また、作業の目的やその意味をよく理解することも必要です。

　この章では、林業現場で、みなさんがすぐにでも行うことになる作業の基本、使うことになる道具についてまとめました。ここでの用語や名称は、現場での会話や指示の中に出てくるでしょう。ときには事故や危険を知らせるための言葉かもしれません。基本を身につけることが、安全で効率の良い作業への一番の近道になると思います。

測量・測樹
森林調査のねらい

森林の姿を知る

森林の管理・経営を行うためには、森林の姿を知る必要があります。

「森林の姿」とは、別の言葉でいえば森林の現状のことです。つまり、森林がどこに位置するか、森林の面積・蓄積・成長量はどれくらいあるか、どのような樹種があるか、個々の樹木の直径・樹高はどれくらいか、何本の樹木があるのか、それぞれの樹木はどこにどのくらい生育しているのか、林齢はどのくらいか、気象や昆虫などによる被害を受けていないか、樹木以外の植物の生育状況はどうか、きのこなどはとれるか、鳥や獣などの動物はどのようなものがどのくらいいるかなどです。

しかし、これだけではありません。森林地域の気象条件、地形・地質条件、土壌条件なども把握しておくことが大事です。これらは森林の成立、状態と密接なかかわりをもっているからです。

地図の見方

森林調査に利用できる地図にはいろいろのものがあります。基本的なものとしては次のものがあります。

⑴ 国が作成するもの
・国土地理院　25,000分の1
⑵ 都道府県が作成するもの
・森林基本図（5,000分の1）
　空中写真を図化し、行政区界、林班界が入ったもの。
・森林計画図（5,000分の1）
　森林基本図の写しに、森林計画の区域、林道、森林の種類などを入れたもの。
・森林位置図（50,000分の1）
　国土地理院発行の50,000分の1地形図に、森林計画の区域界、林班界、林道などを入れたもの。

このうち森林基本図は空中写真

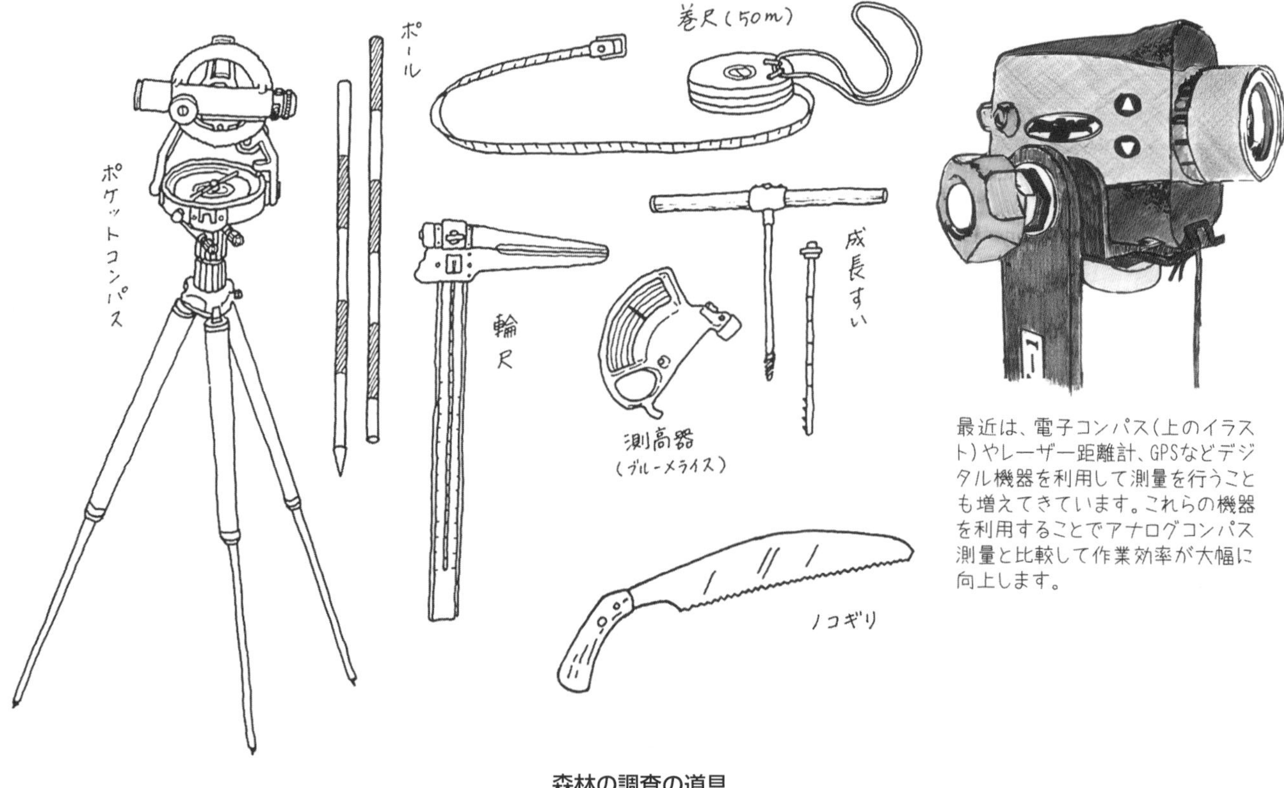

森林の調査の道具

を図化したもので等高線や区域界等も入っており、入手したいものです。なお、地図の入手について都道府県関係のものは林務担当者（出先機関でも可）に問い合わせて下さい。

地図にはいろいろな情報が詰まっておりこれを読みとることが重要です。

森林調査で最も基本的で重要なのは、地図を見て、目的の個所を目指して山をどう歩くかを考えることができること、現地で山のどこにいるのかわかることです。このためには最低、次の3つのことができることが必要です。

1つは地形を読みとれることです。尾根と谷、標高は等高線から読みとれます。（下図 地図の見方）

2つめは距離、傾斜が読みとれることです。（下図 地図の見方）

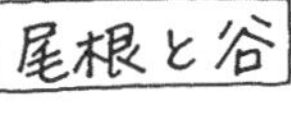

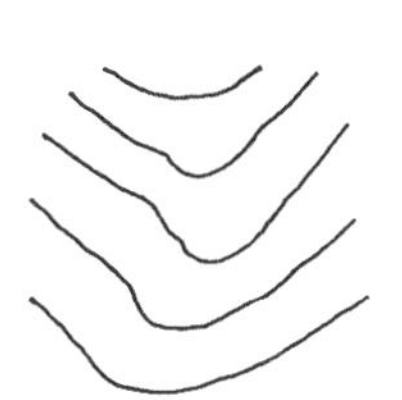

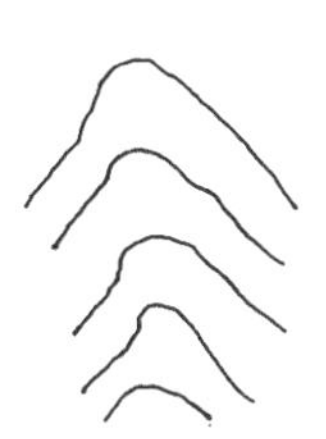

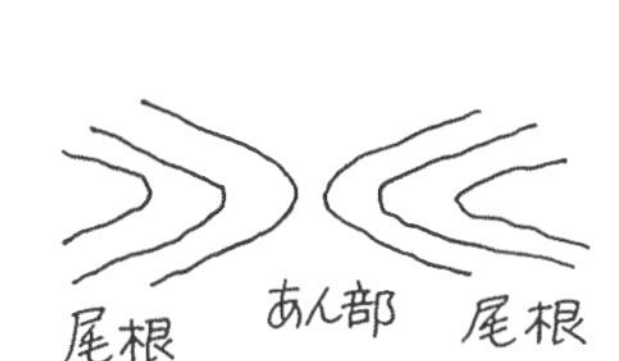

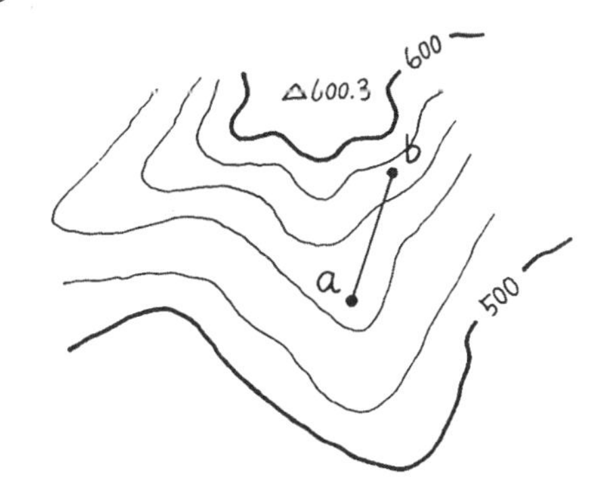

標高

a地点の標高 $= 540\text{m} + (20\text{m} \div 3)$

$\fallingdotseq 547\text{m}$

（a地点は、540mの等高線と560mの等高線の間で、540mの等高線寄りの1/3の位置）

ab間の距離を測る方法

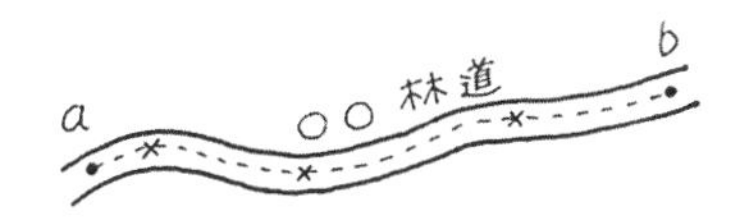

- 短かい直線に分け、足していく。
- 糸を置き合わせて、まっすぐにのばして測る。
- およその距離なら図上で何cmくらいかみて、縮尺により換算する。

水平距離、比高、傾斜の関係

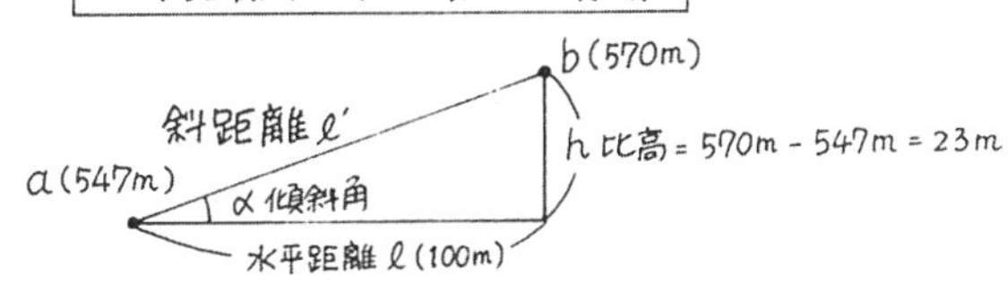

$$\ell' = \sqrt{\ell^2 + h^2} = \sqrt{100^2 + 23^2} \fallingdotseq 103$$

$$\alpha = \tan^{-1}\frac{h}{\ell} = \tan^{-1}\frac{23}{100} \fallingdotseq 13^\circ$$

地図の見方

3つめは方位がわかることです。磁石（コンパス）が示す北（磁北）は真北より西に偏っています。何度偏っているかは国土地理院の地図では右側に表示されています。現地で磁針に合わせて地図を見る場合は、このことに注意する必要があります。

方位と地形、目標となる施設（鉄塔や送電線、滝、林道など）等から自分の地図上の現在位置を特定することができます。従って、これらのことができれば目的の個所に楽に早く行くためのコース選定、現地をもれなく見るためのコース検討ができるとともに、現地で間違いなく予定コースを歩いているかチェックすることができます。

山の面積の調べ方

一般的な森林調査における森林面積の実測は、ポケットコンパスを用いて測量します（図A）。

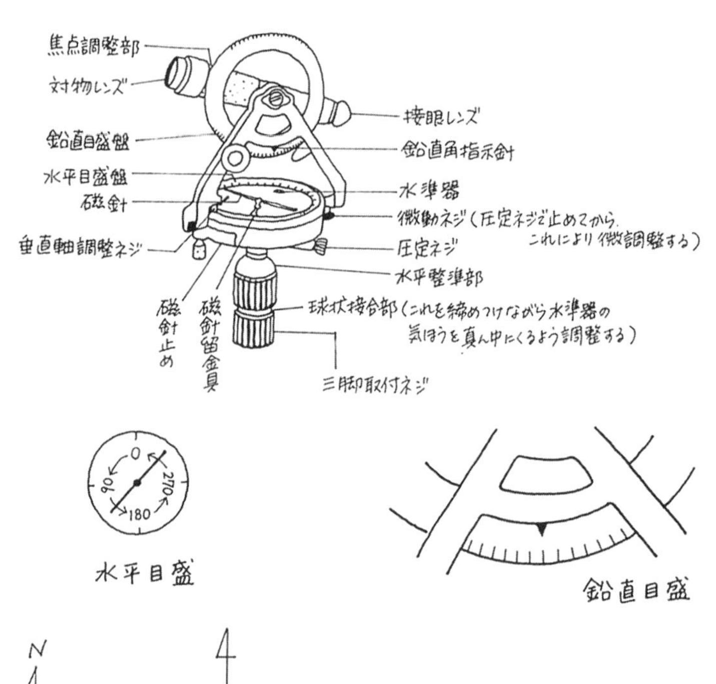

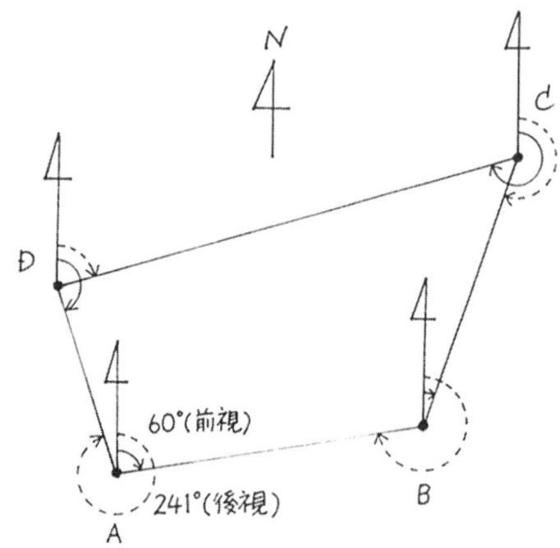

前視・後視と補正磁方位角

測線	方位角		高低角	斜距離 (m)	補正磁方位角		
	前視	後視			後視+180°	差	前後視平均角
A B	60°00′	241°00′	+15°	20.10	61°00′	1°00′	60°30′
B C	25°30′	205°00′	−10	9.80	25°00′	30′	25°15′
⋮	⋮	⋮	⋮	⋮	⋮	⋮	⋮

A地点→B地点→C地点→D地点の順に測定した場合
→前視…　次の測点への視準
⇢後視…　前の測点への視準

図A　ポケットコンパス、水平目盛り、鉛直目盛りポケットコンパスによる水平角度の測定は磁方位角を測ります。測線(基準となる点から次の基準となる点を結んだ線)の方向は磁北線から右回りの角度で示され、目盛りは磁針の北針がさす目盛りを30分単位まで読みます。鉛直角度については器械高と同じ高さの位置を度の単位で測ります。上向きなら(+)を、下向きなら(−)を付けます。

2点間の距離の測定には巻尺(50m)か測量ロープを使って10cm単位まで測りますが、傾斜のある山地では、斜距離と鉛直角度を測り水平距離に換算します。

こうして測った測量結果を製図するわけです。このとき、測量の際の誤差および製図の際の誤差が原因で生じる誤差(閉合誤差といいます)を補正する必要があります。図に簡易な閉合誤差の補正の仕方を示しました(図B)。

こうしてできた図から面積を算定します。方法としては図の三斜法(図C、図D)、方眼法、プラニメータによる方法などがあります。

閉合誤差の補正の仕方

❶各測線の長さを一直線上にとり、誤差$\overline{AA'}$をA'のところに垂直にとる(上図)。
❷各線の調整はB点なら垂直線$\overline{BB'}$、C点なら垂直線$\overline{CC'}$となる(上図)。
❸$\overline{AA'}$に平行な線をB、C…の順に各点を通るように引く(下図)。
❹各線の調整分$\overline{BB'}$、$\overline{CC'}$…を図上で移動して図を描く(下図)。

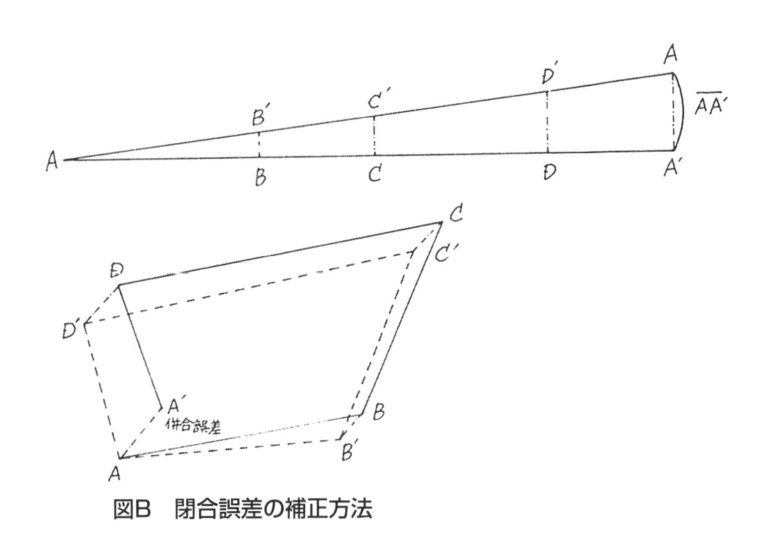

図B 閉合誤差の補正方法

コンパス測量野帳(例)

測線	方位角		平均方位角	傾斜角		距離	
	前視	後視		+	−	斜距離(m)	水平距離(m)
AB	60°00′	240°00′	60°30′	15°		20.10	19.42
BC	25°30′	205°00′	25°15′		10°	9.80	9.65
⋮	⋮	⋮	⋮	⋮	⋮	⋮	⋮

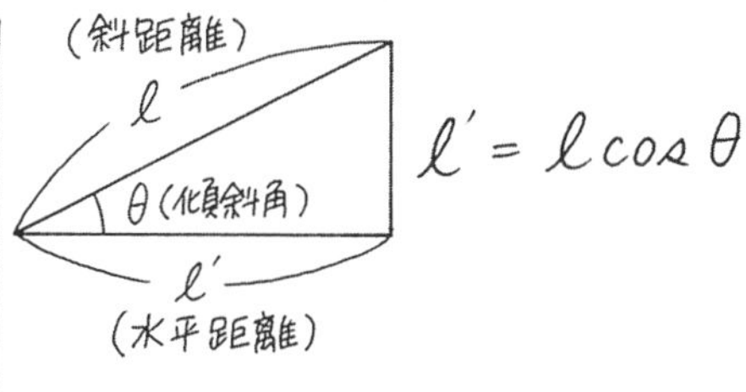

図C コンパス測量野帳記入例

平面図の図形を三角形に分け、各三角形の底辺と高さを測り、面積を算出する。
面積=ⓐ+ⓑ+ⓒ

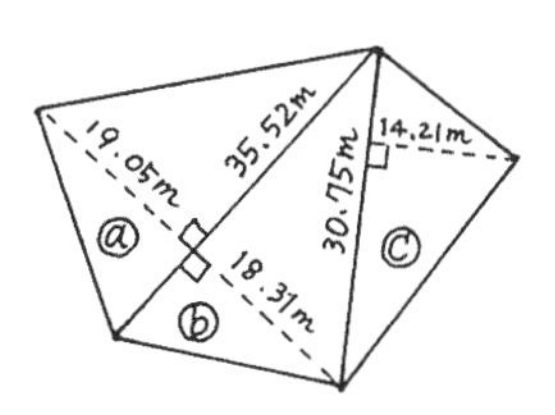

図D 面積の測り方 三斜法

また、実測までせずにおおよその面積を知りたい場合は、対象林分について主な尾根、沢、林道等からの位置関係をもとに地図（縮尺5000分の1以上）上に大体の位置と形を入れて、図上で面積を計算することでよいでしょう。

調査の歩き方

森林調査の歩き方には、大きく分けて2とおりあります。1つは概況を把握するための踏査、もう1つは伐採等のための本調査です。

いずれにしても調査に出る前に次のような準備をしておくとよいでしょう。

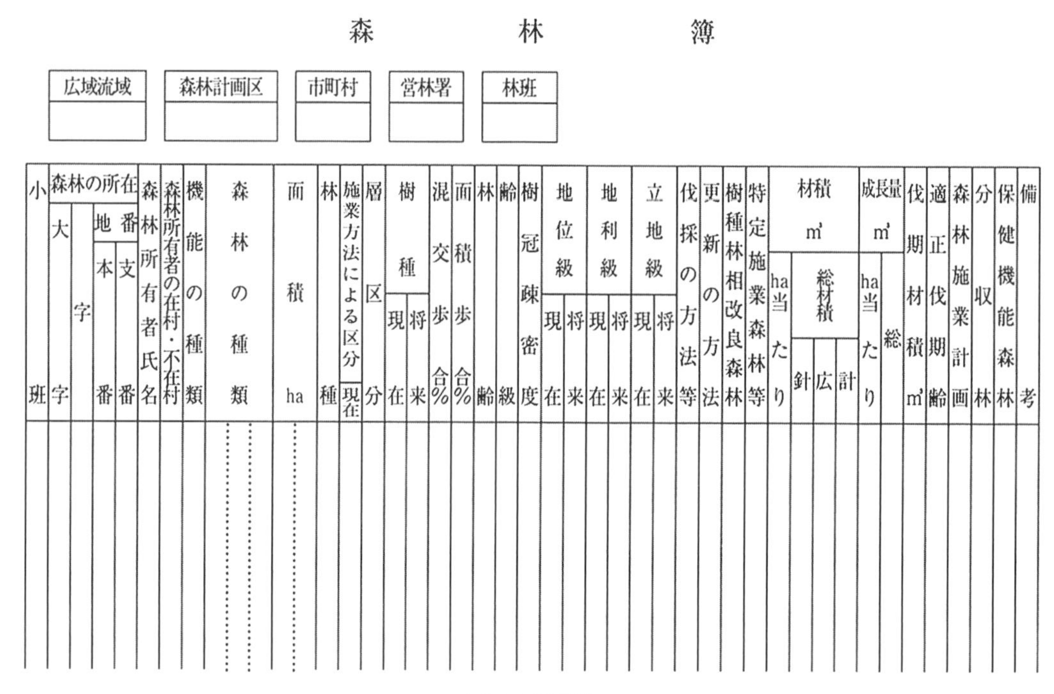

森　　林　　簿

広域流域	森林計画区	市町村	営林署	林班

小班	森林の所在			森林所有者氏名	森林所有者の在村・不在村	機能の種類	森林の種類	面積	林種	施業方法による区分	層区分	樹種		混交歩合	面積歩合	林齢	齢級	樹冠疎密度	地位級		地利級		立地級		伐採の方法等	更新の方法	樹種林相改良森林	特定施業森林等	材積 m³				成長量 m³		伐期材積	適正伐期齢	森林施業計画	分収林	保健機能森林	備考
	大字	地番																											ha当たり	総材積			ha当たり	総						
		本番	支番					ha		現在		現在	将来	%	%				現在	将来	現在	将来	現在	将来						針	広	計			m³					

図E　森林簿

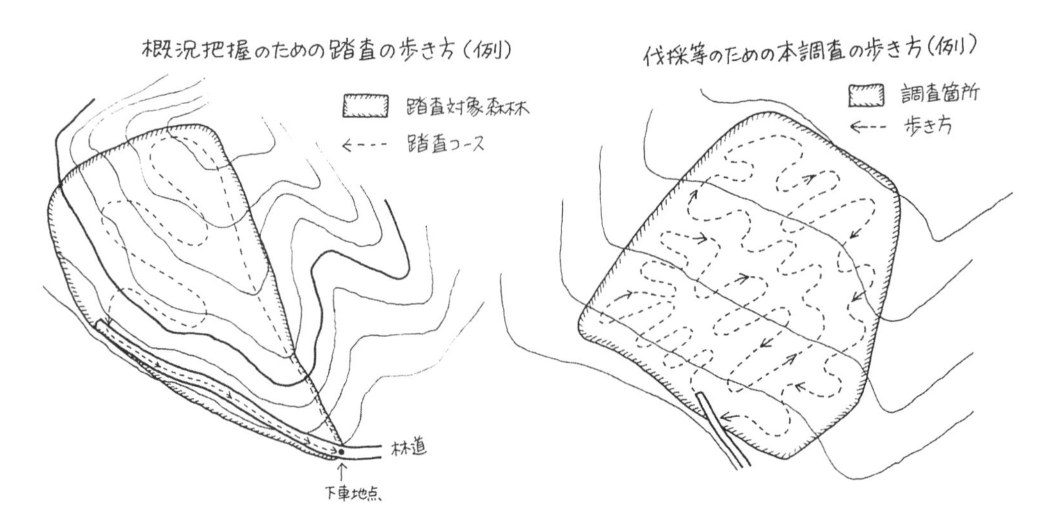

図F　概況把握のための踏査の歩き方、伐採等のための本調査の歩き方

1　森林簿で地況、林況の概要を見ておく(森林簿は都道府県(主要な出先機関を含む)や市町村の林務担当部局で閲覧できます)(左頁図E)。
2　森林基本図から調査対象の森林およびその周辺の森林の入った図面をコピーしておく(森林簿からのデータを記入するとよい)。
3　航空写真がある場合は、航空写真により地況、林況をみておく。
4　地図上で踏査対象林分とそこに至る経路を確認するとともに、およその歩くコースを決めます。この場合、対象林分を満遍なく見ることができるように、また急傾斜地や急な谷は避け、安全で体力的に無理のないコースにするとともに、調査に要する時間にも余裕をもてるようにします。

●概況を知るための現地調査の歩き方

概況把握のための現地踏査は、地図で位置を確認しながら歩きます。高い尾根に上がってからゆっくり降りてくると楽に、じっくり林分の内容を見ることができてよいでしょう。また、向かい側の尾根から林分全体の様子を見ることもできます。

●伐採などのための本調査の歩き方

伐採等のための本調査では、幅を狭くとって、直径等を測定しながら上の方へ上がっていき、下りは幅を広くして調査するようにすると効率的に調査できます(左頁図F)。

林分密度の調べ方

林分密度は、林木の込み合いの程度を表す指標で、簡単には1ha当たりの立木の本数で表します。

林分密度は、林分のha当たり材積や成長量と関わりが深く、森林の取り扱いを考える上で重要な因子です(図G、図H)。

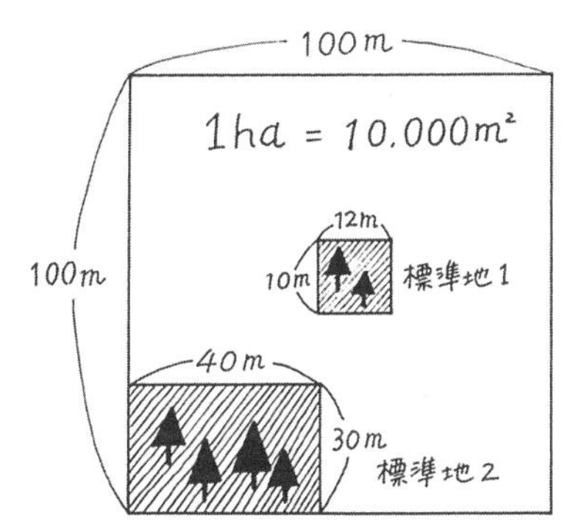

1haの面積と標準地の設定の例。小さい標準地の方が測定は簡単だが、誤差は大きくなる。

◎標準地1から推定する場合
標準地の面積＝10m×12m＝120㎡ (0.012ha)
標準地で数えた本数　20本
1ha当たりの推定本数　20×1/0.012≒1,670本/ha

◎標準地2から推定する場合
標準地の面積＝30m×40m＝1200㎡ (0.12ha)
標準地で数えた本数　200本
1ha当たりの推定本数　200×1/0.12≒1,670本/ha

図G　標準地の本数からha当たりの本数を推定する方法

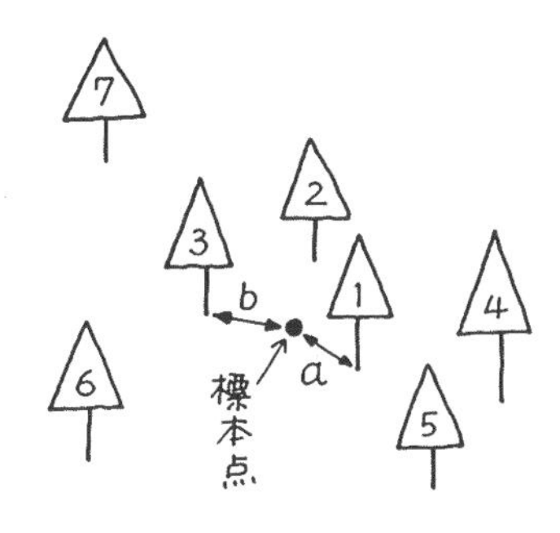

※数字は標本点に近い順番

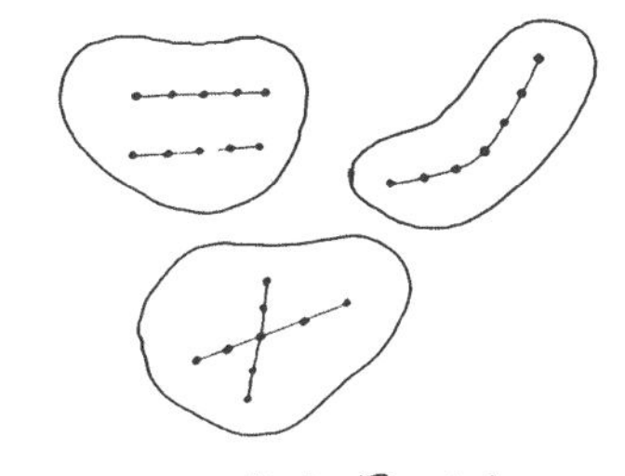

測点配置の例

A　最も近い木を測る方法

$$\text{ha当たり本数} = \frac{2{,}500\,(\text{係数})}{a^2}$$

a；最も近い木までの距離の平均 (m)

B　3番目に近い木を測る方法

$$\text{ha当たり本数} = \frac{8{,}789\,(\text{係数})}{b^2}$$

b；3番目に近い木までの距離の平均 (m)

図H　ha当たりの本数の推定方法

樹齢・林齢の調査

●樹齢の測り方

樹木の年齢のことを樹齢といいます。これは発芽してからの経過年数です。森林の取り扱いの単位となる樹木の集団、すなわち林分の場合は林齢といいます。もちろん植栽の記録がある場合は樹齢・林齢の測定は不要です。

記録がなく、樹齢・林齢が分からない場合は、サンプルとなる立木を伐採して、地際の断面の年輪を数えることで樹齢は分かります(図I)。年輪が見えにくいときは表面を削って平らにして水で湿らせると分かりやすくなります。

立木のままで測るには成長すいを用いて推定します。これも地際に近いところに挿入して、「すい片」を取り出し、その年輪数を数えます。

また、アカマツ、クロマツ、モミ、トウヒなどは毎年一段ずつ輪状に枝を出すので、枝の段数を数えて樹齢が推定できます。

直径および樹高の調査

●直径の測定

林木の直径は、輪尺または直径巻尺を用いて胸の高さ（地上1.2m、ただし北海道は1.3m）の直径を測定します(図J)。林地ではふつう傾斜があることから斜面の上

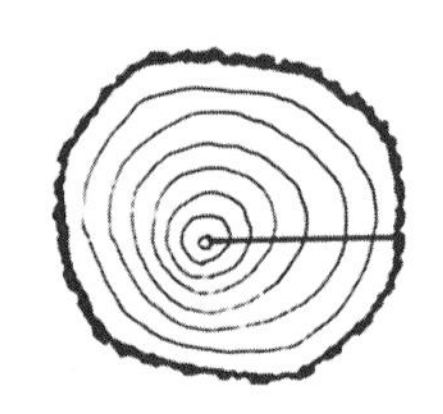

図I　年輪の数え方

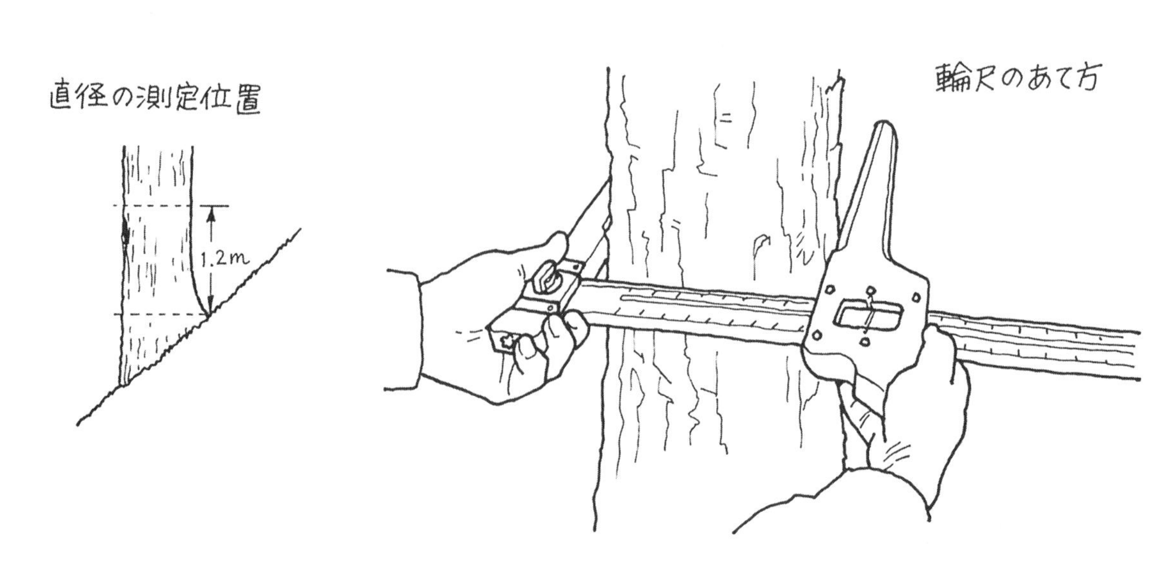

図J　直径の測定位置、輪尺を使った直径の測定

側から測った値としています。幹のゆがみの大きい場合は、斜面上側とこれに直角方向の直径の2つを測り、その平均値をとります。直径は2cm単位で表された輪尺の値を読みます。

輪尺は、尺度とこれに直角となる固定脚、遊動脚があり、幹の軸に直交するように当て、尺度、両脚の3点が幹に接した状態で測定します。輪尺使用上の注意事項は次のとおりです。

・両脚が尺度板に直角となるよう使用前に調整する。
・測定個所に枝、こぶなどがある時はこれを避け、つる類やコケ類は取り除いて測る。
・幹が胸高以下で2又以上に分かれていれば、それぞれの幹を測る。

直径巻尺は、普通目盛りのほか、その長さを円周率で割って円周に対応した直径の値に換算した目盛りがあり、これを読めばそのまま直径が測れます。

●樹高の測定

樹高は測竿（そっかん）や測高器を用いて、m単位で測ります。測竿は10mくらいまでの木の測定に用います。2人1組で、1人が斜面上から測竿の先と木の梢端の高さが一致しているかを見ながら測ります（図K）。

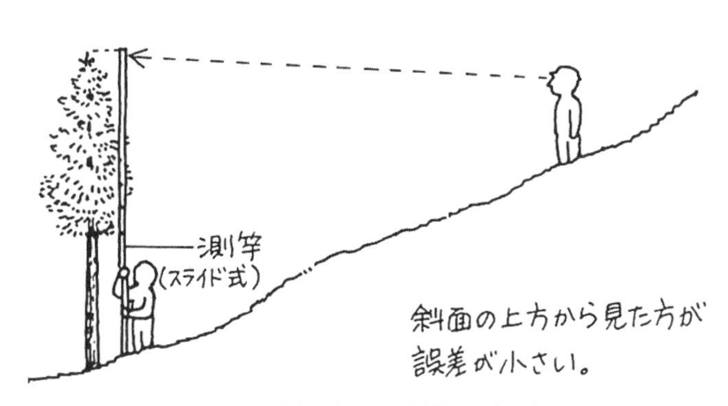

図K　測竿を使った樹高の測り方

森林路網
林地へのアクセス（道の役割）

●なぜ、道が必要か

森林は、ふつう市街地から離れたところ、河川の上流の山地などに所在します。だから自動車が通る道が何本もあるわけではありません。一本の道が、町と森林地域を結んでいることも多く、森を相手に林業を営み、山村地域を生活の場としている人々にとっては、人や物を運ぶための重要な役割を果たしています。

町と森を結ぶ道とは別に、森林の中には林道があります。林道は一般の人や自動車が頻繁に通行する道ではありませんが、森林を守り育て、林産物を生産するためにはなくてはならない道です。林道を通って作業する場所の近くまで車で行くことができれば､人や機械、材料を運搬することが容易となって、そこで働く人にとって便利になります。山に植える苗木を運ぶことも、伐り出した木材を運ぶことも、また、森を見回って手入れすることにも便利になり、作業の能率も上がり、林業の経営にとって大いに役立つこととなります。林道は林業経営の基盤ともいわれています。

●まだ、足りない林道

林道がたくさんあって、森の中のどこにでも簡単に行くことができるようになるとよいのですが、林道を作るには多くの費用がかかります。ですから、全国的にみると林道はまだまだ十分とはいえない現状であり、林道建設の努力は続けられています。最近の自動車や新しい林業機械の普及に伴って、林道に対してこれまで以上の期待も高まっています。

道の種類と働き

森林の中にある道は、林道のほかに国道、県道、市町村道などのいわゆる公道があります。これらは、町と町を結び、森林地域と町を結び、人と物を運ぶ道です。一方、林道は、主に林業を営むための目的で作られた道です。最近では路面を舗装し、ガードレールをつけた立派な林道も作られており、公道のような役目をもった林道もあります。しかし原則的には林道はあくまでも林業を目的とした道です。

森林の中にある道の中で、林業を目的としたものにはいくつかの種類があり、「林道」「林業専用道」「森林作業道」に分けることができます。

路網の区分

区分		内容
林道		適正な森林の整備、林業・木材産業等の育成、山村地域の交通路等として不特定多数の者が利用する公共施設
	林業専用道	主として特定の者が森林施業のために利用する公共施設であり、幹線又は支線を補完し、森林作業道と組み合わせて、間伐作業、主伐後の再造林その他を始めとする森林施業の用に供する支線又は分線の林道。普通自動車（10 トン積トラック）や林業用車両（大型ホイールタイプフォワーダ等）の輸送能力に応じた規格・構造を有する
森林作業道		特定の者が森林施業のために継続的に利用する道であり、主として林業機械（2トン積み程度のトラックを含む。）が走行する道。集材等のために、より高密度な配置が必要であり、作設に当たっては、経済性を確保しつつ丈夫であることが特に求められるもの

林内路網：林道、林業専用道、森林作業道等、場合によっては公道等を含む道の総称

このように森林地域には、それぞれ性格が異なる、公道、林道、林業専用道、森林作業道が組み合わさり、広範囲な森林の中で一つの森林路網を形作っています。公道が他の地域との連絡を受け持ち、林道は公道との関係を保ちながら森林の中での路網の骨格となり、作業道は林道が作っている路網を補って林業作業を支えている、と考えることができるでしょう（図A）。

図A　林道、林業専用道、森林作業道の関係モデル

林内路網の計画・配置

●路網密度

森林の中にどれぐらい道があるかを示すために、林道密度または路網密度という言葉が使われます。

林道密度は、森林内にある林道の総延長と森林の面積の比で表され、ha当たり何m（m／ha）と表現されます。林道と作業道を含めた密度や、公道も含めた密度などが、必要に応じて使われます。

林道密度は実際はどれぐらいの値になっているのでしょうか。現在のわが国の林内道路密度として、公道の密度は7.3m/ha、林道密度は4.8m/ha、作業道密度はおよそ2.4m/ha、となっています。作業道を密度高く作設した、いわゆる高密路網を基盤とした集約的な林業経営を実践されている林業家の森林では、林道と作業道を合わせた路網密度が30〜50m/ha、あるいはそれ以上という例も少なくありません。

森林の中の道路の密度が高いか低いかは、森林作業の能率に大きく影響します。しかし、林道の作設にはたくさんの費用が必要ですし、一度作設した路網は簡単に変更することはできません。したがって、対象とする森林の路網密度をどれぐらいにするのが適当か、また、どこに道をつけるのがよいかは、重要な問題です。路網密度と配置の問題については、地形、森林の育て方、伐出方法などの関係から、適切な密度を求める研究もされています。

●路網密度を目安に

森林の路網の計画にあたっては、その森林の路網密度をどれくらいの目標とするかを決めなければなりません。路網の密度を高くすれば、伐採搬出や造林などの森林で行う作業に要する費用は少なくなりますが、道の作設費が多くかかります。

路網密度を一つの目安として、林地内のどこに道を通すかを決めることになります。この時には、森林のどの位置で、何時どんな作業を行うかなど、今後の作業の計画と、道を作る時期の計画、林道と作業道をどのように組み合わせるかなどを考慮しなければなりません。

林道が非常に少ない森林では、林道の開設は流域の河川に沿って、できるだけ奥山に到達することが第一の目標となりますが、さらに密度を高くするには、道を分岐させて山の中腹を通すとか、尾根筋を通る林道を作ることになります。地形の制約を受けることはもちろんです。

急傾斜で谷が深いところでは、道が魚骨状に分岐して行き止まりの形となるでしょう。平坦地が多ければ道が分岐・合流して互いに連続した循環型または網の目状の配置とすることも可能です。

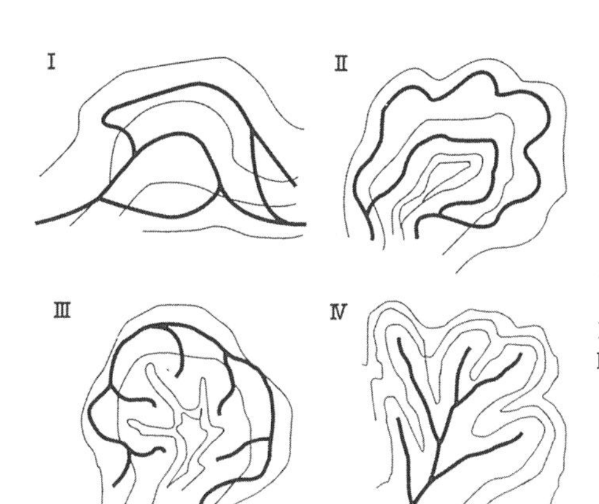

Ⅰ　網目型（エンドレス）：比較的緩傾斜が続く団地
Ⅱ　波型：深い谷の中腹以上が緩傾斜となっており、所々に尾根がおりている団地
Ⅲ　菊華型：尾根が平らで谷が深い団地
Ⅳ　魚骨型：尾根が沢までそれぞれ独立しており、しわの多い谷の深いで谷の深い団地

図B　道の入れ方の基本型

伐木造材①
伐倒作業の基本技術

チェーンソーによる伐倒

●伐倒方向

伐倒作業は、木を傷つけないように、次の工程である造材や集材作業がやりやすいように、そして作業者に危険がないように、行わなければなりません。

立木を倒す方向は、周囲の地面の凹凸、障害物の有無、立木の傾き、風の方向などを考慮して決めます。集材するときの都合を考えることも忘れてはなりません（図A）。

傾斜地にある立木の伐倒方向は、横方向または斜め下へ倒すのがふつうです。斜面の上側へ倒せば、伐倒した材が滑り落ちて作業者が危険ですし、真下の方向では、伐倒した材が地面に強く当たって材が折れたり割れたりする恐れがあります（図B、図C）。

●受け口、追い口

倒す方向が決まれば、その方向に合わせて正確に「受け口」を作ります。受け口の深さは材の直径の1/4以上（大径木は1/3以上）とし、受け口の下切りと斜め切りの終わりの部分を一致させるように切ります（図D）。

追い口は図Eのように切り進めて、「つる」の幅が同じになるようにします。追い口が深くなると、材の重みが加わってチェーンが締め付けられるようになることがあります。この時は早めに「くさび」を打ちます。

くさびはチェーンが挟まれることを防ぐとともに、伐倒方向を正確にするためにも必要です。つるの幅を次第に狭くするように追い口を切り進めると、最後に残ったつるが蝶番のような役目をして、受け口の方向へ倒れます。

造材作業の基本技術

造材作業は、伐倒した木の枝と梢を切り落とす「枝払い」と、決められた長さの丸太を作る「玉切り」をする作業です。

伐倒してすぐに造材する場合と、材を乾燥させるためにしばらく経ってから造材する場合があります。また、大がかりな集材方法を使う大規模な伐出作業では、枝葉を付けたまま、または枝葉だけを落として、長いままの木を集材して、平らな足場のよい場所で造材することもあります。

●枝払い

枝払いでは、枝の付け根を幹にそって平らに切りますが、小さな枝はオノを使う方が便利なときもあ

図A　伐倒のときの注意

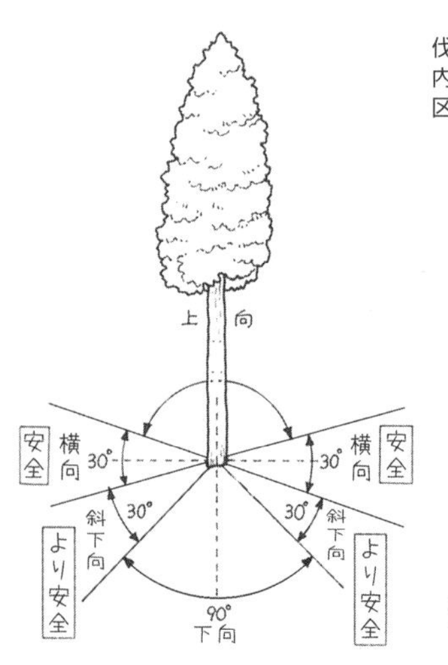

図B　傾斜地の伐倒方向

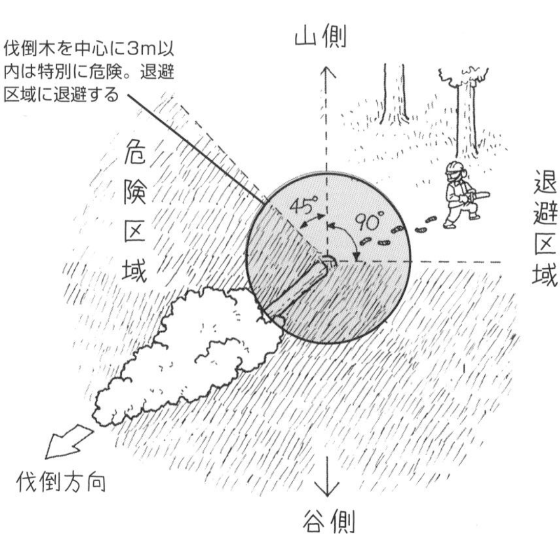

図C　伐倒時の退避方向

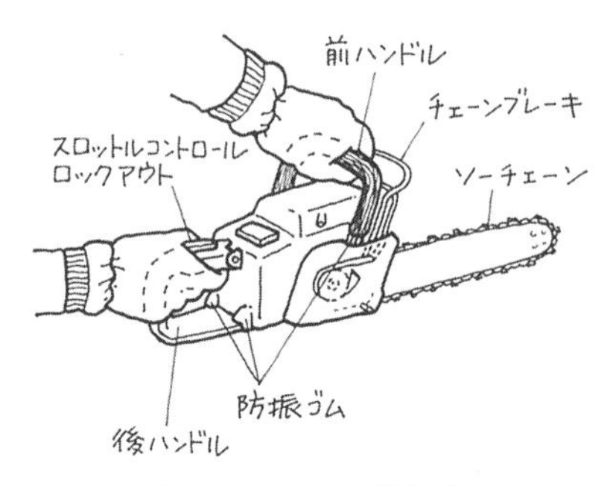

チェーンソーの持ち方

ります。枝払い作業は作業者自身の足場と、材の安定を常に確かめることが大切です(図F)。

●玉切り

枝払いが終わると、材の長さを測って玉切りする位置を決めます。材の利用目的に合わせて材の直径に応じた長さが決められているのがふつうです。丸太の長さが規格より長いと材が無駄になるし、少しでも足りないと、商品としての価値が大きく低下します。正確な測尺とマーク付けを行わなければなりません。測尺と同時に、材の曲がりや腐れなど、材の欠点を避けて丸太を切り取るようにします。測尺には目盛りを付けた竹あるいは木の竿を使いますが、専用のスチールテープなども市販されています(図G、図H)。

伐採点の直径よりバーがはるかに長い場合は、図に示すようにA点にスパイクを当て、1～5までを"先回し切り"で一気に切り進める。

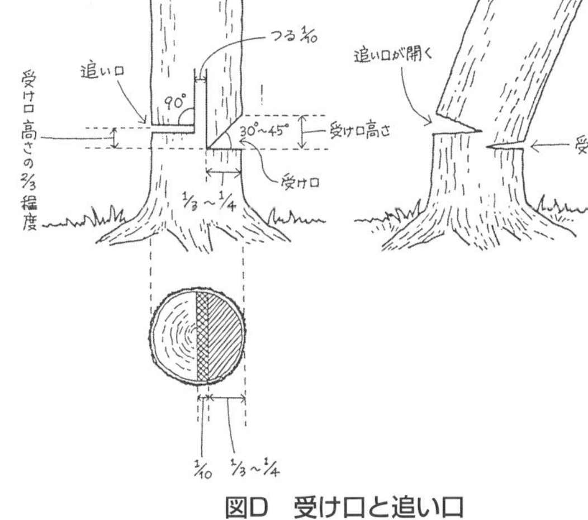

図D　受け口と追い口

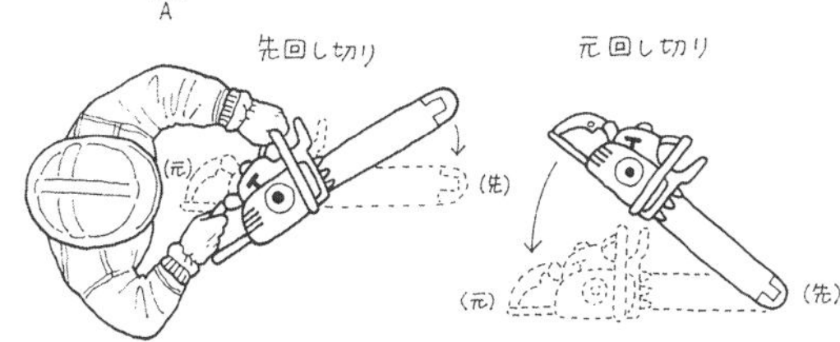

図E　追い口の切り方

図F　枝払いの方法

図H　玉切り作業の位置

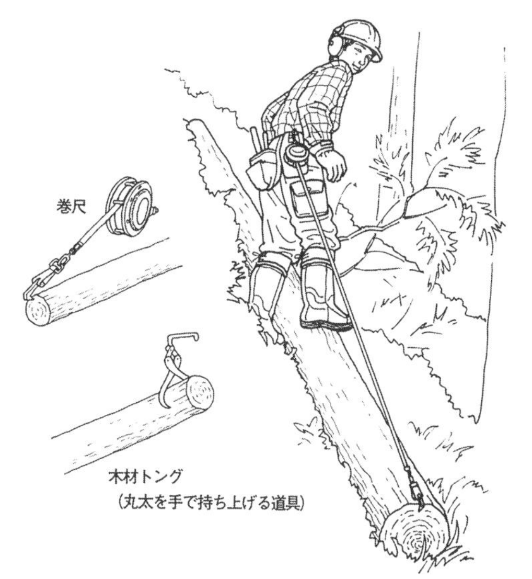

図G　正確な測尺とマーク付け

1　細い木の玉切り
(バーの長さが材の径より大きい)

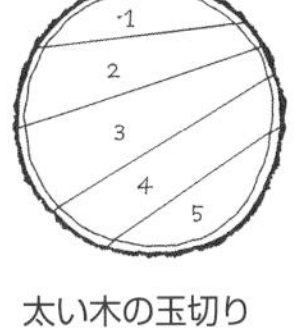
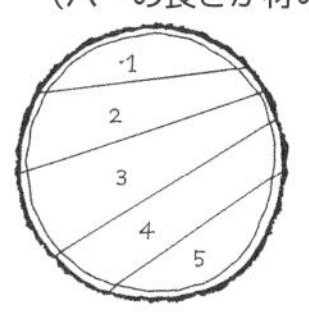

2　太い木の玉切り
(材の径がバーの長さの1/2以上)

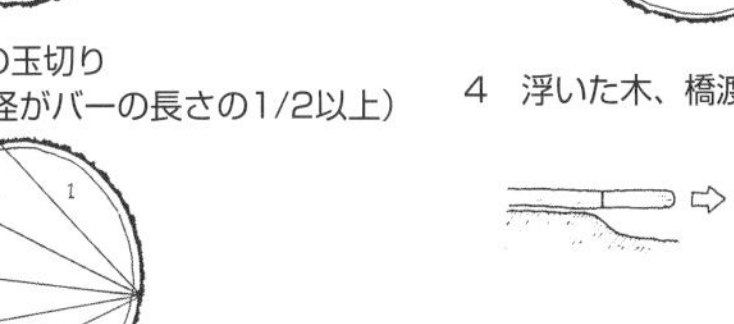

3　チェーンソーのバーより太い木の玉切り

4　浮いた木、橋渡しの木の玉切り

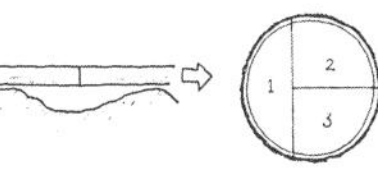

いろいろな玉切りの方法

チェーンソーのバーの長さと丸太の径、材が置かれた状態などによって、玉切りの方法もいくつかあります。

伐木造材②
道具を使いこなすコツ―チェーンソー

●基本マニュアル

チェーンソー取扱や伐木造材作業では、都道府県が実施する研修を受けたり、専門参考書を参考にするなど、安全には十分配慮して下さい。

特徴と用途

伐採、伐採木の枝を落とす枝払い、伐採木を一定の長さに切る玉切り、木材の簡単な加工にまで、林業で使用する代表的な機械がチェーンソーです。

ノコギリの刃にあたるバーの長さにより、エンジンの大きさが異なります。大きいチェーンソーは大木を切るとき、小さいチェーンソーは取り回しが楽にできるので小径木を切ったり枝払いなどで使用します。できれば伐採や枝払いなどの使用目的により複数のチェーンソーを使い分けると、余分な労力を使わずにすむでしょう。

労働としてチェーンソーを使用するときは、事前に都道府県の林業研修機関、林災防主催の講習会に参加し、資格を取る必要があります。販売店やチェーンソーメーカーが主催する基本的な使用方法と注意事項を教える講習会にも参加するとよいでしょう。

使い方のコツ

●エンジンスタート

燃料は新しいこと。

混合比は正しいこと。

① 混合燃料とオイルを入れ、キャップをしっかり締める。

② チェーンソーのエンジンスタート時、必ず足でハンドル部を下向きに押さえ、エンジンスタート直後チェーンソーの回転する刃が上に飛ばないよう片手で上部ハンドルを下向きに押さえて固定する。

③ チョークを引く。

④ スイッチを入れる。

⑤ スターターハンドルをゆっくり引き上げ、手応えがあったらいったん止める。

⑥ スターターハンドルを素早く引き、エンジン始動。

⑦ チョークを引いた時、少しでもエンジンが回転を始める兆しがあれば、チョークを戻す。

⑧ エンジンがかかるまでスターターハンドルを素早く引く。

⑨ エンジンがかかったら、しばらく暖気運転をする。

●基本的な使い方のコツ（図A）

① 切断する丸太を固定する。片手で固定したり、切るすぐ脇に足を置いて固定しないように。

② チェーンソーボディに押し付けるように、切る丸太の上にチェーンソーの刃を乗せる。刃がよく砥げていれば、チェーンソーの重みだけで切れるはず。

③ 回転を十分に上げず木に当てると、キックバックすることがある。

④ 切断した木が足の上などに落ちないよう注意。

⑤ 切断したらアクセルを緩める。

図A　基本的な注意点

切り口の先が落ちる場合（図B）

① 切り口となる木の下側を木の太さや重さに合わせ最低2cm、またはそれ以上の切り込みを入れる。

② 先ほど切り口を入れた上にあわせ、切り込む。

③ 予想と異なり、木が下に沈むことがあるので半分を超えたところから、慎重に切り進む。

先に下から切り込みを入れないで上から切りはじめると、木の重みで木の下側をつけたまま落ちてしまう。

切り口を中心に木が落ちる場合（図C）

① 切り口となる木の上側を深さ2cm以上、木の太さに合わせ切り込みを入れる。

② 先ほど切り口を入れたところの下にあわせ、下から切り込む。

③ 予想と異なり、木が下に沈むことがあるので半分を超えたところから、慎重に切り進む。先に切り込みを入れないで切り始めると、木の重みで切口両側の木がチェーンソーの刃を挟み、木が切れるだけではなくチェーンソーも抜けなくなる。

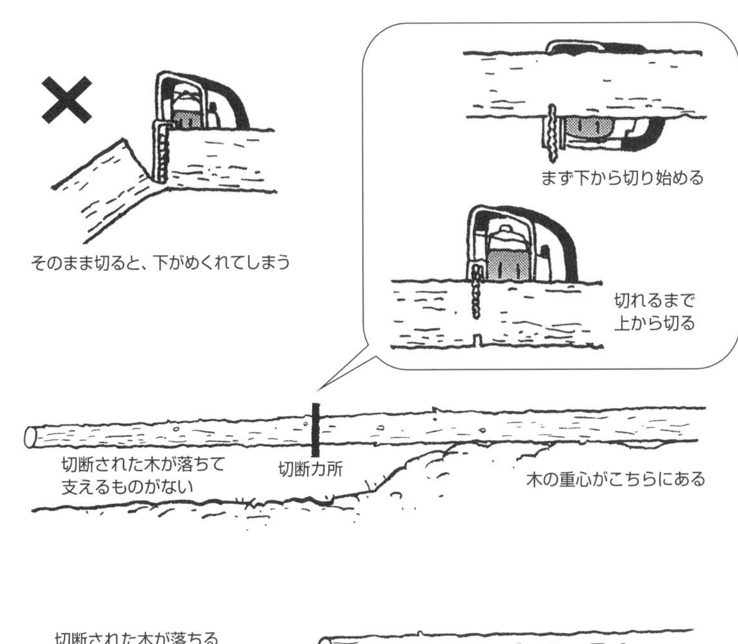

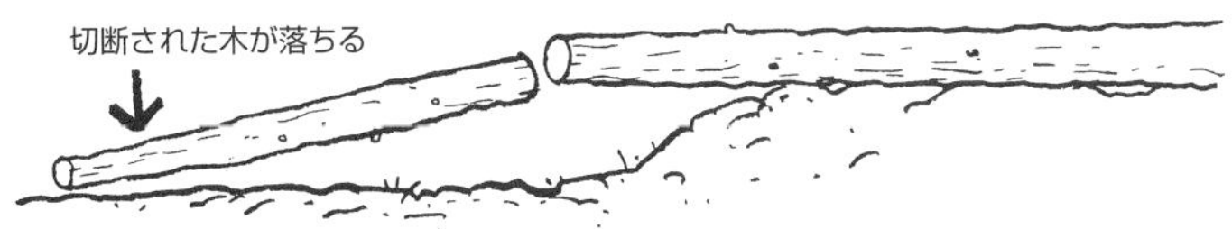

図B　切り口の先が落ちる場合

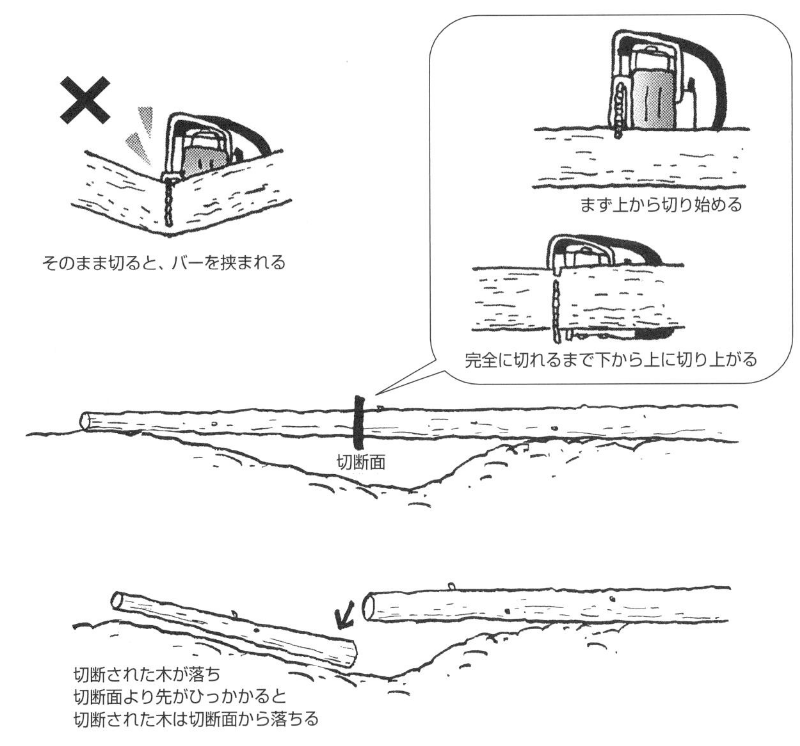

図C　切り口を中心に木が落ちる場合

かかり木の処理（図D）

かかり木とは伐倒した木が他の木に寄りかかり、倒れない様子をいいます。かかり木処理は伐倒作業でも一番危険な作業の一つといわれています。十分注意して行い、一人で安全に処理できないと感じた時は、一人でやろうとせず、熟練者に依頼することが大切です。

外すには、かかっている木の根元をずらすことで、木全体をかかっている木から遠ざけて落とす方法と、かかっている木全体（根元部分）を回して引っかかっている部分を転がして外すことが考えられます。

どちらの場合も、木を動かすためにテコにする木が必要となります。

最初の方法は、かかり木の根元の下にテコを入れ、持ち上げるようにすることで木をずらせます。この時、かかり木に対し下方に自分が立つとずり落ちてきた木に自分が挟まれる可能性があるので必ず、斜面の上からテコを使うようにします。

つぎにかかり木を回すには、テコの他にロープやつるなどが必要となります。ロープをかかり木に回し、その端をテコで押さえ、押すことでかかり木を回すことができます。

※労働安全衛生規則で、かかり木でかかっている木の胸高直径が20cm以上であるものの処理は、特別教育を必要とする業務に指定されています。

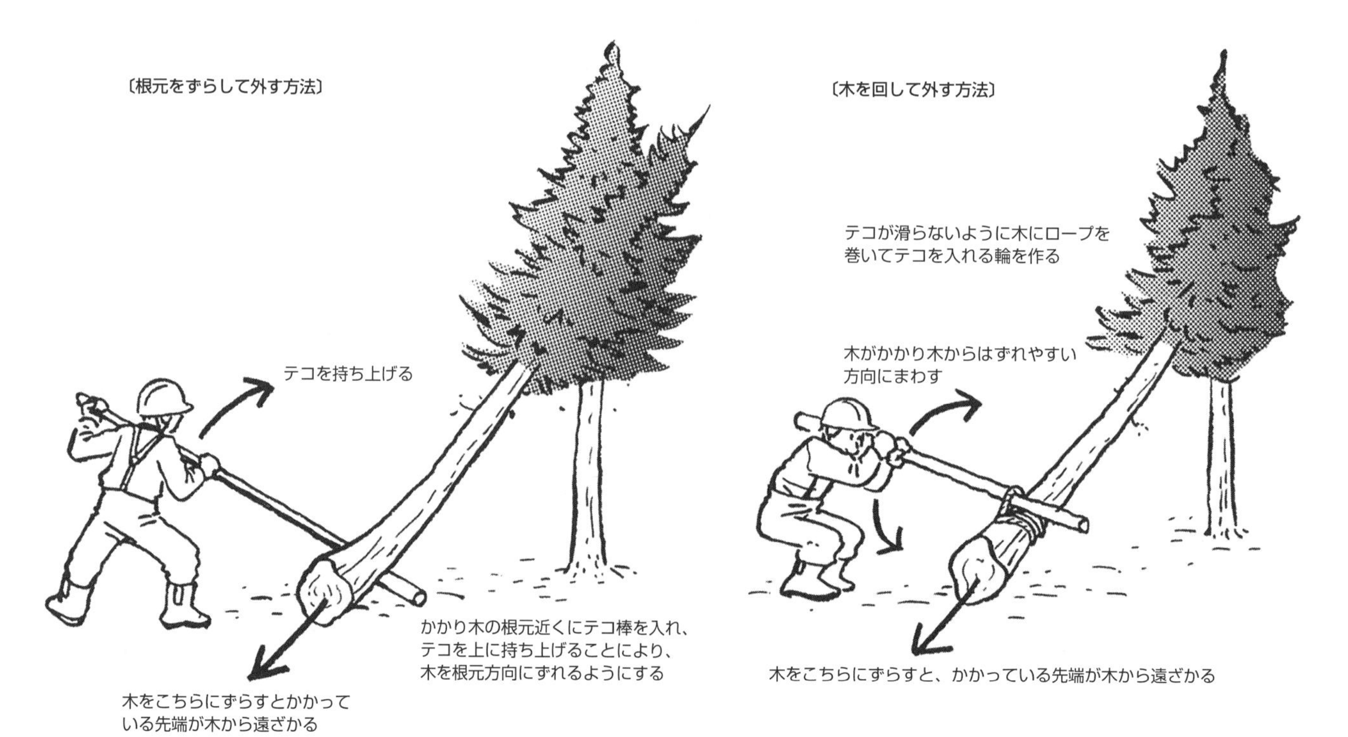

図D　かかり木のはずし方

ソーチェーンの目立て

●刃の目立て

刃がこぼれたらすぐに砥ぐようにしましょう。切れが悪いと、チェーンソーを丸太に強く押しつけたりしてエンジンに負担がかかり、燃費も悪くなるし、腕に余分な負担をかけてしまいます。刃の目立ては非常に大切な作業です。

目立ての基本は、決められている「チェーンソー及びソーチェーン取扱要領」(林野庁)どおりに行います。目立てのコツは次のとおりです。

1. 刃の状態を確認する。刃の先端に糸が置いてあるように白い線が見えたり、刃の先端部が大きく欠けたように見えるのは刃がとれた状態で、表面に筋が入ったのは刃表面のメッキが剥げている現象である(図E)。
2. 刃の目立てをする前に、バーをしっかり固定する(図F)。
3. 刃にあった角度で丸ヤスリをかける。この時、ヤスリの目があるところ全体を刃に押しつけるように刃をつける。また、刃がぐらつかないようヤスリを持ち、

図E 欠けた刃の見分け方

特に石などにひどく当てるとこの部分が他に比べ丸みをおびたりひどい場合には欠けることがある

刃表面のメッキが剥がれる

刃のエッジに光が当たり白い線のように見える

[痛んでいる刃の見分け方]

横から見て斜線部のように切れ込みがないと、切れ味が悪い

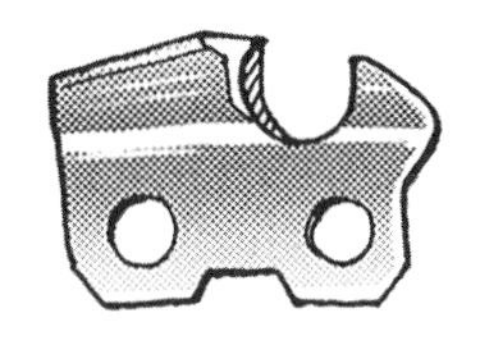

図F 目立て前にバーを固定する

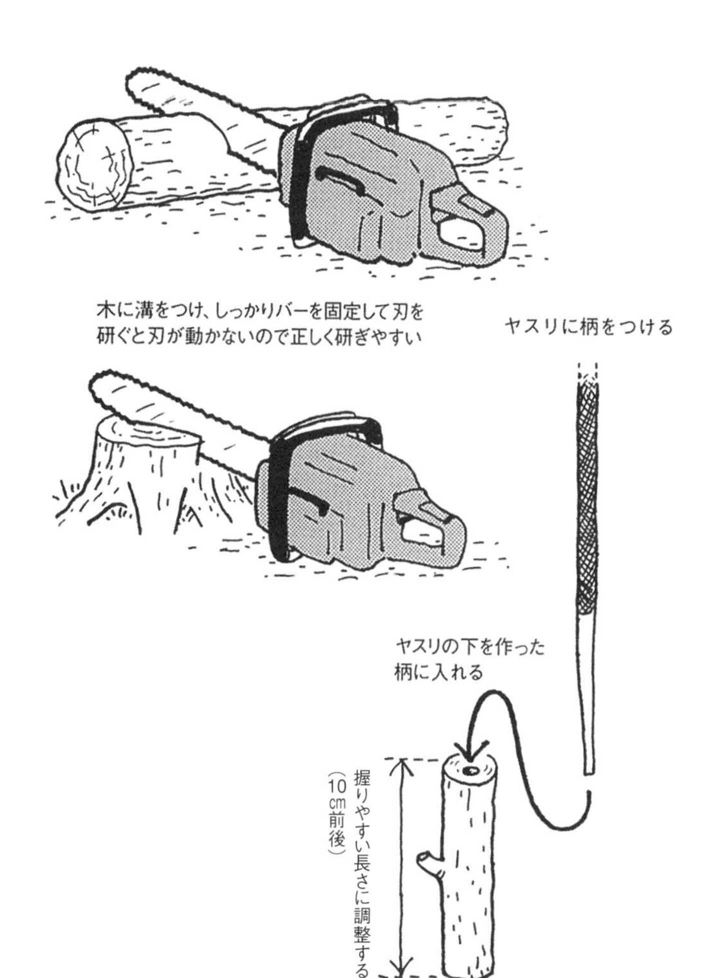

反対の指でしっかり刃を固定する(図G、図H)。丸ヤスリを動かす角度は各ソーチェーンの説明書どおりの数値に従う。

4. 初めのうちは、ぐらつかずに目立てをするのは難しいので、目立て補助具を使うのをお勧めする(図I)。補助具にはいろいろ種類があるので各自気に入ったものを購入するとよいだろう。
5. 私は右利きなので丸ヤスリで右側刃の目立てを4回、左側刃の目立てを3回し、左右のカッターの長さが同じになるよう工夫している。
6. デプスゲージはいつでも最適の深さになっているのが理想なので、丸ヤスリをかけるときは毎回調整したい。しかし、時間がかかるので丸ヤスリをかけて切れ味が悪いと感じたときにデプスゲージを調整している。
7. デプスゲージアジャスターをソーチェーンに当て、デプスゲージをどれだけ削ればよいか確認する(図J)。

その後、平ヤスリでデプスゲージを削り落とす。この場合、丸ヤスリをかける時と同じ方向のデプスゲージを片側ずつ削る。つまり、バーの左側にいたら、バーの右側のデプスゲージを削る。

8. デプスゲージアジャスターの種類によっては、アジャスターの上から平ヤスリでデプスゲージをこするタイプもある。

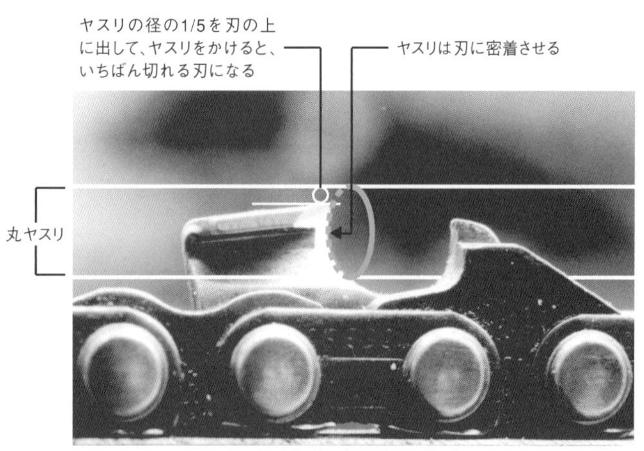

図G　丸ヤスリをかける1

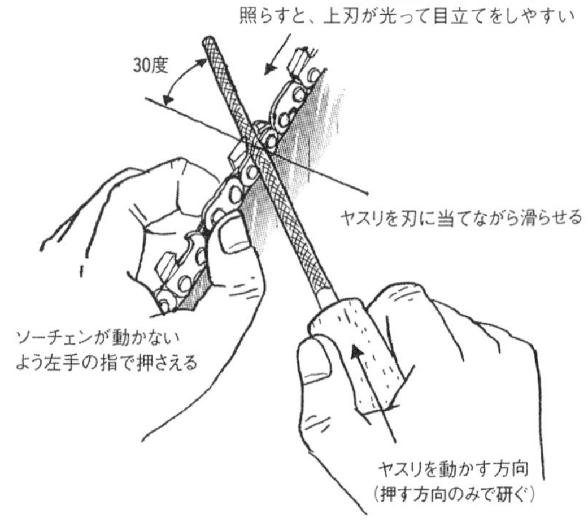

図H　丸ヤスリをかける2

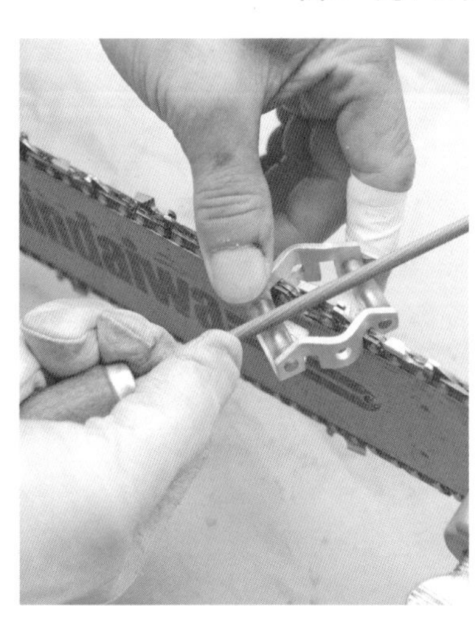

目立ての補助具・ローラーガイドを使った目立てでは、ローラーでガイドされるので、ヤスリは上下方向にはぶれにくくなります。ただし、上刃目立て角度の方向にはぶれるので注意が必要です。

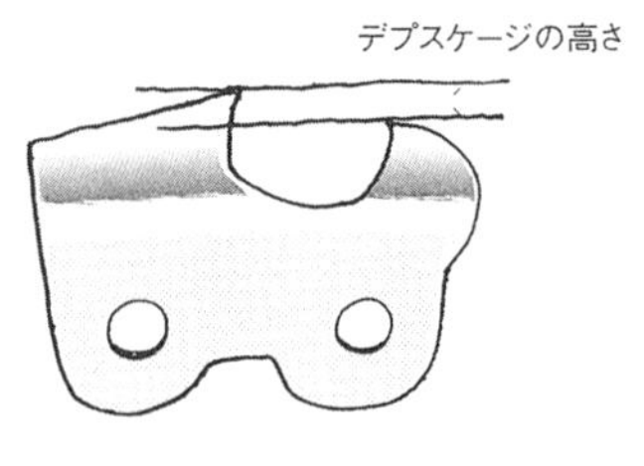

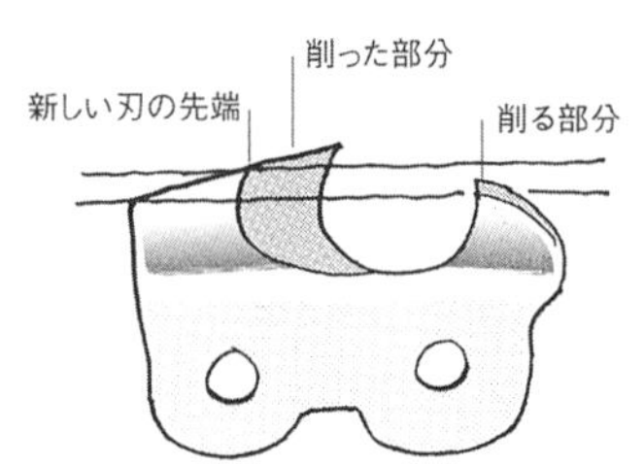

図J　デプスゲージをどれだけ削るか

チェーンソーの その他手入れ

1. 順調に動いていたのに突然エンジンが止まったときは、燃料フィルター、オイルフィルターが詰まっていることがある。先の曲がった針金などで燃料フィルター、オイルフィルターを取り出して、ガソリンなどの燃料で洗って清掃する。
2. エンジンが温まるとエンジンの回転が上がらなくなり、止まることがある。この場合、コイルの損傷が考えられるので、エンジンの点火状況を確認し、必要ならコイルを専門店で交換する。
3. フィルターにごみが詰まるとエンジンの回転が上がり難くなる。エアフィルターの清掃を頻繁に行う(図K)。

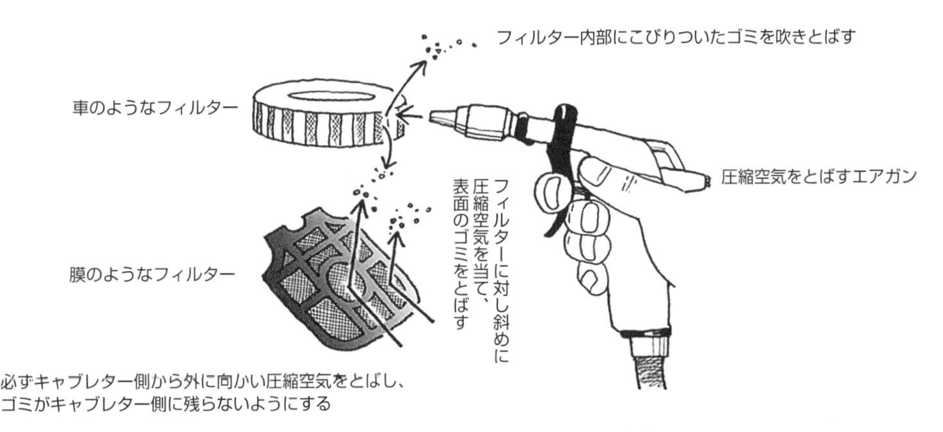

図K　フィルターの清掃、オイル交換

Column

参考にしたいプロの仕事

ある森林組合では、より安全で効率良くチェーンソー作業を行うために、次のようなことに注意しています。是非参考にしてください。

なるべく軽いチェーンソーを使う

用材用には45cc、バーの長さが55㎝くらい、枝払いや小径木の間伐には35〜36cc、バーの長さが40㎝ぐらいのものが適当です。

チェーンソーに慣れるには、35〜36ccのものが軽くて安全です。新人や年輩の作業員は軽いチェーンソーを使うようにしています。

伐倒作業のときは、大・小2種類のチェーンソーを現場に持っていき、作業に応じて使い分けています。また、チームごとに、大・小1台ずつスペアのチェーンソーを持っていきます。

現場で修理を行わないというのも鉄則です。部品やパーツ類がなくなりやすく、また十分な工具がないために、完全な修理もできません。

伐倒の時は足場をかためる

小さい現場では、3ヵ所以上の伐倒はしないことです。最低でも40m以上離れることも大事です。また、周囲を点検し、かたずけるなど、安全のために足場がためを必ず行います。

風のある日は伐倒作業をしてはいけません。風で、倒したい方向とは逆に倒れることがあるからです。風のある日は枝払いや玉切りなどの作業を行います。

伐倒作業では、風のないことを確認して、倒す方向を決めてから、ホイッスルで合図をして、チェーンソーを入れる、ということを確実に実行するようにします。

玉切りは、必ず斜面の上側で行います。下側は、切った木が自分の方に落ちてくることがあるので危険です。

細い枝を払ったり、ブッシュを切る時は、チェーンソーは使わずナタを使います。チェーンソーでは、刃が荒いため引っかけたまま切れずに引いてきてしまい、自分の足を切ってしまうなどの大事故につながります。

機械は湿気を嫌う

機械は湿気のあるところで保管してはいけません。どうしてもエンジンが湿気を吸ってしまい、機械の内部のピストン等が錆びて、エンジンの圧縮(パワー)がなくなる原因になるからです。

また機械は肥料等とは一緒にしないことが大切です。肥料は塩分が多いので、これがさびの原因になります。

注意事項

1. ヘルメット、手袋、チェーンソーズボンなど防護装備を忘れずに。
2. エンジン起動時は必ずチェーンソーを固定する。
3. 切った丸太が足など体の上に落ちないよう注意する。
4. 回転するソーチェーンの側に手をおかない。
5. 木を切り終えても、油断してチェーンソーを支える手から力をぬかない。チェーンソーの刃はしばらく惰性で回転しているので、惰性で回転している歯で足の甲や前部大腿上部を切ることがある。
6. バー先端が不用意に丸太に当たらないよう注意。チェーンソーバーの先端上部を丸太に当てるとキックバックを起こす。
7. 足下などが見えないところに、バーをつっこんで切ったりしない。見えないところにある石を切ったり、自分の足を切ることがある。
8. 雑木や枝などまとめて切るとき、切った枝や雑木などが跳ねて顔に当たることがあるので注意しよう。できればフェイスガードをつけると安全。
9. 移動中は、バーにカバーをかけます。誤ってソーチェーンにふれて手を切る事故を防ぐことができる。
10. チェーンソーのバーをケースに入れないで、バーの部分を肩に担いで移動しない。転倒したときに、首を切る恐れがある。

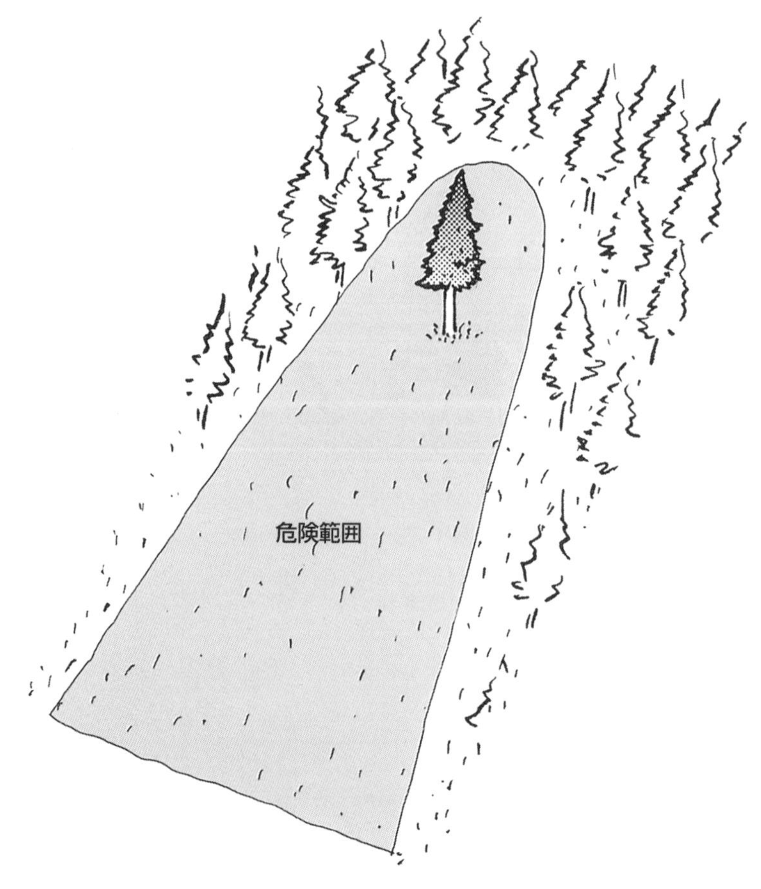

図L　伐採時の危険範囲

伐倒作業の安全チェック

●基本マニュアル

伐木造材作業の基本マニュアルは、次のものを参照して下さい。

「チェーンソーによる伐木等作業の安全に関するガイドライン」(厚生労働省)

●伐倒時に安全な場所

まず第一に、伐倒する木に近くて、木より高い場所で、木を倒す180度反対方向が比較的安全です。木を切るのは根元なので、伐採した木は切ったところを中心として倒れます。根元にいると、どの方向に倒れるか上を見上げていればすぐに判断できます。そのため、予定と異なる方向に倒れ始めても、すぐに安全な方向が判断できます。

切った木は地面に倒れてからも、そのまま斜面を転がり落ちたり、木が横たわる方向にすべり落ちることがあります。

また、あまり斜面が急だと、切った木の倒れる勢いが強く、跳ね返り、こずえを軸に回転し、根元を下にして落ちて行くこともあるそうです(図M)。

また、木に適度な粘り気があると、伐倒したときに切り残したつるの部分を中心にして木がめくれあがり、めくれあがったところが後ろに飛びあがることがあります。そのため、伐倒方向の真反対側も危険です(図N)。

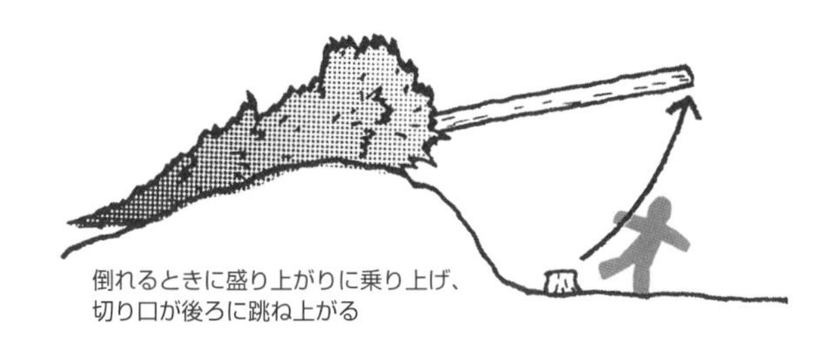

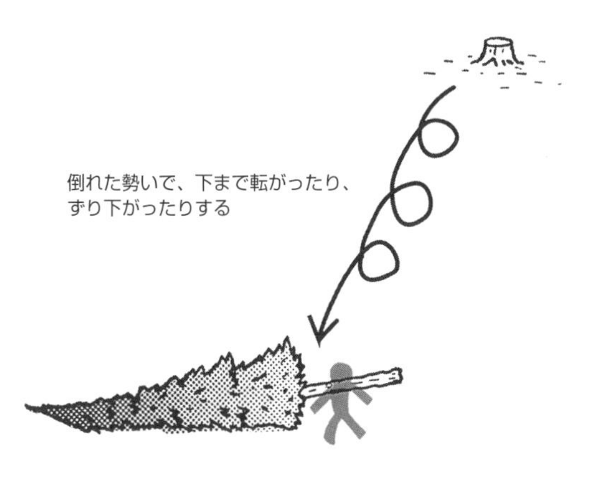

図M　危険な位置1

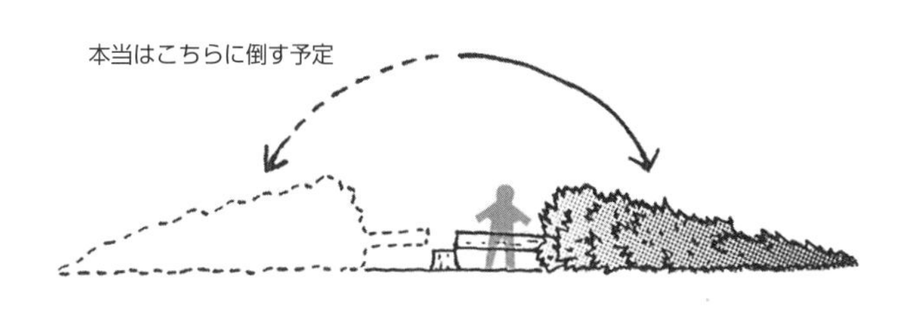

図N　危険な位置2

伐出した丸太の測定

伐採した木材を玉切りした丸太の材積を測定する方法は、わが国においては、「素材の日本農林規格」(昭和42年12月8日農林省告示第1841号)によって定められています。日本農林規格とは、JASと呼ばれているもので(英訳の「JAPANESE AGRICULTURAL STANDARD」の頭文字をとった略称)、昭和25年の法律「農林物資の規格化及び品質表示の適正化に関する法律」(JAS法)に基づいて、農林物資の品質の改善、生産の合理化、取引の単純公正化および使用または消費の合理化を図るために農林水産大臣が制定する品質基準および表示基準のことです。

詳しくは、JAS法や日本農林規格を参考にしていただきたいと思いますが、これらをある程度知っていますと、実際の木材の流通・加工段階を見たり、あるいは、自分の山の木をいつ頃伐採するかというようなことを考える上でも役に立つでしょう。

それでは、以下の項目により説明します。

種類と寸法の区分

●丸太の寸法の測り方

丸太の寸法測定は、樹皮を除いた部分について、その径および長さを測定します(図B)。

丸太の径は、最小径とされます。通常は、末口側の最小径をいいます。測定個所がさまざまな原因で隆起、膨大したもの、磨耗したもの、不整形になったものなどの場合は、図Cのように測ります。

図B　丸太測定のようす

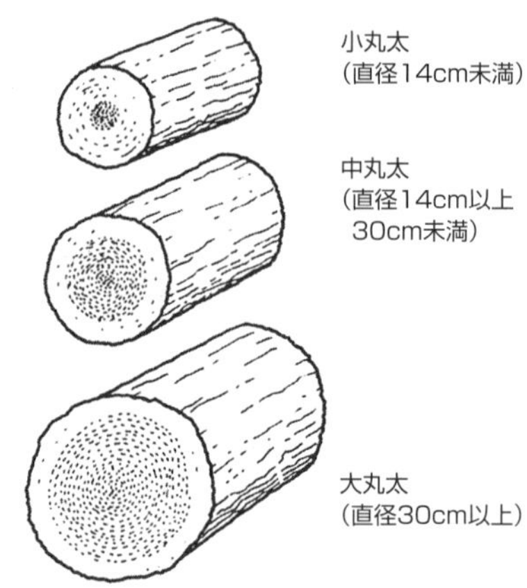

図A　丸太の種類

異常膨大材

木口ひき曲がり材

異常減耗材

菊形材　×印は木口面の中心点を示す(以下同)

ハート形材　欠けの部分を除外して測定する

入り皮材　入り皮部が密着しているときは、除外しないで径を測定する

二又材　小さい方を除外して径を測定する

図C　最小径の測定個所

単位寸法

径の単位寸法は、小丸太については1cm､その他については2cmとし、単位寸法に満たない端数は、切り捨てます。ただし、1.9m以上2.0m未満、2.1m以上2.2m未満、2.7m以上2.8m未満、3.3m以上3.4m未満、3.65m以上3.8m未満および4.3m以上4.4m未満の長さについては、この限りではなく、それぞれの上限に満たない端数を、それぞれ切り捨てます。

なお、この6種類については、主に建築用材の標準寸法との関連で特例寸法として認められたものです。

材積計算

なお、日本古来の慣用の式で末口直径の2乗に長さをかけて丸太の材積とする「末口二乗法」があり、現在も長さ6m未満の丸太に適用されています（図D）。

Column

丸太1m³の目安

・末口16cm長さ3mの丸太（三五角＜10.5cm＞に製材）が、13本（12.99本）で、1m³。
・末口16cm長さ４mの丸太が、10本（9.8本）で、1m³。
・末口18cm長さ4mの丸太（4寸角＜12cm＞に製材）が、8本（7.69本）で、1m³。

1m³の目方は、おおよそ1t。

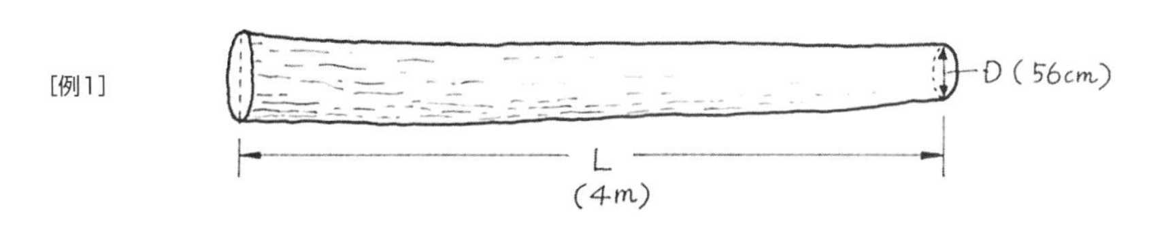

[例2]
D（32cm）
L
（6.2m）

[例1]
長さ6m未満の丸太
D＝56cm　L＝4m
丸太材積＝56^2×4×1/10,000
≒1.2544（計算値）
≒1.254（材積m³/小数点以下第四位を四捨五入）

[例2]
長さ6m以上の丸太
D＝32cm
L＝6.2m　L'＝6m
丸太材積＝（32＋(6−4)/2)^2×6.2×1/10,000
≒（32＋1)^2×6.2×0.0001
≒0.67518（計算値）
≒0.675（材積m³/小数点以下第四位を四捨五入）

図D　丸太材積の計算例

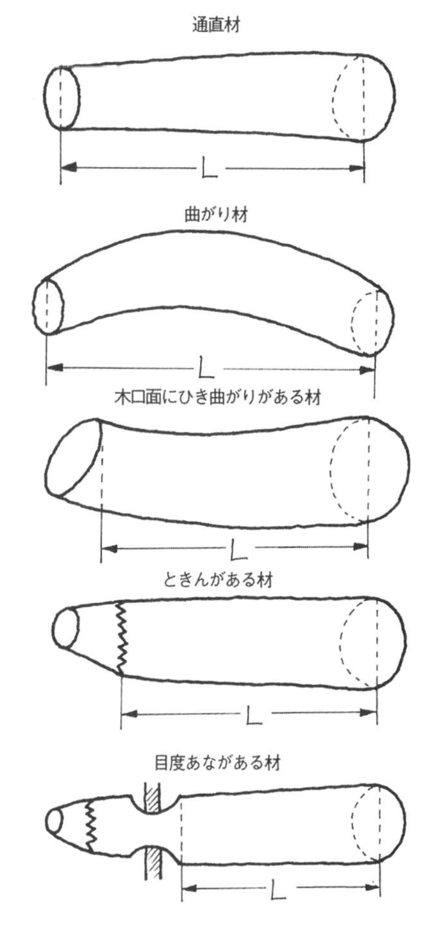

図E　丸太の長さを測る

下刈り
道具を使いこなすコツ―刈払機

刈払機を扱うにはまず服装が大事です。そでじまりのよい長そでの上着、すそじまりのよい長ズボンに、刈払機用の丈夫なすねあてをつけます。ヘルメットのアゴヒモはしっかりしめて、防じん眼鏡などで必ず目を保護します。

また、作業をしている人に不用意に声をかけたり、近づくことは危険です。呼こを携帯して、あらかじめ決めた合図を送るようにします。

用途と特徴

下刈りに使用するのが刈払機です。機械本体と回転する刃の部分、本体と刃を結ぶシャフト部分に分かれます。シャフトが曲がるタイプとシャフトが固定された棒型の2種類があります。

使い方

●エンジンのかけ方

① 燃料を入れ、キャップをしっかり締める。

② 燃料コックを開位置、チョークレバーを閉位置にする。エンジンが暖まっている場合にはチョークレバーを閉位置にする必要はない。

③ スロットルレバーを少し開方向にセット。

④ エンジン部を地面に置き、チェーンソーが動かないよう片足でフレームを押さえ、片手でシャフトの通ったバーをつかむ。

⑤ 上記の状態でスターターを引く。

⑥ エンジンが動いたら、チョークを徐々に開く。

⑦ 2分くらい暖機運転する。

⑧ 刃が回転していないことを確認してから、肩ベルトを通してエンジンを背負う。

●作業のコツ

① ハーネスを固定し、刈払機を体の右側面に下がるようハーネスに取り付ける。

② 刈払機のハンドルを両手でつかみ、エンジンと刃の回転を確認。

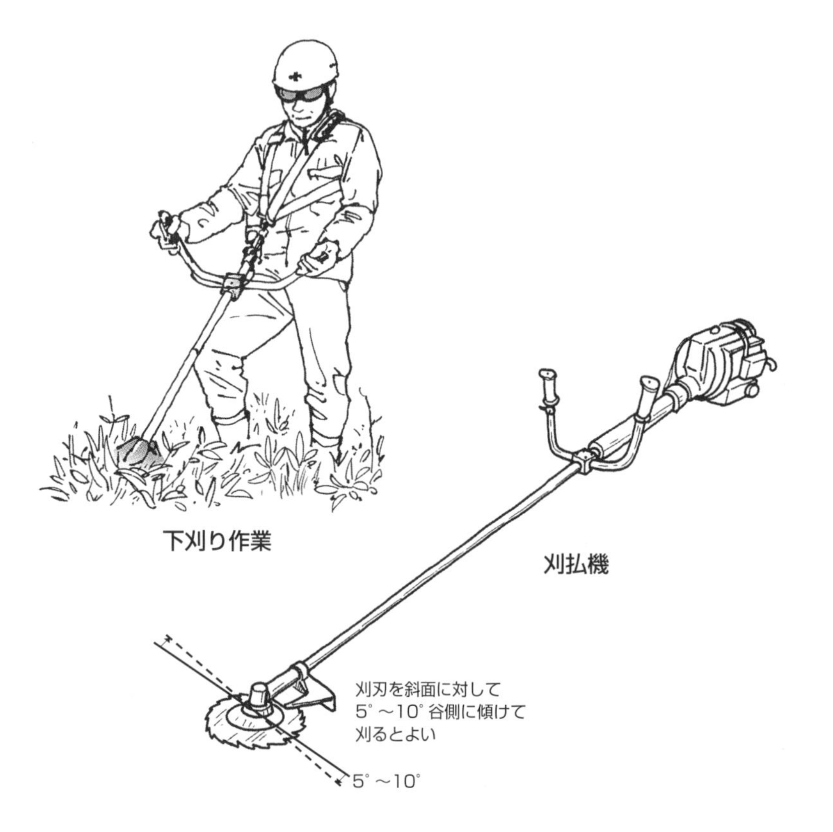

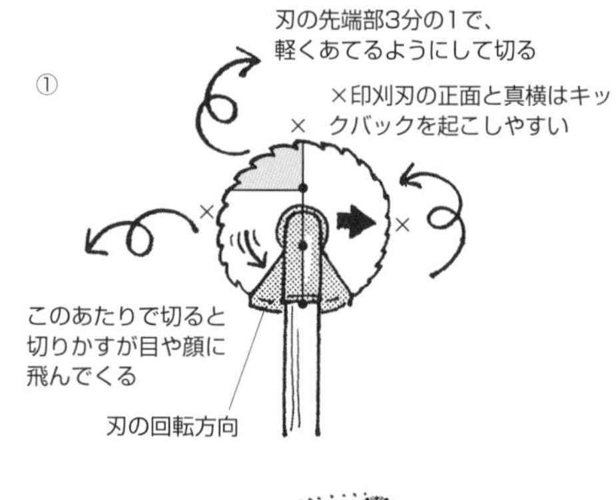

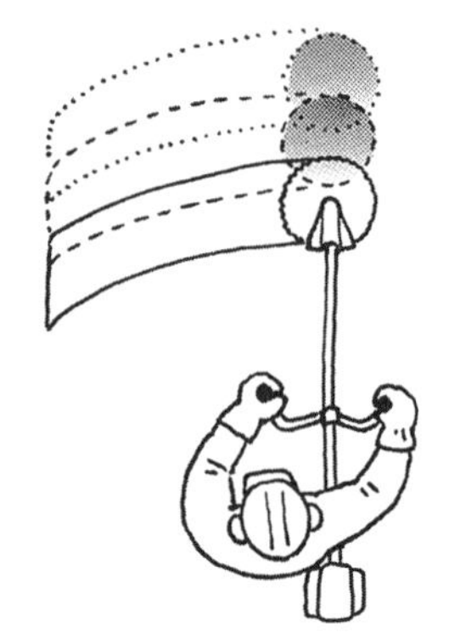

図A 刈払機作業のコツ

③　エンジン回転を80%くらいで使用する。最高回転付近で使用すると、エンジンに負担がかかったり、石が刃先に当たったてものすごい勢いで顔に飛ぶことがある。

④　右足を前に左足を少し引き、前後に足を開く体勢をとる。こうすると、キックバック（誤って刃が硬いものに当たるなどして刃が突然跳ね上がること）時に、回転する刃に体が当たる事故を防ぐことができる。

⑤　回転する刃を地上高10cm前後で左右に振りながら、刃の左から上の間の90度を刈り取る草に当てて切る。左右に振りながら刃の両側で草などを切らないように注意。硬い物に当たるとキックバックの危険があり、作業能率も悪くなる。

⑥　草などが茂って視界が限られる場所では、刈り払う草をまず地上高30cmから40cmくらいを切り、石などの障害物がないのを確認してから地上高ぎりぎりで切る。

●使用する刃について

刈刃は丸のこ刃を使うようにします。刃数の少ない農業用の草刈刃は、石や灌木などに当たった時の衝撃が大きく、キックバック（はね返り）や、刃の一部が欠けて飛び散ることがあります。また、飛散防護カバーを外して作業しないようにします。

手入れ

1．刃と安全カバーの間に草などが挟まっていたら取り除く。
2．フレキシブルシャフトを使用している機械の場合、ときどきコイル状のシャフトを抜いてグリスを塗る。
3．シャフトの回転を刃に伝える部分の歯車にグリスを塗る。
4．できれば刃をヤスリなどで研ぐ。
5．現場で刃を研ぐのは手間がかかるので、慣れた人は研いだ刃を4枚から6枚ぐらいもっていく。
6．フレキシブルシャフトタイプの刈払機では、シャフトに沿ってアクセルワイヤーとストップスイッチ用ケーブルが走っている。この浮いたワイヤー類に草や雑木が挟まりやすいので、浮いてる部分を何カ所かでシャフトに結びつけておく。

下刈り作業の安全チェック

●下刈り作業

下刈りは、植付けた苗木の周りに生える草や灌木を切り、本来生育して欲しい稚樹の成長を促す作業です。

斜面でカマやエンジンのついた刈払機を使い、背の高さ以上に成長した草や灌木を切り倒す作業を2人以上で行います。基本的な注意点は、カマと刈払機使用時では同じなので、ここでは刈払機使用時の注意点を述べます。

●下刈りに刈払機を使うときの注意

こんな点に注意：

基本的に刈払機を使うとき、刃の先端部3分の1を軽く、草や細い灌木などに当てるようにして切ります。決して、無理矢理刃を当てて切ろうとしないことです。機械の傷みが早いし、刃が食い込み作業の効率が悪くなります。

危険注意のポイントは、

①「斜面で作業」、
②「2人が至近距離で作業（半径5m以内に入らない）」、
③「視界の効かないところで作業」、
④「機械の操作不良（腰より高い位置では刈らない）」、

があげられます。この4つのいくつかが重なると、刈払い作業の事故を招いてしまいます。

作業の手順で気を付けたいこと：

下刈りは通常右手方向を山の山頂側、左側を谷側にして行います（次頁図C）。

下刈り作業中、すでに作業終了したはずの足元に刈残した草があるとか、岩が邪魔で下から刈れなかった草があるなどの理由で残った草を、下を向いて刈っている最中、足を滑らせ回転してる刃に足が当たり怪我をすることがあります（次頁図B）。足元を刈る必要がないよう最初から計画的に下刈りをすすめます（次頁図C）。

見えないところを刈るとき：

道路周辺などでは、空き缶や空き瓶が灌木や草むらに隠れていることがあります。刃を地面すれすれの高さで切ると、隠れていた空き缶に当たり、作業者に飛んでくることが少なくありません。

また、石や枯れて硬くなった灌木の根に当たり、刃が欠けたり、当たった刃が当てた方向とは反対に飛んで、欠けた刃が5mくらい離れた人に当たることもあります。

深い藪を刈るときは、見える高さで1回刈り、下がよく見えるようになってから、より低い位置から刈ることで、余計なトラブルを防ぐことができます。もちろん防護めがねをかけると、目を細めなくて作業ができるので楽だと思われます(図D)。

仲間の位置：

視界が悪い現場で複数の作業員で作業していると、気がつかないうちに相手が自分より上にいたり、自分が相手の上で作業する場合があります。すると、足元の石を落としたり、倒しかけた灌木を相手に倒しかけたり、かけられたりする危険があります。

常に相手がどこにいるかを意識しながら作業することが、事故を防ぐことになります。

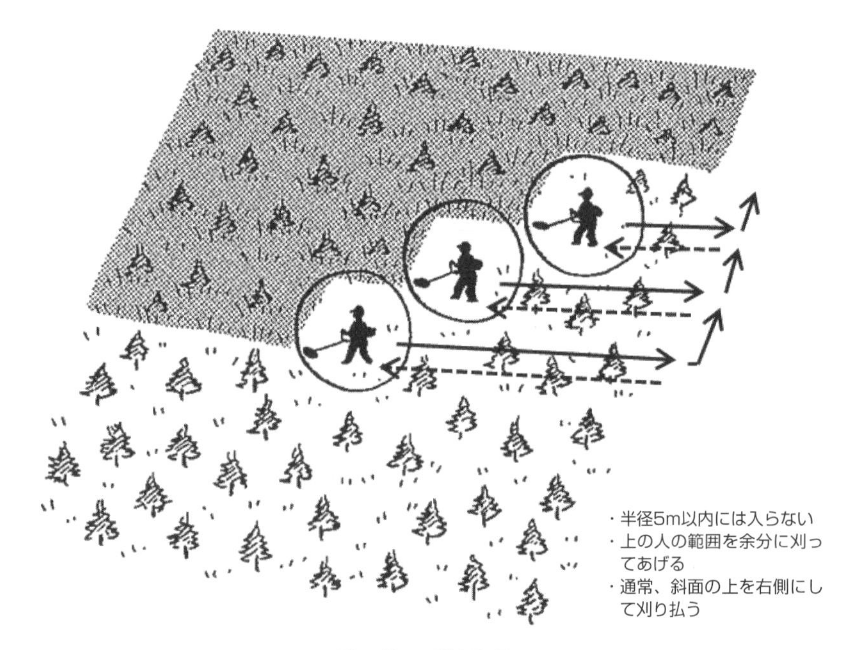

図C　計画的に刈払作業を

図B　刈払機の下向き作業は危険

図D　見えないところに注意

いろいろな道具
安全な使い方と手入れ

クワ —鍬—

●用途と特徴

苗を植える穴を掘ったり、桁材の伐採時に使用します。

桁材とは、柱の上を横に張り渡し、屋根の骨である小屋組を支えるのが役目の横材です。特に縁側など外からよく見える場所に使用する化粧目的をもった丸のままの桁材を丸桁といいます。伐採後は株も含め樹皮を剥いて木の肌を飾りにするため、丸桁材を伐採するときには張っている根も大切な商品となります。このためクワで地面を掘り、株を露出させる必要があります。

石だらけの場所で使う先がとがってないタイプと柔らかい土を掘るために使うタイプとあります。

カマ

●特徴と用途

地ごしらえや下刈りに使用します。

地ごしらえでは、かん木を切ったり、地表のかん木や草をかき集めるために使うので、刃の先端はあまりするどくない方が使いやすいです。

下刈り時は切れなくてはならないので、1日に何回か刃を砥ぐ必要があります。

地ごしらえ用、下刈り用のカマはそれぞれ、体格に合わせた物を使うとよいでしょう。

●使い方

1. カマの刃先が左側にくるよう柄の下方を持つ。
2. 刃先を右前方から左後方に動かすよう腕全体でカマの柄を振る。横方向に振らない(図A)。
3. 太い草など刈り払いにくいものを切るときは、刃の柄に近い部分を草の根元に当て、斜め刃の先端にスライドさせるように斜め後ろ上方に引くと、切りやすい。
4. カマは硬い木を切る道具ではない。直径が大きな雑木や硬いものを切る時にはオノやナタなどを使用する。

●手入れ

1. 刃の取付けが緩んでないか確認。
2. 作業中でも刃先が欠けたり、鈍ったりしたらこまめに刃を砥ぐ。
3. 大きく刃が欠けたら、刃に焼きが入らないようにそっとグライダーにあてる。グラインダー

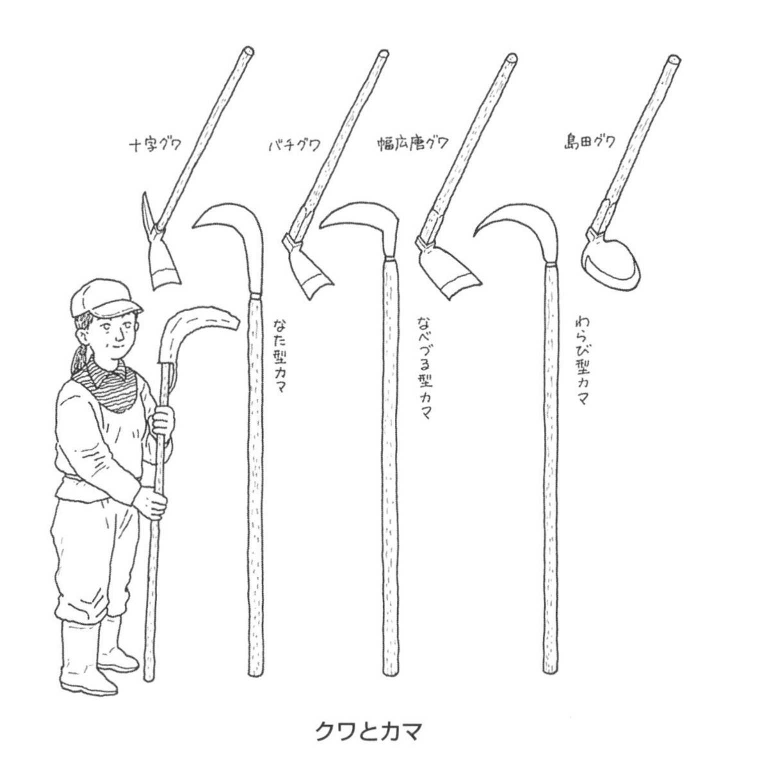

クワとカマ

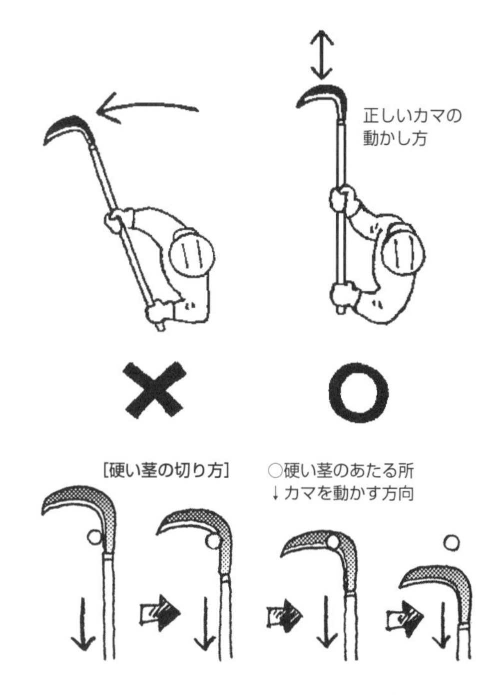

図A　カマの使い方

で大まかなところまで削ってから、砥石で研ぐと、研ぎやすい。本来は砥石だけで研ぐ方がよいようです。

●注意事項

1. 刃の取付けが緩んでいないか再度確認する。
2. 草などが茂り、視界が限られる場所で草を刈る時、石などを切らないよう切る場所をよく確認する。見ただけで確認できないときは、草をかき分けて確認する。
3. 複数で作業する時、斜面の上下に並ばない。
4. 複数で作業する時、お互いのカマがふれあうような距離に近づかない。
5. 山の斜面を上り下りするとき、長い柄を杖代わりにして歩かない。足を滑らせ体勢が崩れた時に柄を握っている手が滑り刃にあたり負傷することがある。

オノ、ナタ

●特徴と用途

これらの道具は、小径の雑木(建築材、加工品として売れない種類の木をこう呼ぶ)を切ったり(除伐など)、枝を切り落とす時に使用します(図B)。

重さを利用して振るので、重い方が楽に切ることができます。ただし、あまり重いと持ち運びがつらくなったり、力を入れて振り上げなくてはならないので、自分の体格や体力にあったものを選びましょう。

●使い方

1. オノは、野球のバットを握るように両手を重ねあわせるように柄の部分を握る(図C)。
2. 小さな枝を切るときには手首を中心に、オノの重さを利用して軽く振り、やや太い枝を打つときは肩を中心に腕を振り上げ、オノ先端の重さでオノを振り下ろす。力まかせにオノを振ると、余分な力を使い、コントロールが難しくなる。
3. オノを振る方向に他人や自分の足がこないようオノを振る方向を考える。振り下ろしたオノの刃が木に当たる角度が悪くて刃が跳ねたり、予想以上に切れ、振った刃先がそのまま惰性で回転し、自分の足を傷つけることがあるので注意(図D)。

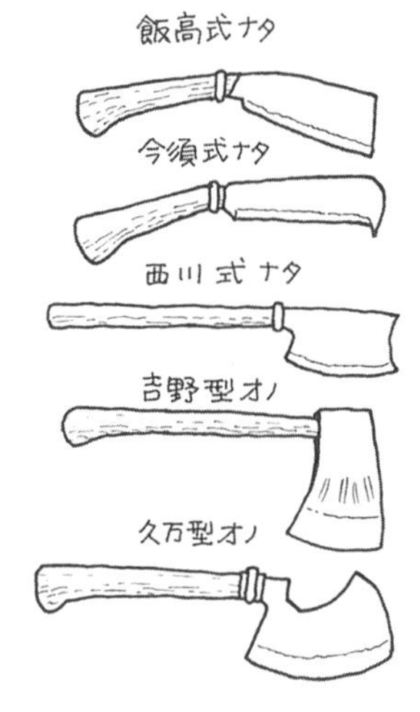

図B　オノとナタ

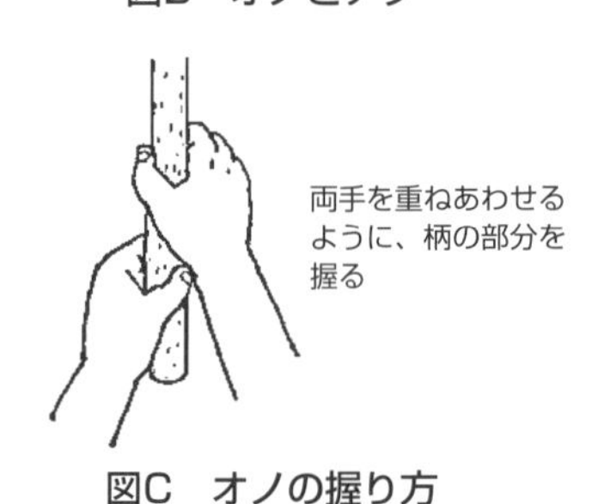

図C　オノの握り方

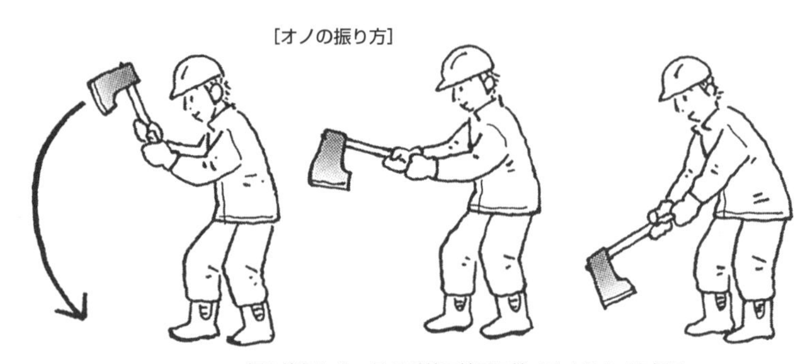

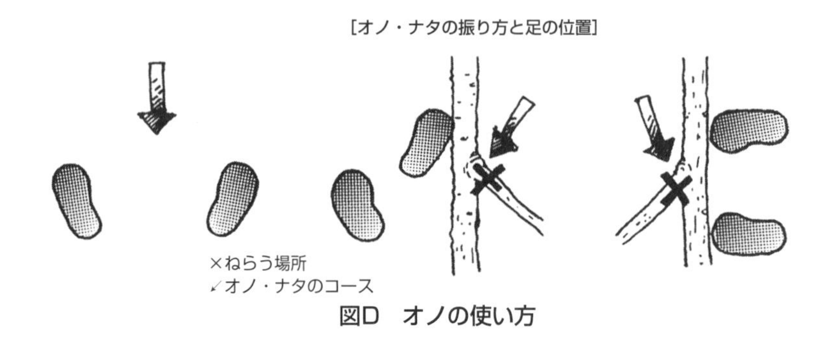

図D　オノの使い方

4. 枝払いでは、必ず木の根元方向から木の先端方向に打ち下ろす。反対方向から打つと刃が欠けることがある(ヒノキの場合は注意)。

●手入れ

1. 刃先が丸まっていたり、欠けている時は刃を砥ぐ。
2. 金属部分が緩んでいる場合、柄の部分を石など硬いものに打ち付けたり、柄の端をハンマーなどでたたき、金属部分を柄に密着させる。

●注意事項

1. オノは何回か使用したら、先端の金属部分が柄から抜けそうになっていないかを確認しよう。緩むと振り下ろしたときに金属部分が抜けて飛ぶこともある。柄を止めるセンゾクが緩んでるときは先が抜けないよう打ち込んでおく。
2. 刃先が鈍ったり錆びたりして切れ味が悪くなると余分な力が必要になり、事故を招いてしまう。刃は、こまめに砥いでおこう。
3. 毎回、木や枝を切る前に、オノやナタを振り下ろす先に人がいないか、自分の体がないか、足場がしっかりしているかを確認しよう。
4. 柄を腰ベルトの後ろにはさんだまま移動中に転んだり、枝を引っかけたりして刃の部分が飛び出し、手を切ることがある。

トビ

●使い方

グラップルなどの機械が普及したので、使用頻度は減りましたが山では依然よく使われています。

1. 移動させる木の平行位置に手を持っていき、ここを中心としてトビ先をアーチを描くように木に打ち込む(図E)。
2. 木に打ち込んだら、柄をしっかり握る。この時、図のように一方の手を柄に巻きつけるようにするとしっかり引くことができる(図F)。
3. 足首と膝を曲げて腰を落とす。
4. 縮めた足首と膝を伸ばすようにして丸太を引く。決して、体の重心を移動して丸太を引いてはいけない。トビが抜けたとき、後ろに飛ぶ危険性がある(次頁図G)。
5. 再び引くときは、トビを打ち込み

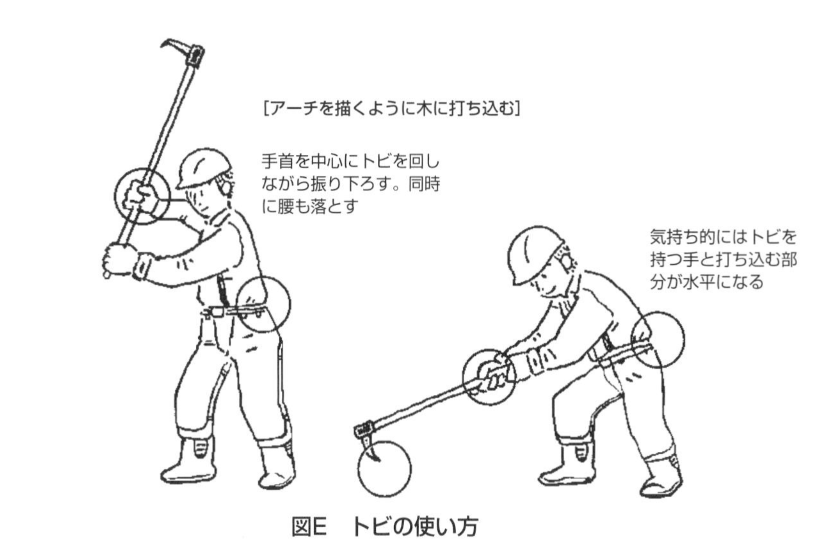

図E　トビの使い方

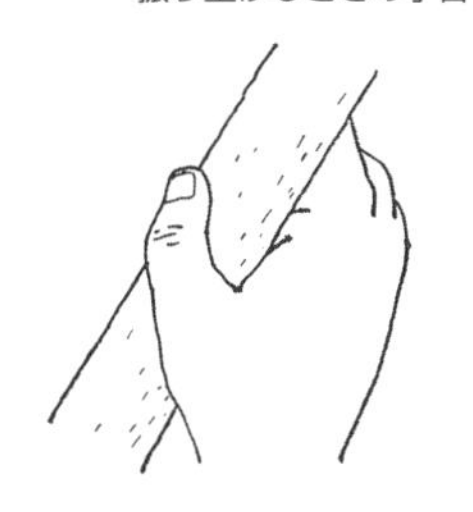

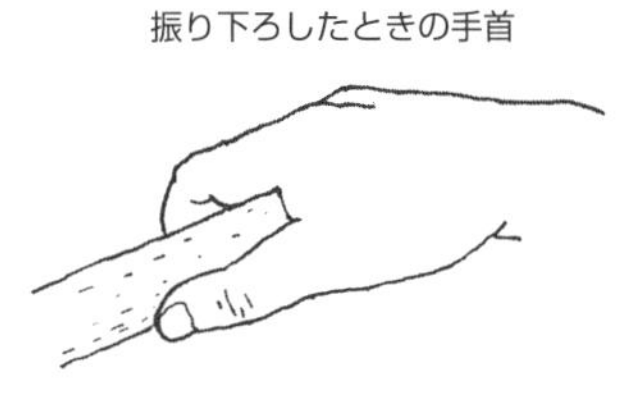

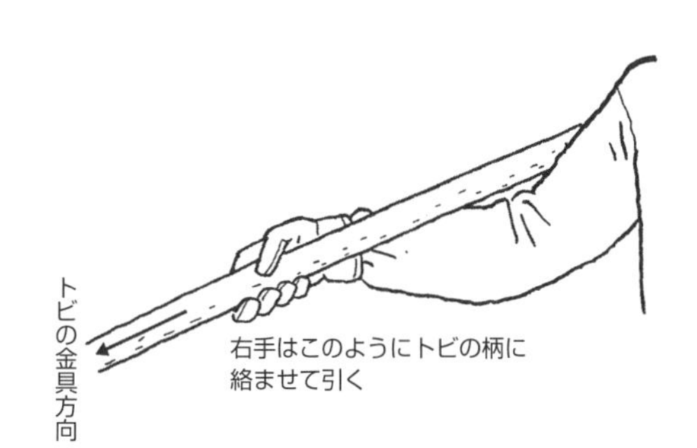

図F　一方の手を柄に巻き付けるようにして引く

直す。一度丸太を引くとトビの丸太への食い込みが緩むことが多いので注意。

6. 柄を左右に回す、足の先でトビの先を食い込んでる方向と逆方向に蹴飛ばすと、食い込んだトビを外しやすい。
7. トビで丸太を回転させながら引く。また重力を利用して斜面の上方向から下方向に引くと動かしやすい(図G)。
8. 重心を手前に少し外してトビを打ち込むと、丸太の移動や回転を楽にできる。

●丸太の積み上げ

1. 基本的な作業は丸太の移動と同じ。
2. 丸太が転がり落ちそうな時、トビの後ろを使い転がるのをとめることができる(図H)。
3. 動かしたい丸太が他の丸太に挟まれているとき、移動させたい丸太にトビを打ち込み、トビの背の部分を支点としてトビをこねると目的の丸太を出しやすい(図H)。

※高さ2m以上の丸太の積み上げは「はい作業主任者講習」を修了した「はい作業主任者」を選任し、その者の指揮のもと、はい積に従事する必要があります。

●手入れ

トビを打ち込んでも抜けやすい時、尖った先をヤスリで削り、四角い断面の四隅を尖らせる。ただし、打ち込みやすいよう先端をとがらせすぎると、逆にトビを外したいときに外れないので要注意(図I)。

●注意事項

1. トビがしっかり打ち込まれているのを確認してから引く。
2. 決して体の重心移動で丸太を動かさない。トビが外れたとき非常に危険である。
3. 自分の足下、人の手などがある近くにトビを打ち込まない。トビが滑ったり、跳ねたり、狙いがはずれて当たる可能性がある。
4. トビを置くとき、尖った先を上向きなどにしない。あやまって踏んだり、転んだりしてトビの上に乗りかかり負傷する可能性がある。

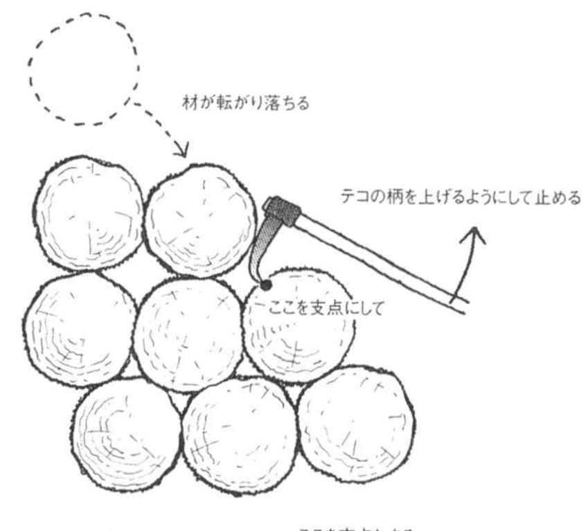

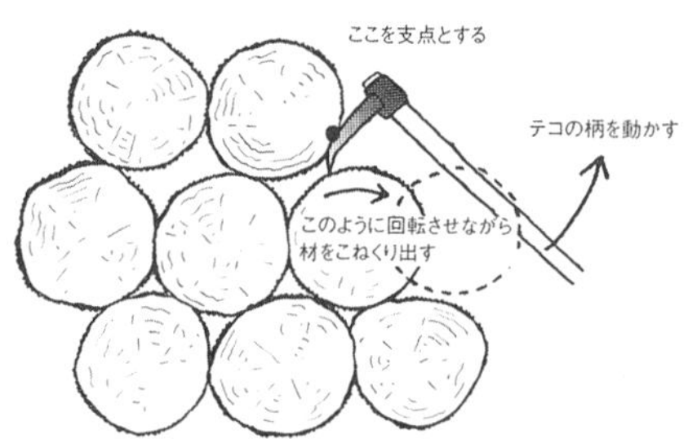

図H　トビの使い方

図G　トビで丸太を回転させながら引く

図I　トビの手入れ

伐倒作業のいろいろな道具

●尺（尺棒）

伐倒した丸太を3mまたは4m（一般材）、9〜12m（長材）、バタと呼ばれる杭や板を作る材なら2mに切るときに使う定規のようなものです。通常2m1cmまたは4m2cmに切った竹または木で作られています。

尺は3、4mよりそれぞれ2cmほど長めになるように印をつけることが多い。少しでも短いと市場で1つ下のサイズの材として扱われ不利になるからです。

●ロープ

急斜面で伐倒した材が下に滑らないよう、伐倒する木と近くの木を結ぶときなどに使います。

また、倒れかかった木が隣の木に寄りかかり、かかり木となった時に、かかった木の根元にロープを巻き付け、そこへ棒を入れてかかっている木を回して寄り掛かった枝を外します（72頁参照）。

または、伐採木の幹のなるべく上にロープをかけ下に引くことで、かかった木を倒します。集材機、タワーヤーダ周辺のワイヤー取り回し用の滑車、その他調整時に使用するなど、ロープは多方面の用途に使えます。ここで使うロープは、ポリエステルを主成分とした混紡製を指しています。

●クサビ

通常使用するのはプラスチック製のクサビです。大木を伐採するときは先端に金属をつけたケヤキで作ったクサビを使用します。

クサビは、木を伐倒するときに、伐倒予定方向に傾けるため、また玉切り中、チェーンソーのバーを木に挟んだ時に木を押し広げるために使います。伐採時は2種類のサイズのクサビを持っていくと便利です。

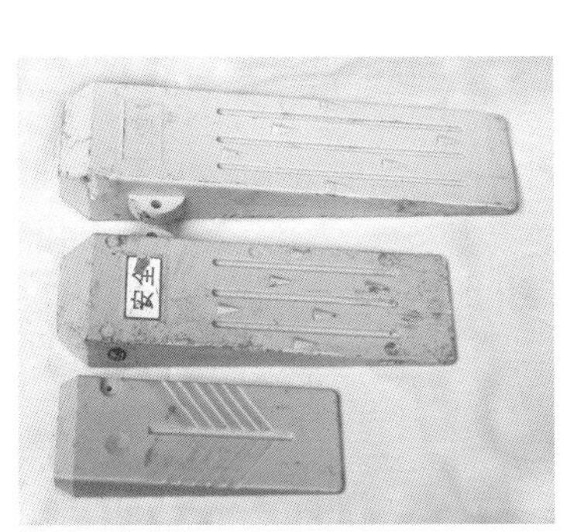

伐倒の補助道具クサビ（大・中・小）

クサビを打つ時のよい姿勢。木の動きは樹冠を見ると分かりやすいので、幹に向かって立ちます

ノコギリ

●特徴と用途

山で、ナタで切るには太すぎたり、高くにあって手が届かない、枝を切りたいけど幹に傷をつけないよう楽に切りたいなどの時、ノコギリが便利である。ナタのように振り回さないので、けがの心配が少なくなるのが利点です。

●手入れ

1. ノコギリは、切れ味が落ちたら刃を交換したい。交換できないノコギリの場合は研ぎに出そう。
2. 錆びないようミシン油などの機械油を薄く、塗っておくとよいだろう。

●注意事項

腰ベルトなどに下げていると、薮などにノコギリケースが引っかかることがあるので、引っかからないよう注意しながら歩きます。

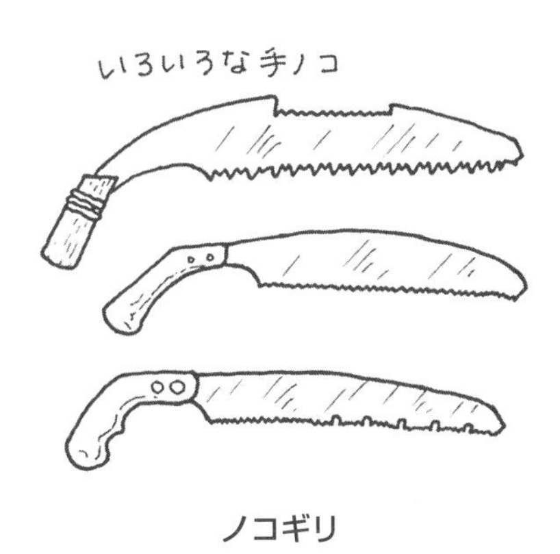

ノコギリ

刃物の研ぎ方

ナタの研ぎ方

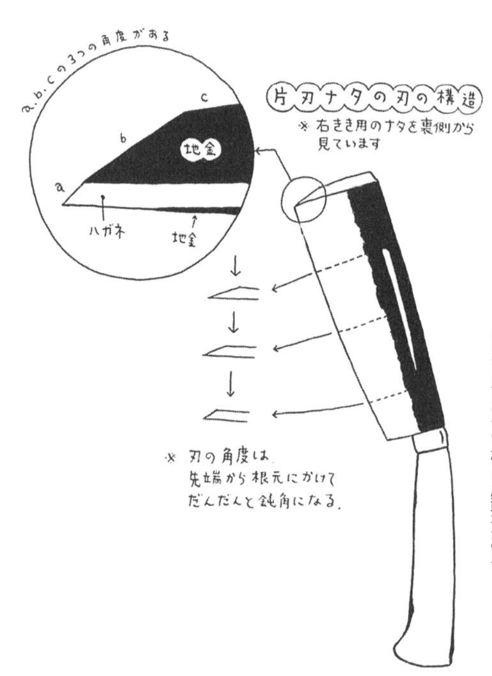

ナタの刃のしくみ（カマも同じです）
刃先と柄付近では刃の角度が違っている。これに合わせて研ぐ必要がある

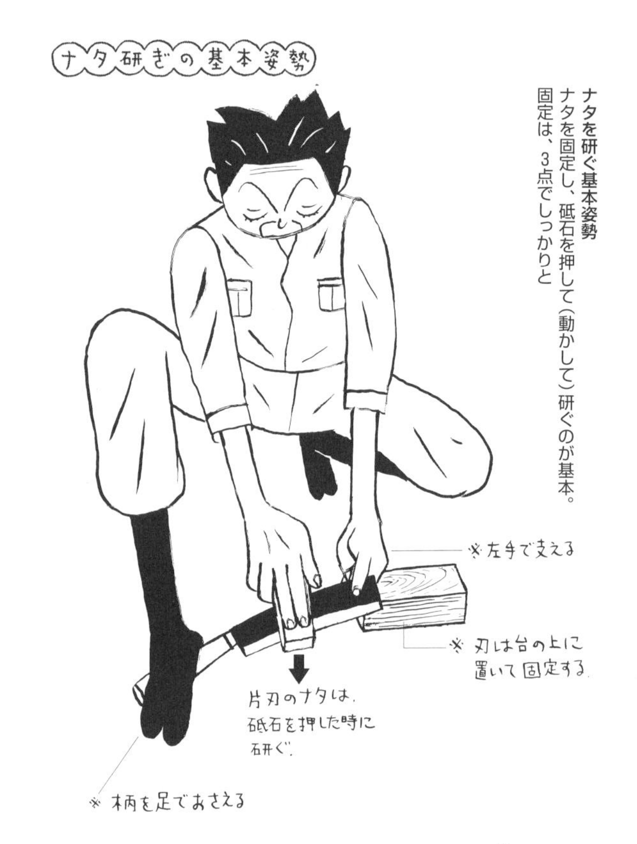

ナタを研ぐ基本姿勢
ナタを固定し、砥石を押して（動かして）研ぐのが基本。固定は、3点でしっかりと

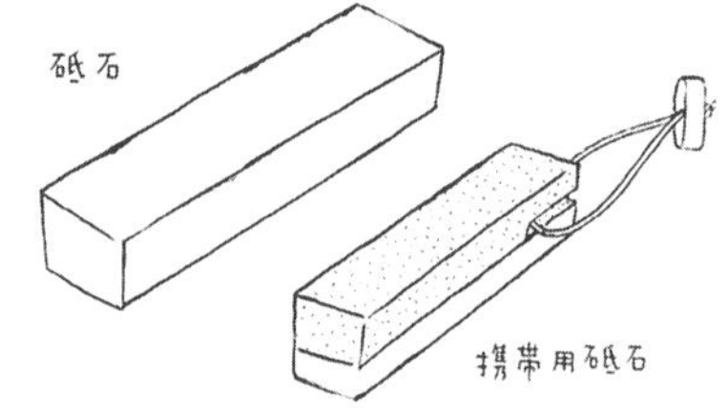

砥石の使い方
砥石が平らにすり減るのが上手な使い方。砥石は一晩水につけ、乾燥させないよう濡タオルでくるみ、ビニール袋に入れて山へ持っていこう
荒砥：水で流しながら研ぐ。砥の粉はためないように。なぜなら、砥の粉の中に荒い粒子の砂などが混じっていると、刃先に傷が付くから
仕上げ研ぎ：砥の粉で研ぐ

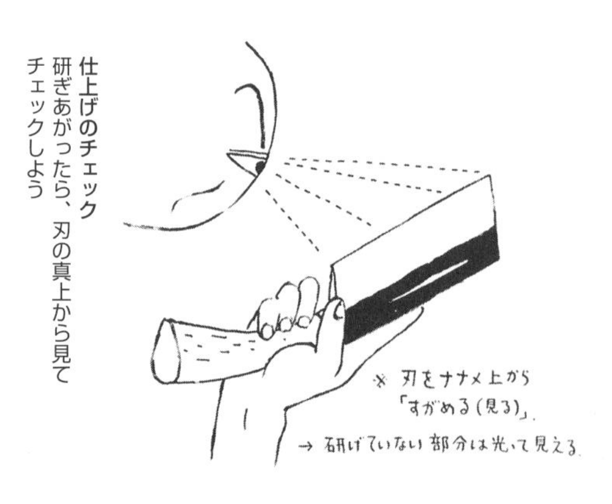

仕上げのチェック
研ぎあがったら、刃の真上から見てチェックしよう

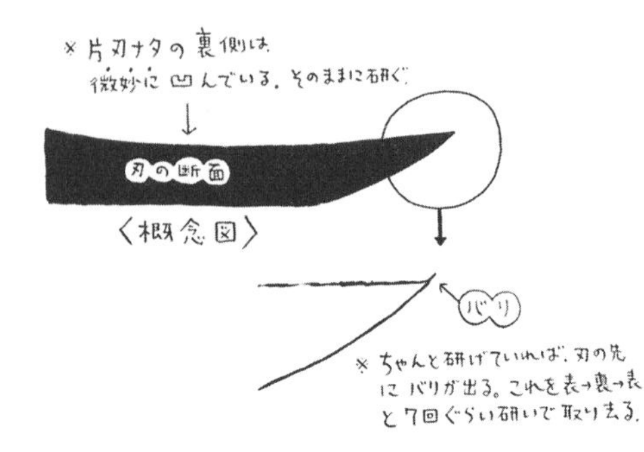

最後の仕上げ

カマの研ぎ方

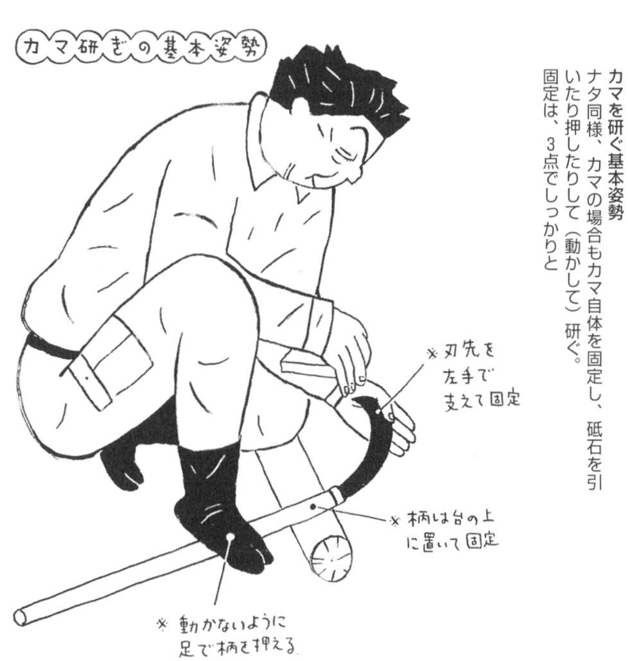

カマを研ぐ基本姿勢
ナタ同様、カマの場合もカマ自体を固定し、砥石を引いたり押したりして（動かして）研ぐ。固定は、3点でしっかりと

水でしめらす方法
カマは下刈り作業の合間に、水場のない山の中で研ぐことが多い。だから、このように水筒の水を口に含んで、少しずつ刃に落としながら研いでいく

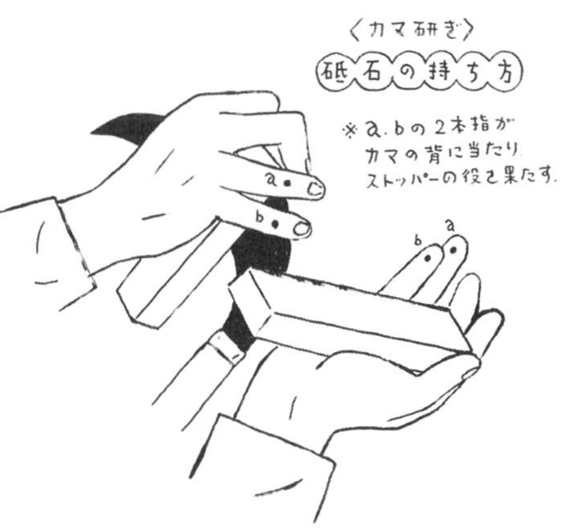

砥石の持ち方
ナタとは違った持ち方をする。
2本の指がストッパーのような役割をする

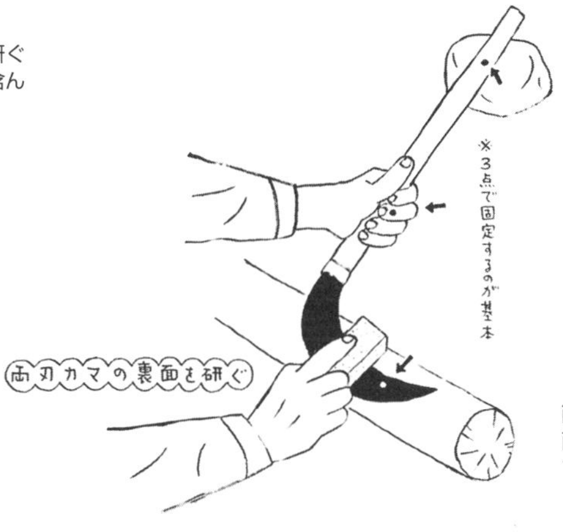

両刃のカマの裏側を研ぐ
両刃のカマの場合、このような姿勢で刃を裏返して研ぐ

ロープワークの基礎

もやい結び

あらゆる場面で使える基本中の基本の結び方です。結び目が動きません。きつく結んでも、簡単にほどくことができます。

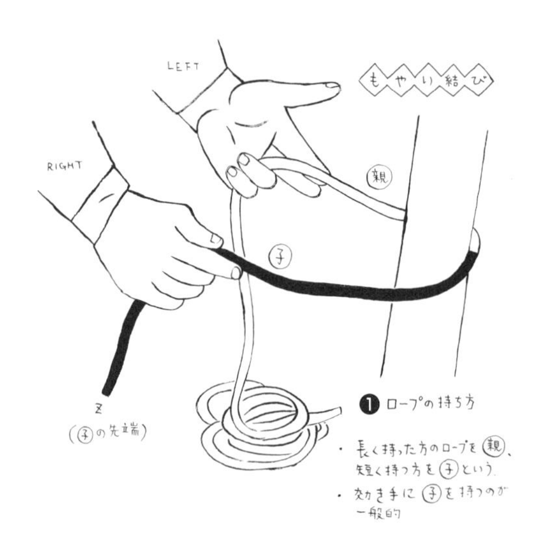

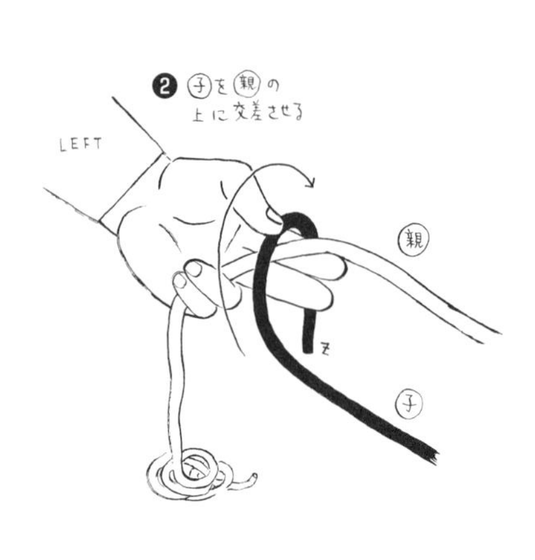

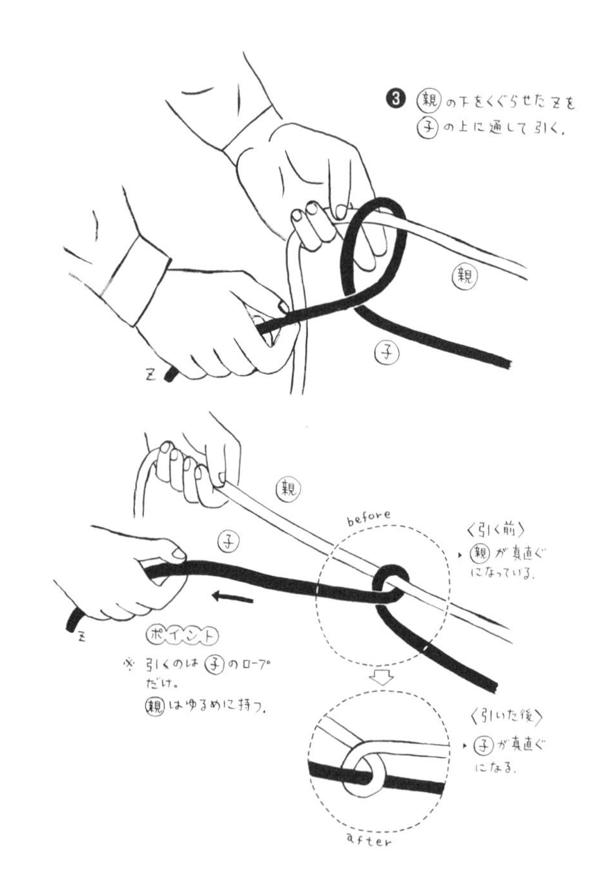

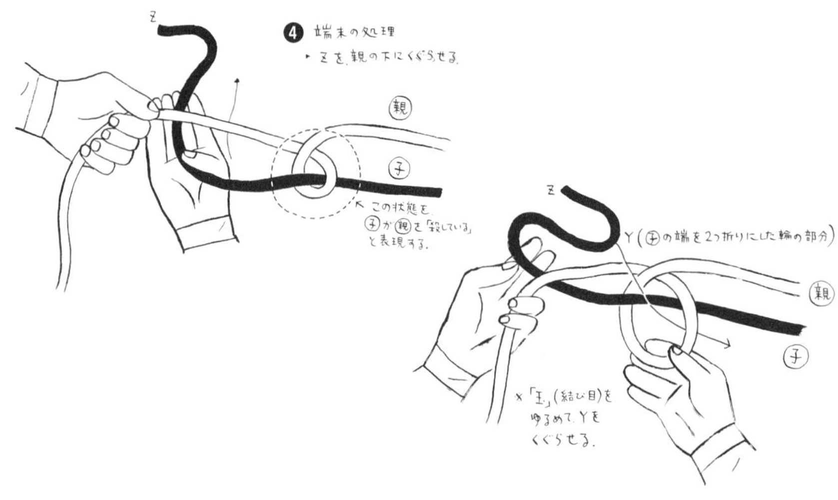

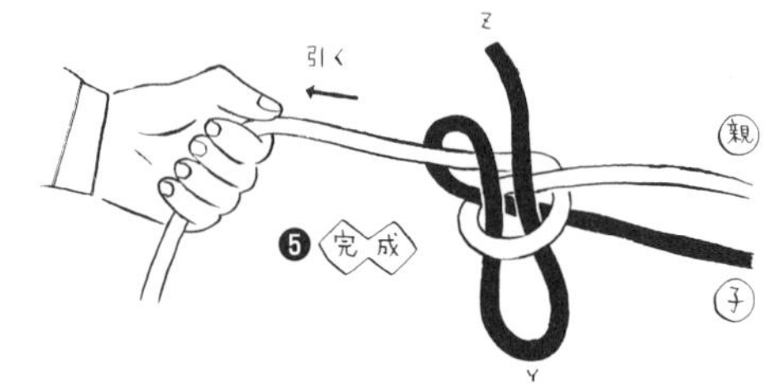

仮留めする結び方

ロープの端を何かにとりあえずつなぎ留めておきたいときなどに使います。簡単に固定でき、すぐにほどくことができます。

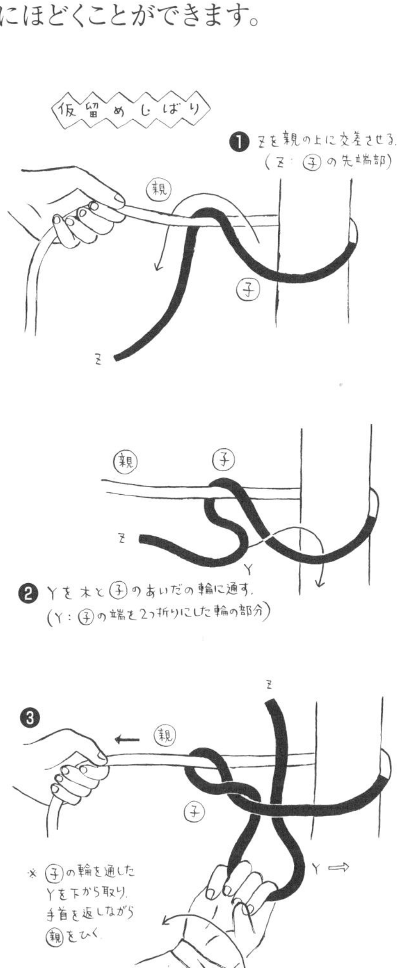

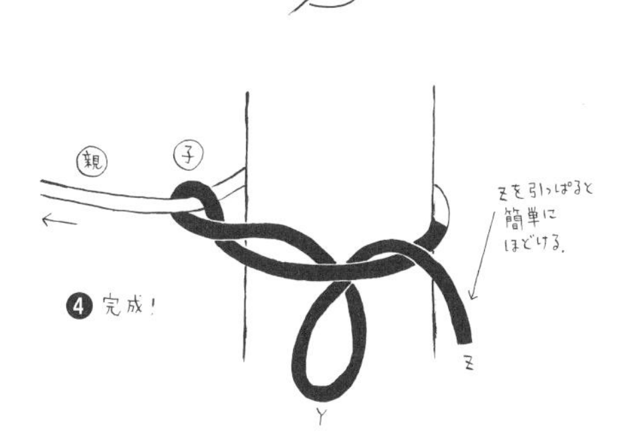

長いロープをまとめる

長いロープをしまっておくときに使います。このように保管しておけば、次に使うとき絡ませずにスムーズにロープを出せます。

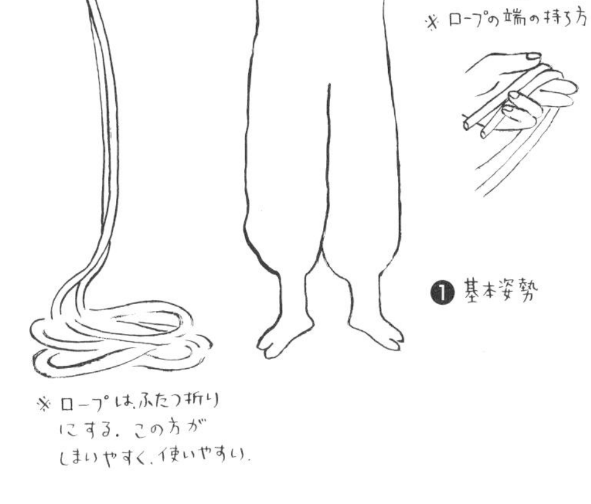

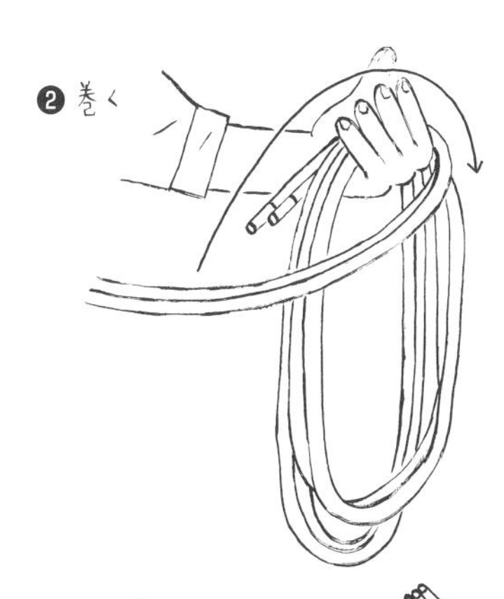

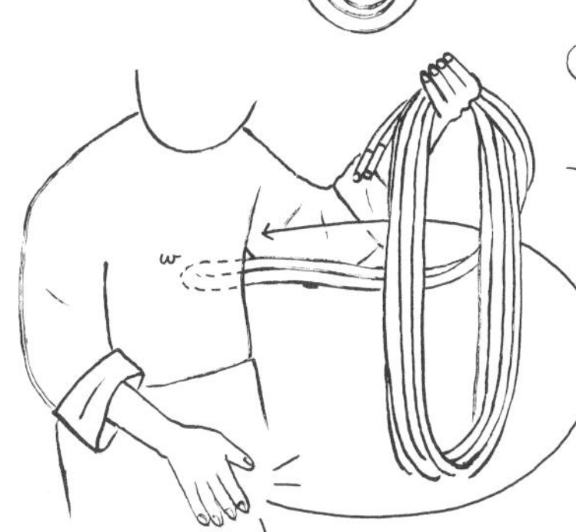

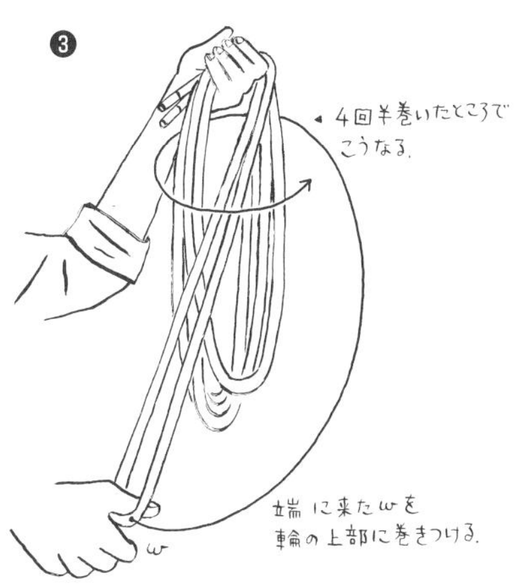

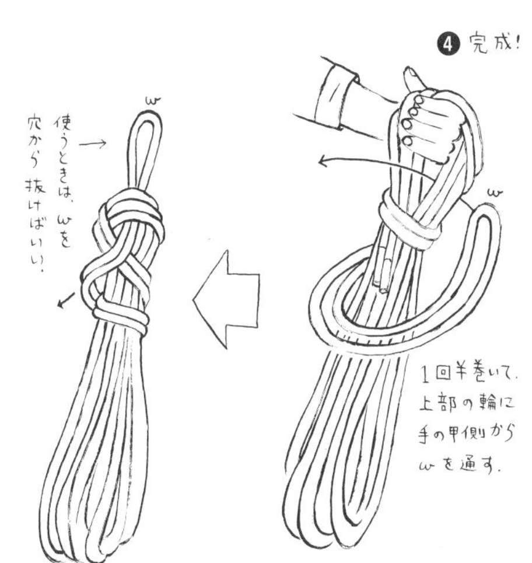

林業機械
高性能林業機械による作業

森林作業の流れを変える存在

林業は歴史のある産業のため、実行されている作業も旧いものであると考えられがちですが、平成時代に入ってから相当に変化（進歩）しました。先ず、林道や作業道が山奥まで入っていることに気がつくはずです。それらの道を自動車で辿っていくと伐採作業を実行中の現場に遭遇することがあると思います。そこでは、建設現場に使われているのと同じ様な大型機械が甲高い音を出しながら木を切っていたり、丸太を満載した運搬車輌が急な坂道をエンジンをうならせながら登り下りしているのが見られるでしょう。これらは、山の中の仕事というこれまでのイメージとは異なる感じを与えると思います。いかにも力強く、スピード感があります。

そうなのです。これら現場で使われている機械は高性能林業機械と呼ばれるもので、近年開発と導入が積極的に進められているのです。高性能林業機械は、わが国工業における先端的な技術が使われており、力とスピードに加えて自動化という林業界で長く望まれていた本格的機械化が始まったと言える状態になったのです。さらに、高性能林業機械の導入に伴って作業仕組が変わり、従来から言われていた林業作業の３Ｋ（危険、きつい、汚い）問題が相当に改善され、林業も若い人達を引き付ける魅力的な職業としての見直されています。

しかし、林業の全ての作業について先端的な技術を使った高性能林業機械が開発されているのではありません。現段階で実用化レベルまで達している高性能林業機械は、主として木材の伐採搬出作業（略して「伐出作業」と言われる）に使われるものです。それでも平成28（2016）年度末現在で8,202台も保有されていますので、現地で遭遇する機会も多いと思います。その時に、それら機械の種類が見分けられ、性能、機能、作業方法などを知っていれば必ず役に立つと思います。また、許されれば触れてみることも必要です。その結果、もしあなたがそれら機械のオペレーターになることを希望するなら、県、森林組合等で実施する研修等に参加することにより門戸は開かれているのです。

ハーベスタ

立木の伐倒、枝払い、玉切り、生産した丸太の整理までの伐木造材作業を1台の機械で連続して実行できる機械です。また、丸太の長さを自動的に測る装置を備えています。しかし、この機械が作業するには立木に届くまで林内に入っていく必要がありますので、作業機は油圧を取り出せる走行型のベースマシンのブームの先端に装着されています。

ベースマシンの走行性能は林地の傾斜条件に影響されますが、現段階では20度以上の急傾斜地を自由に走行できる機械がないため、伐木から造材までの作業を連続してできるのは、地形が平坦な地域に限られます。

プロセッサ

外観はハーベスタと似ていますが、伐倒はできません。枝払い、玉切り、丸太整理の作業が連続し

ハーベスタ

プロセッサ

てできる機械です。そのため、全木集材（伐倒した樹木を枝の付いたまま集材する方式）された木を土場で造材するのに使われます。丸太の長さと直径を自動的に測る装置を備えています。

わが国では、集材機あるいはトラクタと組み合わせた作業仕組で使われるため、高性能林業機械の中では最も多く普及しています。

タワーヤーダ

木をワイヤロープ（架線）で林地から引き出すには、ワイヤロープを巻き取るウインチとワイヤロープを支え、誘導する支柱が必要です。ワイヤロープを巻き取るウインチ装置を林業用語でヤーダ（英語）と言いますが、支柱はタワーですので、この二つの装置とその他必要な装置を移動（走行）できる機械（自動車、運搬車、トラクタ、バックホウ、トレーラ等）に搭載したものをタワーヤーダと言うのです。つまり、この機械が作業現場まで移動（走行）して行き、支柱とワイヤロープを使って架線を張ることにより集材するのです。走行できる集材装置であることから、モービルヤーダと言われることもあります。

傾斜した林地が多いわが国で現場を移動しながら集材するのに適した機械であると言えますが、スパン(支間長)を長くすると能率が落ちるため、路網整備など普及させるための条件整備が必要です。

スキッダ

木材を牽引走行して集材する機械で、車体後部に木材をつかんで牽引するためのグラップルを装備しています。また、走行性能(登坂力、走行速度)、牽引力、操作性、ブレーキ性能等が一般の運搬車より優れています。

走行装置（足回り）には、クローラ（履帯）型とホイール（タイヤ）型があり、凹凸のある林地内における走行性能高めるとともに、走行中の地表（林地）攪拌を少なくすることに考慮した構造と機構を取り入れています。

フォワーダ

生産された丸太を林地あるいは土場からトラックが入れる貯木場まで積載して運搬する車両です。丸太の積み下ろし用のグラップルクレーンを装備しています。

急傾斜を安全に走行できるように、油圧制御の走行機構（ＨＳＴ）を採り入れています。

走行装置には、クローラ型とホイール型がありますが、クローラにゴム製のもの使い、ホイールに低圧タイヤを使うなど、走行による林地攪拌を防ぐ工夫がされています。

タワーヤーダ

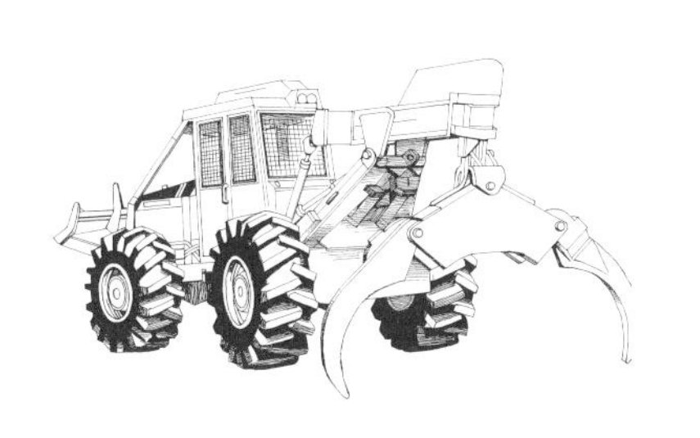
スキッダ

フォワーダ

林業機械
素材生産の各種システムの特徴と仕組み

集材作業の基本技術
―架線集材、車両集材

集材作業は、林地に散在している伐倒された材または伐倒・造材された丸太を、林道端などの1カ所へ集める作業です。集材の方法は、昔は馬を使って引き出したり、ソリに載せて人力で引き出したりする方法もありましたが、最近ではほとんど機械を使うようになっています。

機械を使った集材方法を大きく分けると、架線集材と車両集材に分けることができます。

●架線集材

架線集材は、ワイヤロープを空中に張って組み立てた集材装置を使って材を集める方法です。地形が急峻で道が少ないわが国の森林では、架線集材の利用価値は高く、地形や作業条件に合わせて、大規模なものから小規模なものまでいろいろな架線集材の方法が発達しています。大規模な集材架線はその長さが1,000mを超えることもあり、吊り荷重量も1トンを超える場合も少なくありません。最近では小規模な間伐作業が多くなったことから、運転操作が簡単な集材架線が利用されることも多くなっています。

●車両集材

車両集材は、林の中に集材専用の車両が入って、材を荷台に積んで、あるいは牽引して集材する方法です。集材専用の車両は、トラクタ、林内作業車などと呼ばれ、クローラタイプのものとホイールタイプのものがあり、大型の車両は8トンを超えるものから、小型のものでは数百キロのものまで、いろいろな車両が使われています。

集材する車両は、林内に入って材を集めますが、林地の傾斜が急であったり、地表の条件が悪くて林内を走行できないときは、その車両が通る専用の道をつけて、道の上を走行し、材を集めて積み込み、集材することになります。

架線集材と車両集材の作業を比較すると次のようなことがいえるでしょう。

・架線集材　装置の架設に人手がかかり、集材作業も3～5人程度の組作業となります。集材の能率は高く、材が泥に汚れることが少なく、林地を荒らすことも少ないといえます。

・車両集材　固定的な施設がいらず、1～2名の少ない人数でも作業をすることができ、車両の機動性が発揮できます。作業条件によっては専用の道をつける必要があり、車両が林内に入ることによって林地を荒らす危険もあります。

このように、架線集材と車両集材は、その性質が異なっています。林地の傾斜などの地形条件や、材の大きさなど伐出する森林の作業条件に合わせて集材方法を選ばなければなりません。そして、それぞれの特長を活かし、欠点を少なくするような工夫をしながら、集材作業を進めることが必要です。

林内作業車（クローラタイプ）

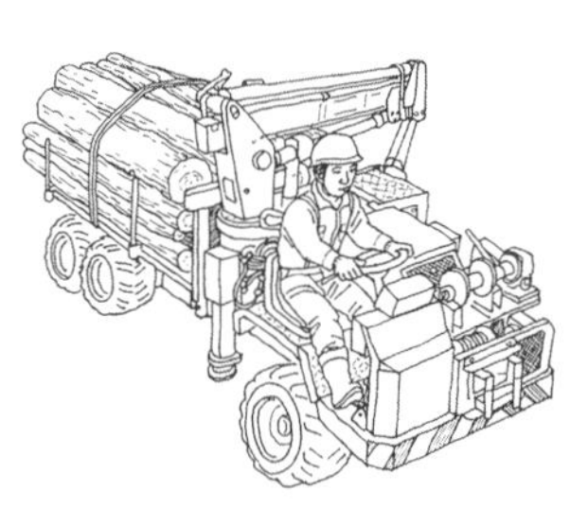

林内作業車（ホイールタイプ）

架線集材

車両集材―林内作業車

高性能林業機械による作業システム

伐出作業は、足場の悪い林地で、大きくて重い木材を相手とする作業ですから、作業する人にとって重労働であり、労働災害の危険も高い作業です。

このような作業の安全性を高め、かつ作業能率も上げるために、林業の機械化が進められてきました。ずっと以前から伐出作業に各種の機械が導入されていましたが、1960年代になるとチェーンソーが一般に普及し、架線集材とトラクタ集材の機械開発が進み、伐出技術の著しい進展と普及をみました。

1980年代後半になると、木材価格の低迷や林業労働力の減少などが問題となり、この解決のために、伐出作業に高性能林業機械の導入が始まりました。生産性を高め、生産コストを下げ、減少する労働力に対応しようとするもので、行政的にも高性能林業機械の導入を進める方針が進められています。

高性能林業機械は、従来の機械に比べて高い性能を持つもので、複数の作業を1台でやってしまう多工程機械でもあります。これらの機械は、基本的には北欧や北米などで開発されて使用されていた機械です。その中から日本の作業条件に合った機械を選んで輸入したり、日本の使用条件に合わせて日本で開発改良されたものもあります。

新しい高性能林業機械を使った作業システムは、地形と作業の規模によって下図に示すような作業システムが想定されています。これらの機械は、現在全国で急速に導入されて活躍しています。これからももっとたくさん使われるようになるでしょう。

これらの機械を使うためには、作業方法や林道の配置、施業の集団化などを進めることが必要だといわれています。大型の機械ですから個人で簡単に所有できるものではないかもしれませんが、森林組合や機械のレンタル組織を通じて、小規模の個人の森林で働く高性能林業機械を目にする機会も多くなるでしょう。

ハーベスタタイプ　緩斜地型

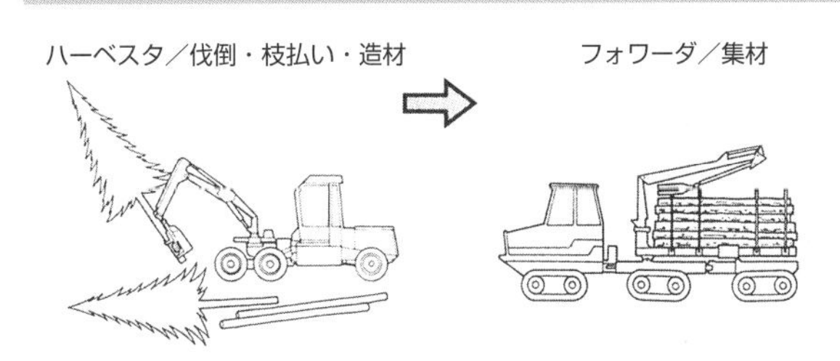

フェラーバンチャタイプ　緩斜地型

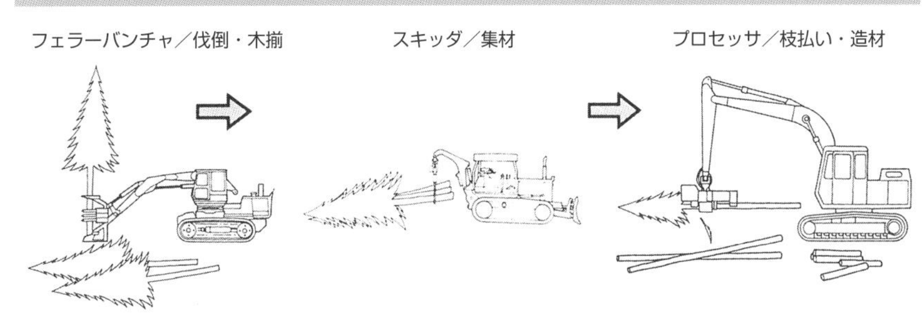

タワーヤーダタイプ　傾斜地型

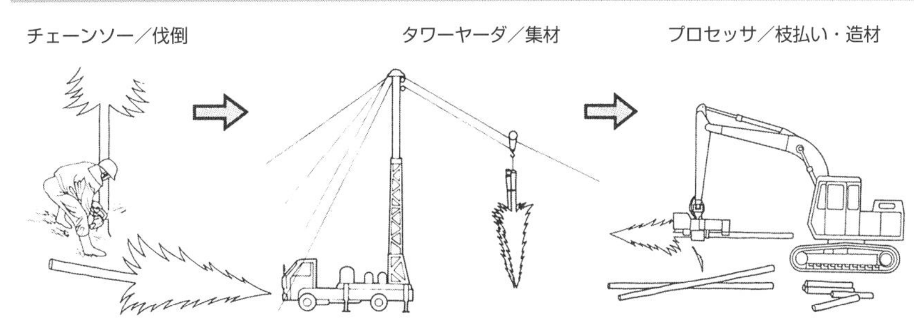

高性能林業機械による作業システム　資料：『機械化のビジョン』全国林業改良普及協会

林業機械
事故のない作業のために

林内作業車での作業時の安全チェック

●木材積載時の安定確保

重心が高くなったときは：

林内作業車はブルドーザのようなクローラあるいはタイヤで不整地を移動できる作業車で、通常3、4mに切り整えた材を運び出すときに使用する車両です。

林内路網を走行できるように幅が狭く、移動しやすいように軽量に作られており、荷台に材を積んだときに重心が上がり、車体が不安定になりやすくなります。これをどう防ぐか、不整地での危険な状態を判断するのが安全へのポイントとなります。

空荷時はよいが、丸太を載せて重心の高くなった林内作業車はわずかの路面の凸凹に敏感に反応します。場合によっては、転倒することもあるので注意が必要です。

車体の傾きを防ぐ：

車体が著しく前後、特に左右に傾きそうなときは、傾く側にいないことが大切です。もちろん、著しく傾かないよう、凸凹をよけて通るか、通過する前に盛り上がった部分を掘ったり、凹みを石などで埋め、平らにすることが先決です。

ワイヤーで重い材を引き寄せるとき、材の重さに引きずられ車体が傾くことがあります。このようなときは、林内作業車から材を引き寄せるワイヤーが出る同じ場所から反対側にロープを引き出し、手近な立木に結びつけると林内作業車は傾きません。このとき、立木に傷を付けないよう、スギの葉などで立ち木を巻くなど保護しないと必要のない木まで傷つけてしまうので注意しましょう(図A)。

トビで材をコントロール：

多くの林内作業車には巻き取り用のモーターとローラーがついています。車両近くに材を引き寄せるためです。材を引くときワイヤーを巻き取るローラー付近に手を近づけないよう注意ましょう。

さらにワイヤーを使い、材を荷台に載せるとき、材の向きを変えようと手でつかまないことも大切です。作業に不慣れなときは、トビで材の引く方向を変えにくいものですが、ゆっくり動かしてもらえばなんとかできるものです(図B)。

集材作業時の安全チェック

●集材作業

山仕事を始めて間もない人が集材機を使う作業を手伝うことはないでしょう。しかし人手が足りず、

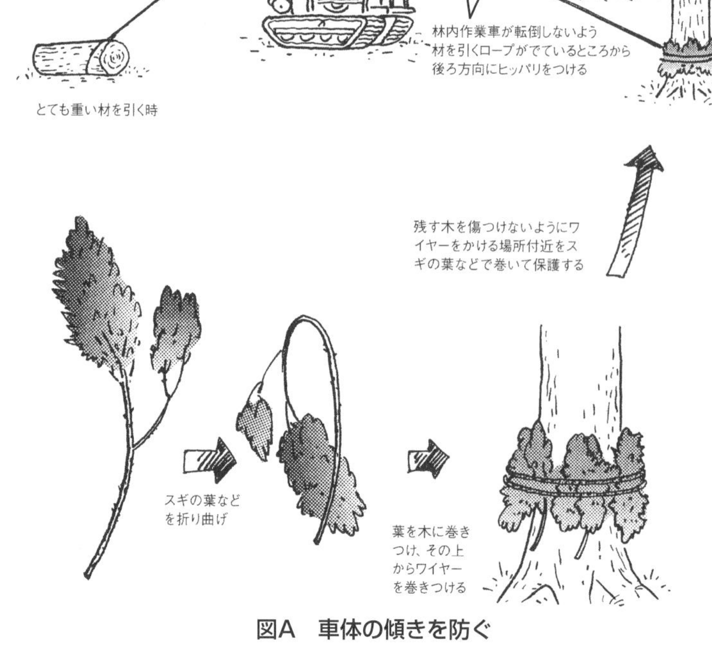

図A　車体の傾きを防ぐ

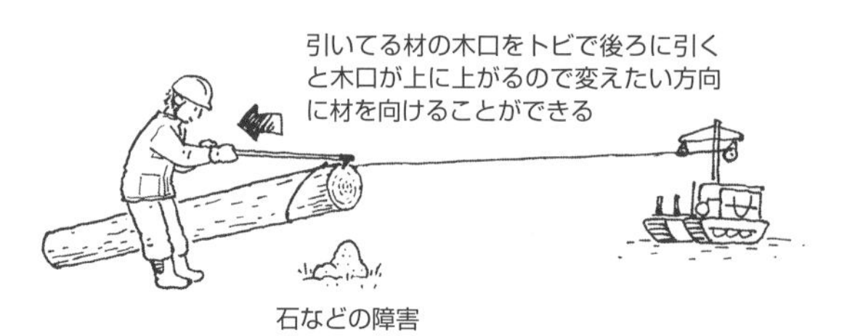

図B　トビで材をコントロール

どうしてもと頼まれると、断りにくいものです。そんなときは、作業の責任者に安全な場所や危険防止の注意事項を事前に確認しておきましょう。

●危険な内角

集材機を使用しての作業の危険地域は、各ワイヤーの真下とワイヤーを引いている内角内側です（図C）。

ただし、ワイヤーの真下を避けていては作業できません。キャリーと呼ばれる材を巻き取る機械から降りるラインを引き出して、材をかけるときと材を外すとき以外は、ワイヤー下またはワイヤーの内角から離れることが重要です。つまり、必要のないときは危険区域に入らないことです。

集材機のギアが外れ、上から材を5、6本下げたキャリーが土場と呼ばれる集材地点までワイヤーを伝って跳んでくるということもあります。その時は「あぶない」と大声で叫び、土場周辺で作業していた人たちに逃げるように知らせ、自分も逃げましょう。

●先山での注意

先山という作業があります。集材機で引き出すための木を掛ける仕事です。キャリーからおろしたフックに材をかけ、キャリーに引き寄せるとき、動く予定の材やその材周辺に動く予定の木がないか確認しながら、安全な場所に退避します。

この場合の危険な場所は、ワイヤー下、引く予定の材が触れそうな材とその周辺、動く予定の材がそのまま斜面を転がり落ちるときに通る予定路です。

また材が動くことにより、材が跳ね上がることもあります。動いた材に触れた材が跳ね上がったときに備えて、手近な立木を見つけ、その裏側に退避するなどの安全策も必要です。

先山作業の者は安全地帯に退避してから、材を引き出す合図をします。オペレーターはこの合図を受けてから機械を動かします。

プロセッサ作業時の安全チェック

●オペレーターとの意志疎通を

作業開始前にプロセッサや集材機など他の機械のオペレーターとどこで作業をするか話し合っておくことが大切です。話し合いをすることで機械のオペレーターが、作業をする人が安全区域について知っているかを確認できます。何に注意するかを確認できるので、余分な神経を使わないで作業ができます。

プロセッサの周辺で作業するためには、絶えずプロセッサオペレーターが見える視界の範囲内にいる必要があります。とはいっても具合のいい場所での作業はあまりないので、どうしても機械に近づかなければならないこともあります。そのときは、オペレーターの注意を引き、自分が何をしたいかを知らせることです。

オペレーターは自分の作業をいったんとめて、安全な位置に移動するまで待ちます。

造材作業、はい積み作業等では、運転席からブーム、アームを伸ばした距離の2倍以上を半径とする円の範囲と原木を送る方向に立ち入ってはいけません（図D）。

また、オペレーターからの指示がないかぎり、あまり動き回らないよう注意しましょう。オペレーターは作業者の位置を確認できるようたえず注意を払っておきます。

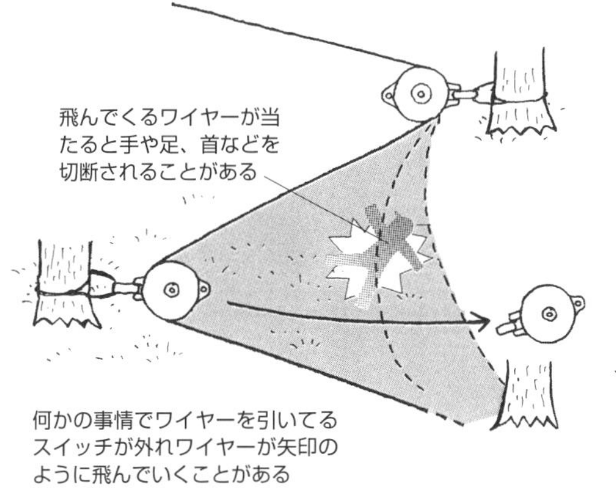

図C　集材作業中の危険区域は内角内側

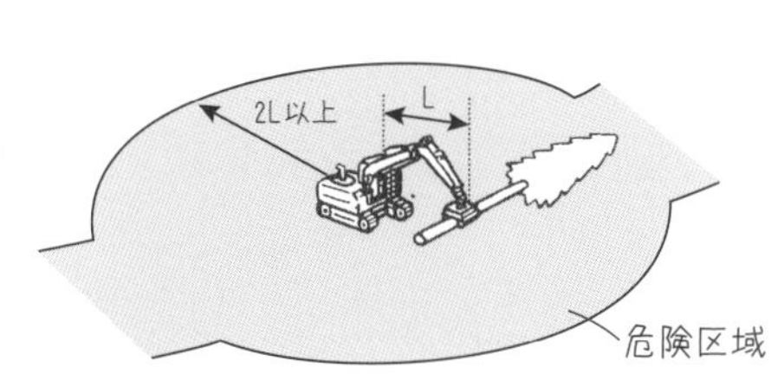

図D　プロセッサ作業時の危険区域

野生動物と農林業被害①
動物とその被害

シカ

シカ(ニホンジカ)は、林業にとって現在もっともやっかいな動物です。いろいろなかたちで植林した木に被害を与えるからです。若木の芽や枝葉を食べる害、樹皮を剝いで食べる害、オスのナワバリ行動によって引き起こされる角こすりによる樹皮剝ぎ、造林木の踏み荒らしや引きちぎりなど。若木から成長した樹木までに被害を及ぼします。被害を受ける造林樹種は、ヒノキ、スギ、マツ、カラマツ、トドマツなど。

一夫多妻制の群社会で行動するため、良好な環境では高い生息密度となり、シカが好む植物の減少、構成植物の変化など、植生にさまざまな影響を与えます。シカの生息地で伐採したり植林することは、エサ場としてシカを誘引することにつながります。

農業を見ると、シカの被害は1980年代から徐々に増加し、1990年代に入ってもなおイノシシ被害を抜いて、最大(被害面積)です。主な被害は食害で、食性の幅広さからイネ、ムギ、ダイズ、トウモロコシ、根菜、葉菜、ワサビ、各種果実類、各種飼料作物など、あらゆる農作物が対象となります。食害のほかには、農耕地の踏みつけや田植え直後の荒らし回りなどの被害も発生します。農業被害は一般に平野部では少なく、近隣に森林のある山間地で発生しやすいことが分かっています。

カモシカ

カモシカは、シカ科ではなくウシ科の動物です。日本固有種で、特別天然記念物に指定されています。シカが低山帯・里山などにすむのに対し、カモシカは低山帯上部から亜高山帯に分布します。シカと同じくササ類などイネ科草本も食べますが、広葉性の草本や木本の葉をより多く食べ、食性から見ても森林と強いかかわりをもつ動物だといえます。

シカ同様草食獣で、伐採、植林、枝打ち(林が明るくなり、林床植物を増加させる効果)などによって、林内が格好のエサ場となります。カモシカによる林業被害は1970年代に発生し、現在も続いています。被害を受ける樹種はヒノキ、スギ、マツなどで、中でも若齢のヒノキに多く見られます。

カモシカはシカと違い、1年を通して一定の場所に定着し、個体がナワバリをもって生活します。またシカのように一夫多妻制の群社会ではなく、一夫一妻で繁殖期にだけオスとメスとがペアとなるので、生息密度はシカほど極端な増加を示すことはありません。シカのように群れによる大きな被害ではなく、カモシカの場合は一定の場所で繰り返し続く食害が特徴的です。

カモシカの被害は1980年代後半から見られるようになりました。主に東北地方、中部地方を中心とした地域で継続的に発生しています。森林と接する山間部の農耕地で発生しています。カモシカの食害例は、ユズ、リンゴ、ブドウなどの果樹や茶、クワなどの木本、野菜類などがあげられます。

カモシカは、シカが生息しない東北地方や多雪地域にも生息し(北海道には生息しない)、ブナ・ミズナラ林の分布と重なります。今後、関東以北では分布域が拡大傾向にあり、東北地域では平野部や海岸の低標高地域にも進出してきています。

ニホンザル

ニホンザルは日本の固有種で、世界のサルの中でもっとも北に生息する種類で、寒さと雪を克服したユニークなサルです。本州、四国、九州(屋久島まで)に広く分布します。低山帯の照葉樹林、落葉広葉樹林から亜高山帯の針広混交林に広く分布しています。なかでも広葉樹天然林が優占する林分に多く、スギ、ヒノキが多い人工林地帯には少ないようです。

サルによる林業被害(樹木対象)はほとんどありませんが、林産物への被害は見逃せません。とりわけシイタケ栽培での食害、ほだ場荒らしなどは深刻な被害です。

農業では、ほとんどの農作物と果樹が対象となるだけに、サルによる被害は深刻です。

江戸時代の記録でも、サルは農業の加害者であったことに変わりありませんが、頻度からみた勢いはシカやイノシシと比べればはるかに及ばず、被害は一部の地域に限られていたようです。

サルによる近年の被害状況の増加には次のような要因が考えられます。

一つは、自然林がスギ、ヒノキ人工林へと転換し、サルの食物資源が減ったこと。もう一つは、過疎化による山村人口の減少、里山林利用の減少など、人間活動が低下したことによって、サルの格好の生息地である低山帯下部や里山に彼らが行動圏をシフトさせてきたことです。

過疎による人口減、農業などの生産活動の減少は、サルを排除する人間側の勢いを質、量ともに著しく減退させました。サルの人慣れが徐々に進行し、一部では人を攻撃してくるようにさえなったのです。

また、放置された農耕地や果樹などを採食したのをきっかけに、獲得の容易さ、資源量の安定性、栄養や嗜好のよさなどから、サルは農作物に強い執着をもつようになってしまい、現在に至ります。

クマ

多様な山の豊かさを代表する野生動物がクマです。日本には、ヒグマ（北海道）とツキノワグマ（本州以南）の2種類がいます。

ツキノワグマの林業被害は、大木の樹皮が爪や歯で剥がされる「クマ剥ぎ」によるものです。スギ、ヒノキ、カラマツなどの造林木のほかに、サワラ、ヒバ、モミ、シラベ、ツガ、トウヒなどの天然木が対象となります。西日本に多い被害で、6月中旬から7月中旬に見られます。最近では東北でも発生するようになりました。樹皮が大きく引き剥がされ、全周に達した木は枯れてしまいます。

農業被害は、通常、広域的に発生するのではなく、特定の地域、とくに森林と接する山際の農耕地に集中する傾向があります。トウモロコシ、コメ、ソバ、スイカ、サツマイモ、ニンジンなどに被害が発生し、とくにトウモロコシ被害は深刻です。

食物への執着が強く、徹底して食べるので被害は集中し、深刻になりやすいのです。また、母グマが農作物を食べることは、子グマにその味を覚えさせてしまうため、世代を通じて被害を及ぼします。被害は、夏から初秋にかけて発生します。夏はクマの繁殖期であり、メスの保育期にも当たります。

果樹では、リンゴ、カキ、クリ、モモ、スモモ、ナシ、ブドウなど、あらゆるものが食害を受けます。農作物と同様に、森林と隣接した山際の果樹園などに被害が集中します。

また、商品にならない果実を、果樹園の端や山林などに放置したり、別荘地などでの生ゴミ放置など、人間の行為がクマをはじめとした野生動物たちの「餌付け」につながっていることも忘れてはなりません。

1970年代頃に大規模造林され、その後間伐も枝打ちも行われず、下草が生えない森は野生動物たちにとってもすみ心地がよくありません。彼らにとっては人間に近い里のほうがはるかにすみ心地がよいのです。シカ、クマ、サル、イノシシ、そしてカモシカも加わって、複数種の野生動物が被害問題を起こしているのが現在です。

非常に高いシカの生息密度下では、高さ2m以下の樹木の枝や樹皮はほとんど食べ尽くされ、下層がすかされて見通せる景観に変わる。枝葉が残る部分との境目はディア・ラインと呼ばれる。

カモシカに枝葉が食いちぎられたヒノキの稚樹

サルにシイタケを食いちぎられ、ホダ木の樹皮を剥がされる被害

クマ剥ぎの被害。かなりの高さまでクマによって剥がされたヒノキの樹皮

野生動物と農林業被害②
防除法の工夫いろいろ

先人の知恵から学ぶ

日本の農業は、イノシシやシカなどの野生動物との闘いの歴史でした。鉄砲がない(普及していない)時代の防除法は、

- すみ分ける　シシ垣と呼ばれる囲いをつくる方法
- 追い払う　見張り番小屋をつくり、発見次第追い払う方法

の手段で野生動物から農作物をまもってきました。こうした伝統の考え方を基本に、現在さまざまな防除方法の工夫と試行錯誤が繰り返されています。なお、鉄砲を用いる狩猟は1970年に狩猟人口がピークを打ち、その後減少の一途をたどっています。

すみ分ける
―シシ垣の現代版

シシ垣はかつて石や土などでつくられました。現在は、シシ垣に代わり柵がその役目を果たしています。いろいろな形状の柵を設け、野生動物と保護する対象(植林木、農作物)を物理的に隔離する方法は、成果をあげています。柵の例をあげます。

1. 簡易柵
   中古漁網、合成繊維ネット、遮光ネットなどによる簡易な柵で、比較的安価です。
   トウモロコシなどの場合、最初から柵で囲う必要はなく、実がなる1カ月くらい前から囲えばいいので、この簡易柵で十分です。
2. 半恒久柵
   しっかりした支柱と金網による柵です。
   風雪に強く、頑丈で耐用年数が長いので、シカ対策用に用いられます。植林木保護に適しています。
3. トタン柵
   古くから西日本でイノシシの防除に使用されてきました。地面に埋めて立てるとかなり高い効果が得られます。
4. 電気柵
   一般に高価で、きめの細かいメンテナンスが必要なこと、起伏や傾斜がある林地での使用が困難など欠点も多いのですが、サルを防除できる、今のところほとんど唯一の手段として用いられています。また、ツキノワグマの農業被害防止にも有効です。

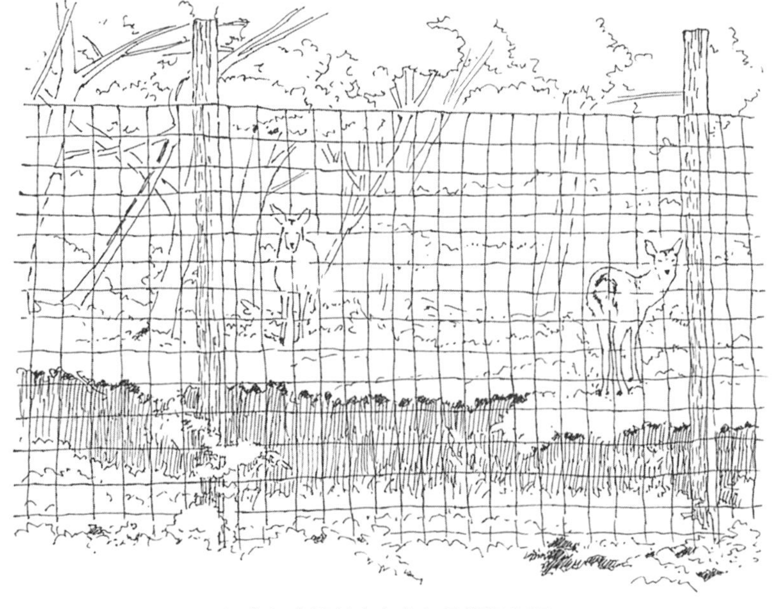

シカから植林木をまもる半恒久柵

忌避剤で動物を遠ざける

忌避剤という薬剤を散布して、動物を遠ざける化学的な回避方法です。忌避剤の多くは「殺菌剤」です。消化管の中に微生物がいるシカ、ウサギ、カモシカなどの草食獣を対象に、微生物を殺すので忌避効果があるのではないか、という考えで開発されてきました。一定の忌避効果を示すものもあります。散布の手間、コスト負担が大きいことや、大量に散布した場合の生態系への影響などが懸念されます。

ツリーシェルターなどで
単木ごとに保護

若木をネットや筒状のもの(ツリ

ーシェルター）で覆い、シカなどが食べるのを防ぐ方法です。ネットは防護柵設置に比べ、コストが比較的低くてすみます。

植栽直後の若齢木には、合成樹脂製の透明または半透明の筒（ツリーシェルター）が使用され、大径木の樹皮剥ぎ防止には各種プロテクターを巻きます。シカの角こすり防止のために、幹を荒縄、枝条などで巻く試みもあります。

これら単木を保護する方法は、保護具による木の成長（伸長）阻害、耐久性、経費と手間がかかる点など、課題も少なくありません。

追い払う――見張り番小屋の現代版

見張り番小屋は、見張り用の小屋を設け、農民たちが交代で寝ずの番をし、野生動物が田畑に現れると、大声や大きな音を出し、銃があれば銃を鳴らして追い払うものでした。現代版の例をあげます。

1. 音による回避、威嚇

シカの警戒音（鳴き声）を録音しておき、接近とともに自動的に拡声して聴かせる仕組みがあります。最初は効果的なのですが、シカも学習し、そのうちに慣れて無関心になってしまいます。最近では、銃の発射音も加えられ、この類の仕組みはエスカレートしていく宿命にあるようです。

2. サル対策の花火

より賢いサルに対しては、音入り花火、強煙化システムなどさらに強烈な仕掛けが開発されています。けれども、いつかは慣れてしまいます。それではと、サルの接近をセンサーで感知し、トウガラシ爆弾を発射させる装置が開発されました。しかし、これも装置が識別されると、遠まきに素通りされてしまうのです。

新しい防除技術

新しい試みとして、サルと人との持続した緊張関係をもう一度つくり直そうという発想があります。農業・林業の生産部門がもっと生き生きとすれば、可能性はさらに大きくなるでしょう。

その一つのやり方に、サルの群れのメンバー（大人のメス）を捕獲し、無線発信器を付けて再び放ちます。発信器の電波で群れの所在を把握し、サルの接近を察知します。群れが近づいたら、接近警報を発動し、追い払い部隊を出動させるというものがあります。農耕地や果樹園に接近するたびに、人間による威嚇を受け続けると、群れは次第に人間との距離をおくようになると期待されています。成功した地域では、徹底した追い払い活動が勝因となっているようです。これも、現代版見張り番小屋といっていいでしょう。

以上のような方法を、対象とする動物の加害行動、防除効率、経費とのバランスを考慮しながら、地域ごとに防除法を決めていく必要があります。いずれの方法を採用するにしても、個人で対策を進めるのは極めて困難で、組織的なしくみ、行政支援が不可欠でしょう。

また、防除法の取り組みだけで被害問題の全てが解決できるわけではありません。防除は被害を一時的に回避する「対症療法」に過ぎないのです。

合成樹脂製のツリーシェルターと生物分解性（自然に分解する）の素材でつくられたネットの例

野生動物のフィールドサイン

足跡の特徴とフン

野生動物の中でもほ乳類の姿を見る機会は思ったより少ないものです。しかし、フィールドサイン(フン、食痕、足跡など)を見ることはそれほどめずらしくありません。

フィールドサインは、その動物が、いつ、何をしていたのかを教えてくれる手がかりです。中でも足跡の判別には知識と経験を要しますが、特徴のはっきりしたものも多く、雪の上などでは簡単に見つけることができます。

イノシシ
・**足跡**　副蹄の跡がつく。前後の足跡(蹄)は、ほぼ同じ大きさ、形。

シカ
・**足跡**　副蹄の跡はつかない。前足に後ろ足の跡が重なる。カモシカに比べ、シカの方が先がとがっている。歩幅は90cm程度。

カモシカ
・**足跡**　副蹄の跡はつかない。歩幅は80-90cm程度。

ツキノワグマ
・**足跡**　やわらかな地面の上に、前足の大きな肉球の跡がつく。

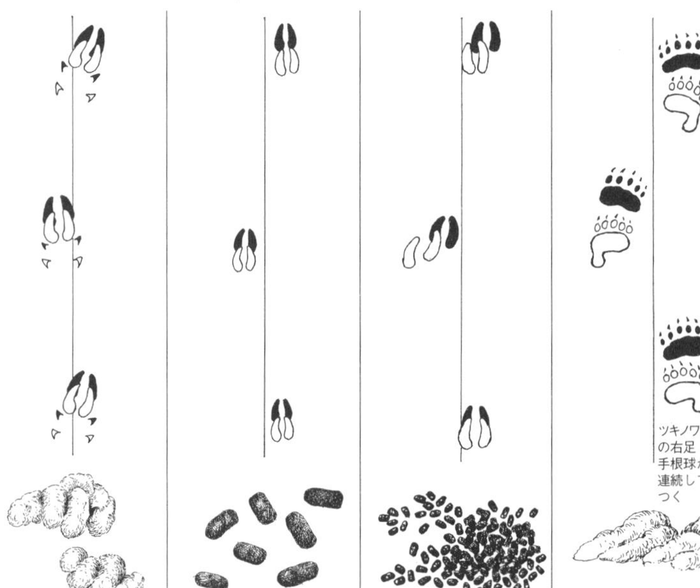

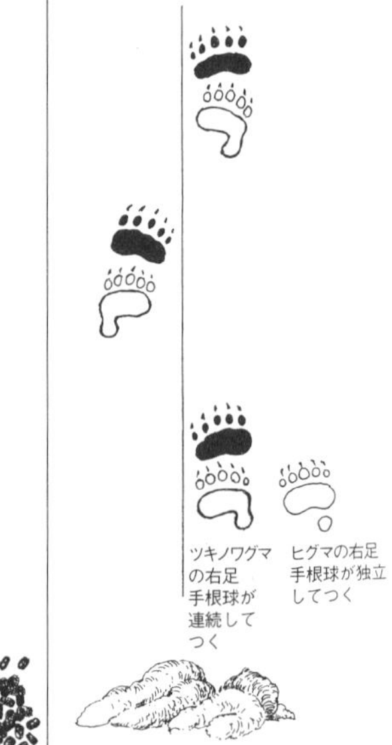

キツネ
・**足跡**　左右の足跡間が狭く、ほぼ一直線上に足跡が並ぶ。ジャンプ(捕食時)の時には4つ並ぶ。

タヌキ
・**足跡**　形は梅の花のよう。肩幅があるので足跡はジグザグにつく。

ノウサギ
・**足跡**　前足の前方につく大きい後ろ足は、大きさ6cm程度。雪の上ではもっと大きく残る。両手両足の足跡を結ぶとT字型になるのが特徴。歩幅は50〜70cm。

ニホンリス
・**足跡**　前後左右の4つの足跡がかたまってつく。

テン
・**足跡**　胴長、短足のテンはシャクトリムシのように走るため、左右の足跡が横に並ぶ。歩幅は50〜70cm。

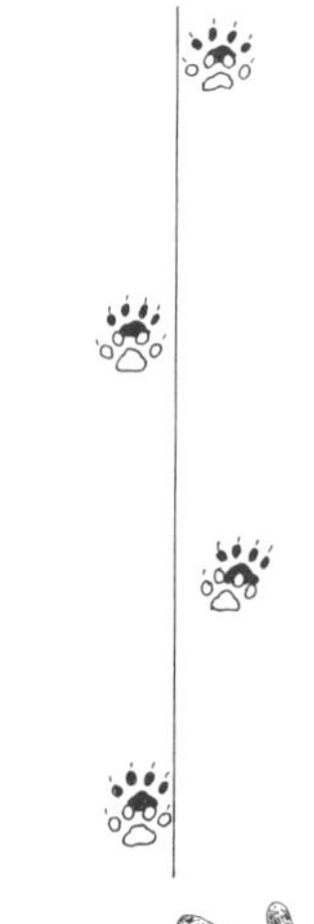

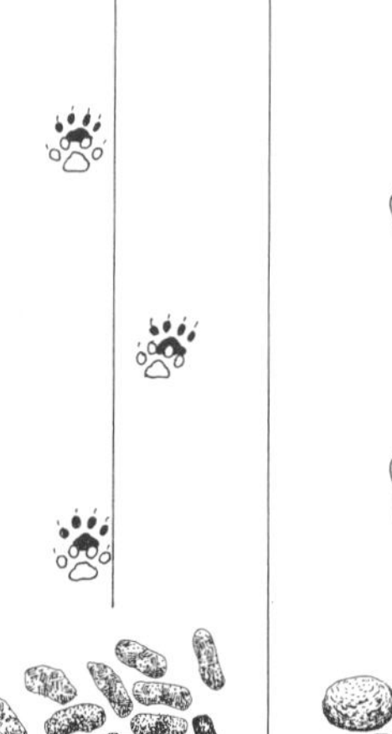

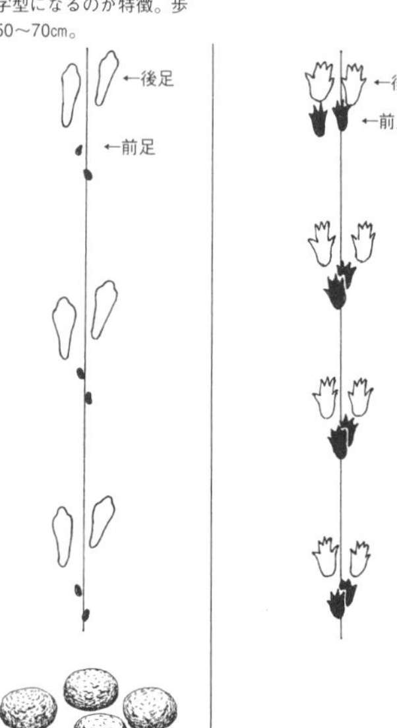

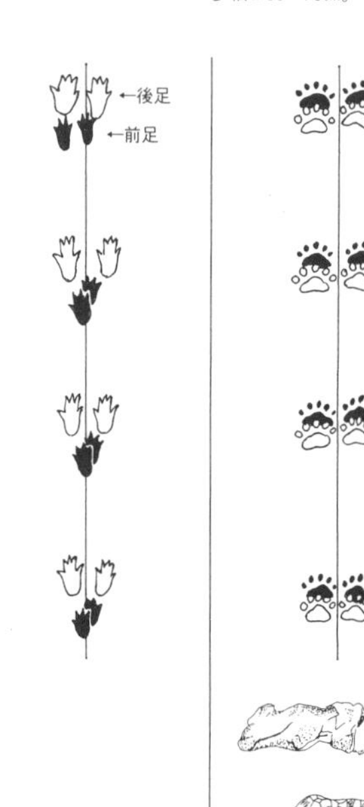

第5章

間伐のいろいろ

・

植林した木は次第に枝を張り、背を伸ばして幹を太らせます。木が大きくなると隣り合った木が競合し、１本当たりに受ける光量が少なくなります。この時、本数密度を調整して木々に光をうまく配分するのが間伐の役割です。

ところが今、全国の人工林で間伐手遅れ林が急増しています。間伐が遅れると、林が自然災害に弱くなり、また暗い林内に降った雨が直接地面をたたき、森林が長い間かけて育んできた栄養を含んだ土壌が流されて、水源かん養機能も失われていきます。

「間伐をどう進めるか」は、林業が抱える緊急課題です。

なぜ間伐か
その意味するもの

間伐問題とは、なに

「間伐をどう進めるか」は、林業界の近年の重要課題です。針葉樹の人工林がある地域では、林業関係者が間伐を少しでも進めようとさまざまな努力を続けています。間伐は、一地域だけの話ではなく、全国的な課題なのです。

また、間伐は林業界や林業経済だけの問題ではありません。山村はもちろん、里山域、都市近郊、都市などの環境、社会、産業活動にもかかわってきます。ですから、間伐についてわたしちみんなで考えたいと思うのです。

なぜ、間伐が全国的な課題なのでしょうか。それには、森林の歴史を見る必要があります。

緊急的資源造成の歴史

日本の人工林づくりは、歴史的な視点で見ると、緊急的な国をあげての事業であったといえます。徐々に、少しずつつくられてきたのではなく、短期間（30年間程度）に国土のおよそ3分の1（1,000万ha）という膨大な森を造林してきたのです。それぞれの地域の森林所有者、林業技術者が懸命につくってきた森です。世界的にもまれな例といえます。

なぜでしょう。それは、太平洋戦時、戦後、日本中の森が切り尽くされたことに原因があります。いわゆる裸山だらけになったのです。

それを何とかしよう、山の緑を取り戻そう。それが当時の日本人の願いでした。それで、歴史的にもまれな全国的造林運動が始まったのです。その後起こった都市復興・住宅建設ブームによる木材需要や燃料革命（家庭エネルギー源の薪・木炭が石油・ガスに）も人工造林を推し進める力となりました。

日本の山の約6割は個人所有（および企業・団体など）です。自分たちの山を植林するにはスギ、ヒノキ、マツ、カラマツといった針葉樹が好都合でした。割と成長が早く、育てば資材（つまり木材）として利用でき（収入が期待でき）、自然災害を防ぐ役目を果たしてくれるからです。

このように、木材資源づくりと自然災害防止の両方に願いが込められて、造林が進められてきたのが日本の歴史です。

〔我が国の人工林齢級別森林面積の推移〕

資料：林野庁業務資料
1齢級とは1～5年生、2齢級とは6～10年生、・・・・20齢級とは96～100年生をいう。
注１：数値は各年度末のものである。
注２：昭和60（1985）年は15齢級を、平成29（2017）年は20齢級を最大齢級としており、それ以上の齢級は最大齢級にまとめている。
注３：森林法第5条及び第7条の2に基づく森林計画対象森林の「立木地」の面積である。

間伐を前提とした森づくり

「間伐するのが大変なら、間伐しなくていいように（まばらに）植えたらいいのでは」と思われるかもしれません。けれど、私たちの先輩たちが育ててきた人工林は、間伐することを前提とした森なのです。前述したように、木材資源利用という願いを実現するためには、木材としての価値が高くなる森づくりが必要です。それには間伐が欠かせません。

また、間伐は森林所有者に収入をもたらします。伐った木が売れれば、何十年も待たなければならない収入（最終的伐採時）を、途中で補ってくれます。

そうした願いどおりに進んでいれば、いまの間伐遅れ問題はなかったでしょうが思ったように間伐材が売れないのが実情です。理由はさまざまです。需要の低下、代替資材出現…。買い手がなかったり、仮に売れても散々の値段になってしまうなど。

もし間伐材が期待通りに売れ、それが林業地域を潤す事業になれば、機械を買う投資もできるし、魅力的な収入を求めて人手も集まるでしょう。

今できることは

いま、私たちが考え、実行しなければならないことはなんでしょう。

このように間伐材が売れなくなる時代の流れを責めても仕方ありません。

もう二度とこないかもしれない全国的な（緊急的）森づくり。その成果を損なってしまっては、歴史的な損失となります。せっかくつくりあげた森（の木材生産機能、公的機能）を維持し、日本の誇れる資源として将来につなげていくことではないでしょうか。

そのために必要なのが間伐です。間伐することを前提とした森づくりでは、間伐の遅れは致命的結果を招くおそれがあります。風、雪で森の木々がたわいもなく折れる被害、病虫害のおそれなど。間伐が遅れた暗い森が怖いのは、土壌の悪化や損失です。土壌侵食が進めば、森の栄養が失われ、保水力も期待できなくなります。それは山だけの問題ではなく、下流域の都市にまで影響します。

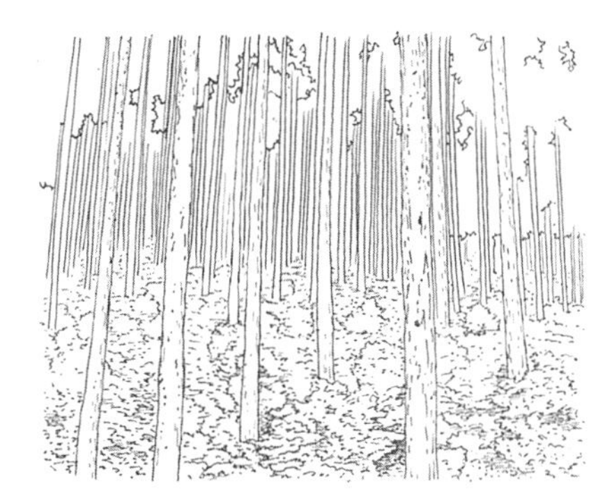

「間伐をする」を前提に日本の人工林はつくられている

〔間伐面積の推移（民有林）〕

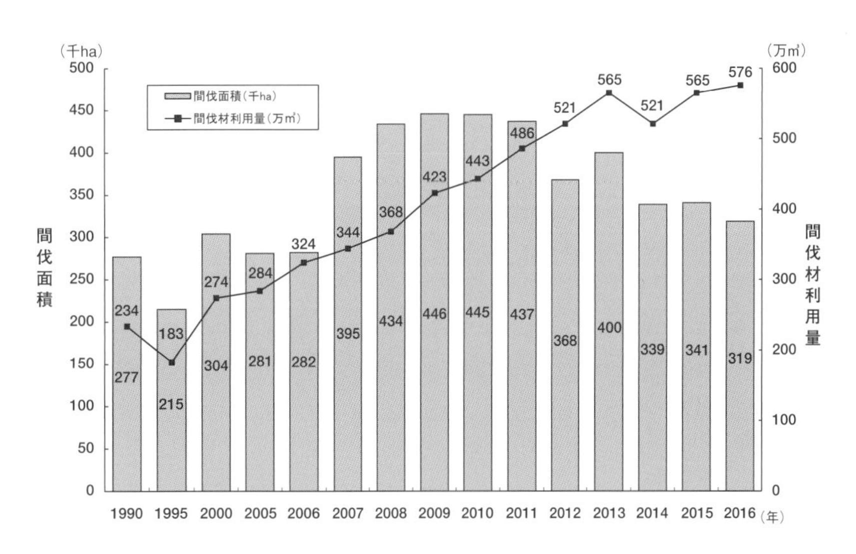

資料：林野庁業務資料
注1：間伐実績は、森林吸収源対策の実績として把握した数値である。
注2：間伐材利用量は丸太材積に換算した量（推計値）である。
注3：製材とは、建築材、梱包材等である。
注4：丸太とは、足場丸太、支柱等である。
注5：原材料とは、木材チップ、おがくず等である。

密度管理理論①
江戸時代から見られる間伐

各地にあった地域性豊かな間伐

日本の林業では、いつ頃から間伐が行われていたのでしょうか。古くは江戸時代から始まっており、20世紀に入ってからも日本各地で地域性豊かな間伐が行われていました。例をあげましょう。

●吉野林業

奈良県吉野川・紀ノ川流域の人工造林は江戸時代初期から始まっていました。とくに江戸中期以降は密植・長伐期・何度も間伐を繰り返す集約的林業経営が発達しました。一般建築用材のほかに、吉野のスギ材は香気に富み、酒に独自の風味を与えるとして樽丸材(年輪が緻密で幅が揃っている)が生産されていました。京阪に近いため大阪の資本が入り、地元の人々が管理(山守と呼ばれた)を行ってきた歴史があります。

1ha当たり1万本を超える苗木を植え付ける密植で有名です。管理に対する支払いが植栽1本に付きいくらという計算だったため、あるいは高密度に植えた結果よい材ができたことなどが、密植が始まった理由との説があります。いずれにしても、間伐材の利用と年輪密度の均一な完満材を育成するために、積極的な間伐を行う技術を発達させてきました。

明治時代の記録では、15年目を初回とし100年目までに13回間伐を行ったと報告されています。これは、植栽本数の95%が間伐されることになります。

間伐の時期は、樹皮利用のために樹皮が容易にむける3月下旬から4月下旬に行うようにしていました。

1ha当たり12,000本植えで間伐を14回行った例で、間伐材の収入(後価合計)と主伐(最終伐採)材との収入とを比較してみると、
間伐材:22−主伐(最終伐採)材:1
の割合になったそうです。

(参考資料:『日本林業技術史』日本林業技術協会)

●天竜林業

現在の静岡県磐田郡・周智郡一円に広がる林業。一般建築用材生産を主目的とする一般的(標準的)林業の代表例です。

3,000本/haを植栽し、14〜15年で全体の10%を保育間伐し、20、25、30年頃の3回間伐を行うやり方です。最終伐採樹齢(伐期)は30〜40年と割合早く、その時の本数は1,200本/ha程度です。

植栽密度	間伐	収穫までの時間(伐期)	林業地	収穫した木材(丸太)の主な用途
超密植 (ha当たり1万本以上)	早くからしばしば	長い	吉野(奈良県)	優良大径材、樽用丸太
密植	ほとんど行わない	短い	旧四谷(東京)	足場丸太など
密植	弱度に行う	短い	西川(埼玉)、青梅(東京)、尾鷲(三重)、芦北(熊本)	足場丸太、角材、柱材など
中くらい (ha当たり3000本程度)	弱度に行う	長い	智頭(鳥取)	優良大径材、樽用丸太
中くらい (ha当たり3000本程度)	中くらいに行う	長い	旧国有林	大径一般材
疎植	弱度に行う	短い	天竜(静岡)、日田(大分)、小国(熊本)、木頭(徳島)、ボカスギ(富山など)	一般用材、電柱、下駄材
超疎植 (ha当たり1000〜1500本)	単木の成長を見てすこし行う	長い	飫肥(宮崎)	造船用材

資料:坂口、藤森

歴史に見る地域性豊かな間伐の事例

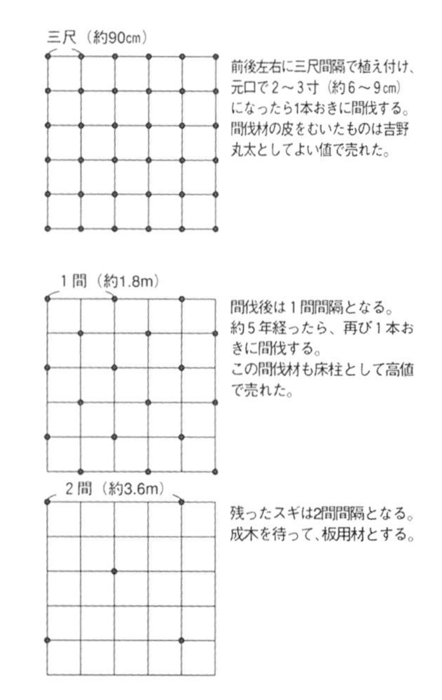

吉野式間伐の事例

●飫肥(おび)林業

現在の宮崎県日南市一円に広がる林業。弁甲材(和船用材で目が粗くても柔軟な材)生産が目的です。当地は台風の直撃を受けやすい地方なので、1000本/haと疎植し、枝打ちは行わず1本1本を早く太くします。間伐は20〜40年生の間に行い、伐期は55年。そのときの本数は300〜500本/ha程度です。

この方法は経営的に有利です。材質は年輪幅が広いのが特徴。比重は軽く、強度も多少落ちますが、大径木が欲しい際には適しています。現在は同様の方法で主に建築用材を生産しています。

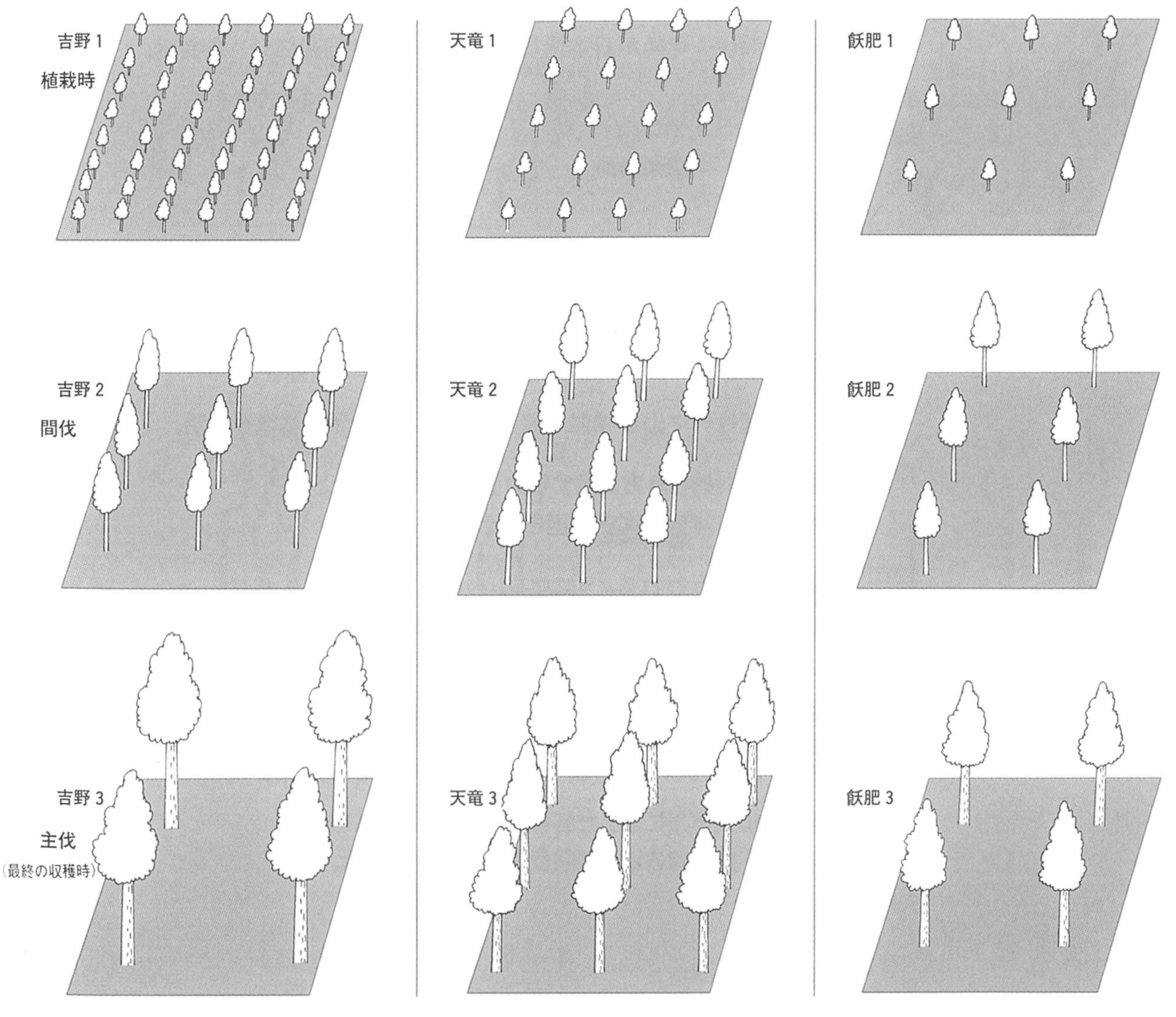

吉野、天竜、飫肥の各林業地の間伐の特徴 一定面積当たりの密度の経過を比較した模式図。

密度管理理論②
密度と葉量、成長と光条件

密度と全葉量の関係

樹木の生育を左右する光を受けることができるのは、葉がついている樹冠部分です。ある森（林分）において、樹木が受けとる光量には限界（上限）があります。なぜなら、単位面積当たりの全葉量に物理的限界があるからです。びっしり葉で覆われたら、もうそれ以上葉の量を増やせる場所がありません。

ある森がもてる全葉量（すなわち全光量）を高いレベルで保持しつつ、本数密度を調節することで1本1本の木にうまく配分するのが間伐の役割なのです。そのポイントは次のとおりです。

- 密度が高いと、隣どうしとの競争があるため1本当たりの葉量（光量）は少なくなる。
- 密度が低いと、1本当たりの葉量（光量）は多くなるため伸び伸び生育できる。

ある森が受けとる光量には限界があり、それを高いレベルで保持することが重要

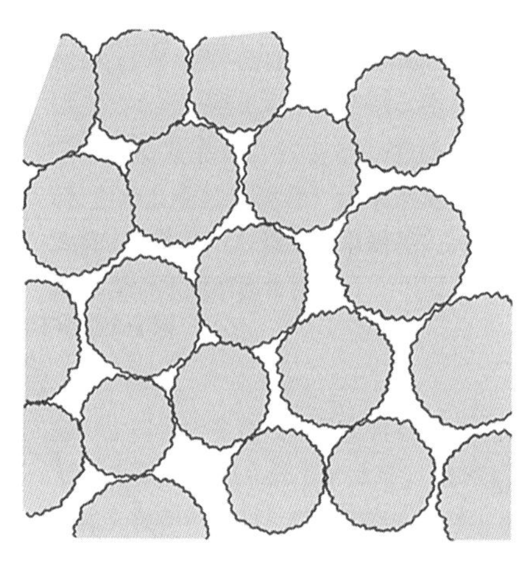

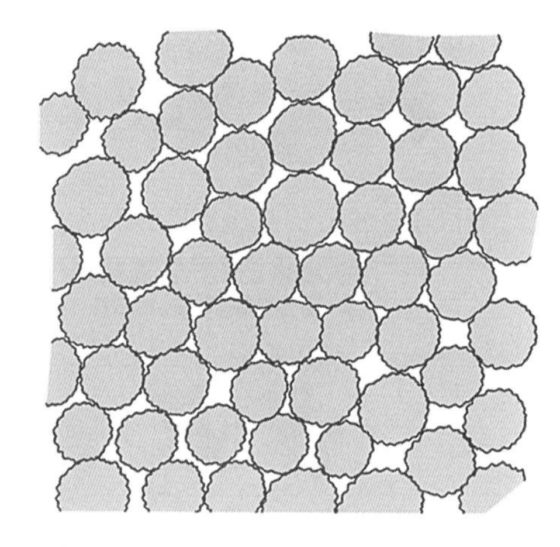

［単位面積当たりの樹冠の占める面積を上から見た図］

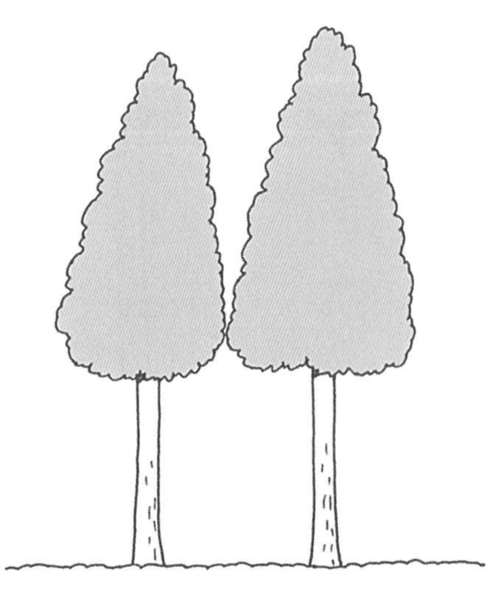

枝葉部分が重ならなければ問題はない

隣りどうしの木が生長を阻害しあう

参考：『日本のスギ』全国林業改良普及協会

成長を最も左右するのが光

ある森において、異なる樹種であっても同一種であっても、それぞれの木の成長度合いによって樹高に差が出て、その結果階層がつくられます。早く成長するものが、上層を形成し、樹冠を広げ、光をより受けとることができるのです。

木の成長を左右するものに、

- 気候
- 土壌
- 水分
- 光

などがあります。

この中で、水分条件は土壌の状態によって違いが出てきます。土壌内のすき間（孔隙）が大きすぎると透水性が高く、水もちが悪くなります。孔隙がほどほどであれば（スポンジのように）空気の出入りもあり、根の成長が良くなります。孔隙が小さいと（粘土のように）水はけが悪く、空気の通りも劣ります。

もし土壌条件が同じあれば、成長に最も影響を及ぼすのは光です。したがって、光条件を決める密度が問題となるわけです。

日本の人工林では、木の成長で問題になるのは光条件といっていいでしょう。間伐方法が光条件を、すなわち木の成長を決定するのです。なお、雨の少ない地域では隣木との水分の取り合いも問題になりますが、日本の場合はほとんど関係ありません。

樹型クラス分けと光条件

林内においての生育状況から樹木を次の4つに分類できます。それぞれ光条件との関連を見てみましょう。

優勢木：

相対的に樹高が高く、樹冠が発達し、陽光をよく受けており、競争力も高い。

準優勢木：

樹冠位置は優勢木とほぼ同じ位置にあるが、側方からの陽光はやや少なく樹冠の発達は優勢木よりもやや劣る。

介在木：

樹冠位置は優勢木、準優勢木と同じく上層にあるが、側方からの陽光は少なく、樹冠および幹とも細長い。

劣勢木：

樹冠の位置が低く、上方からも側方からも陽光は制限され、成長は劣っている。

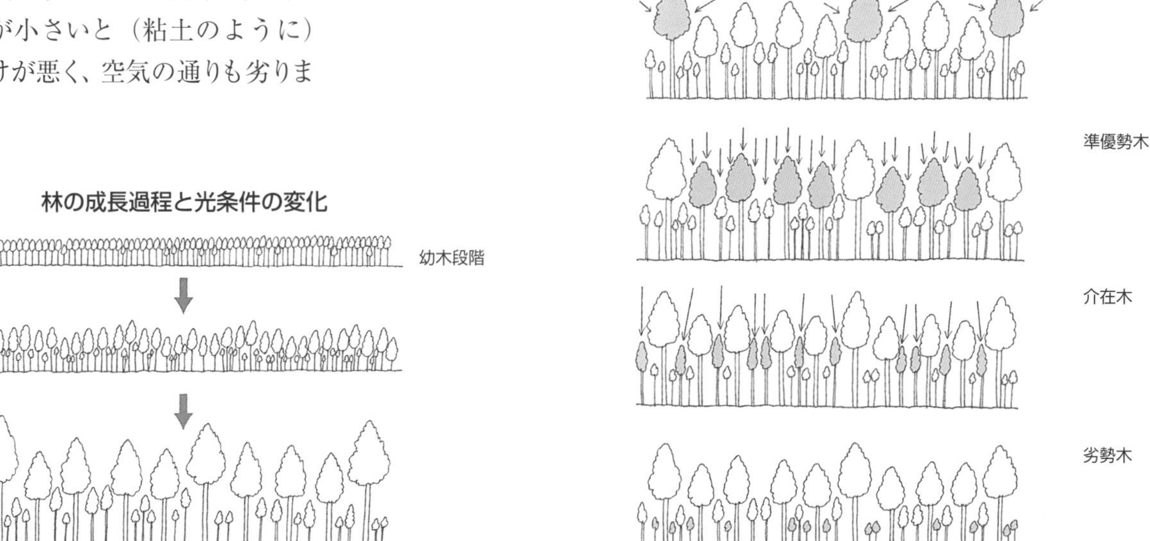

異なる樹種または同一樹種内でも、それぞれの木の成長速度によって階層がつくられる。早く成長するものが上層を形成し、樹冠を広げることができる

注：成長の違いを分かりやすくするため強調して模式的に描いています。
資料：D.M.Smith et al.*The practice of Silviculture*,John Wiley and Sons.

密度管理理論③
密度と収穫量

密度による収穫量の差はない

密度が高いと、全体の木材収穫量は増えるのでしょうか。基本的には、一定面積当たりの収穫できる木材の量は密度によって変わらない(一定)といえます。

なぜでしょう。それは、密度によって木の高さに差はほとんどなく、密度が変わってもほぼ同じである(被圧木、枯死木を除いた上層木)ためです。樹高が同じで、密度の高い(本数が多い)混んだ林では幹の太さが細くなり、密度の低い林(本数が少ない)では逆に太くなるからです。

木が生育して隣の木と触れあうくらいになると、毎年の一定面積当たりの木の成長量は立木密度に関係なく、ほぼ一定になります。

間伐の強弱にかかわらず収穫量はほぼ一定

次に、間伐の強弱と収穫できる木材量とはどんな関係でしょうか。

間伐の強弱(程度)によって、一定面積当たりの総収穫量(間伐材+主伐材)はあまり変わらないのです。

つまり、間伐を頻繁に行っても(A)、あまり行わなくても(B)、丸太の総材積収穫量に大きな差は生じないのです。(AとBの材積はほぼ同じ)。

ただし、これは単に材積だけの話であり、収穫できる木材の商品的価値でみれば話は異なります。つまり、間伐をあまり行わない(B)場合、商品価値が高い木材は少なく、経営的に不利になるおそれがあります。

年輪幅に大きく影響する

間伐の強弱は年輪幅に大きく関係してきます。間伐する時期が遅れ林が混み合ってくると、木の成長が阻害され年輪幅は狭くなります。

一方、適切な時期にこまめに間伐を繰り返した林では、年輪幅が均一な良質の材(商品価値が高い)が生産できます。

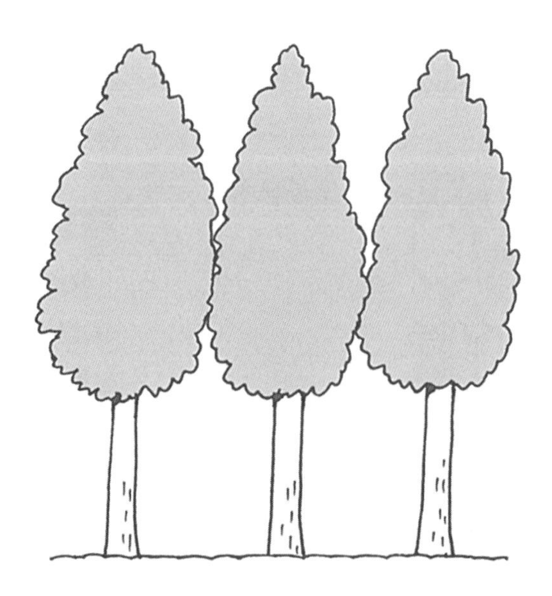

上層木の平均樹高は密度によって変わらず、ほぼ同じ

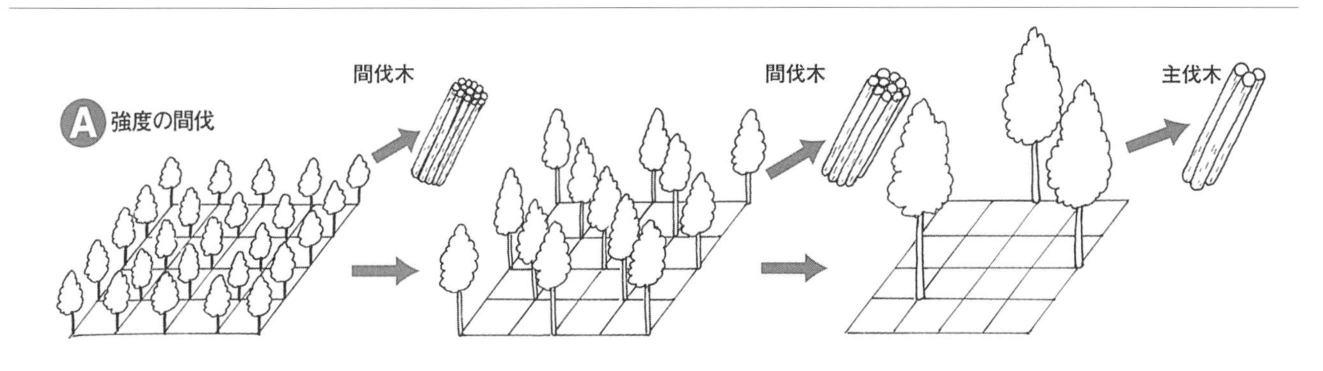

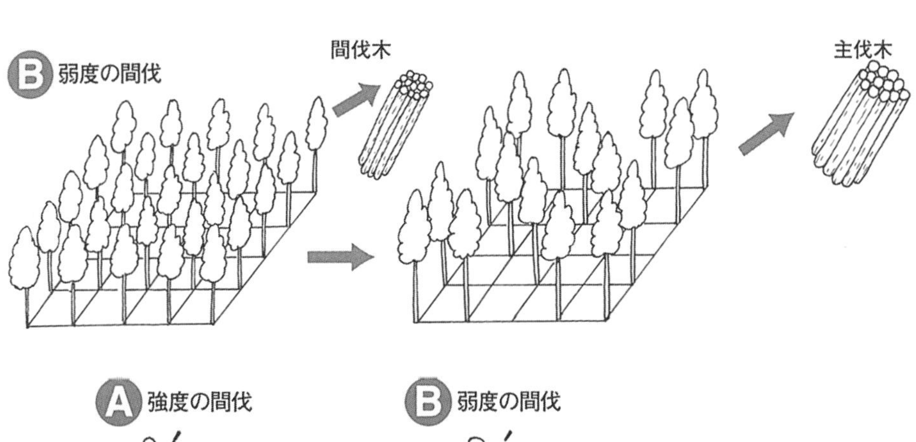

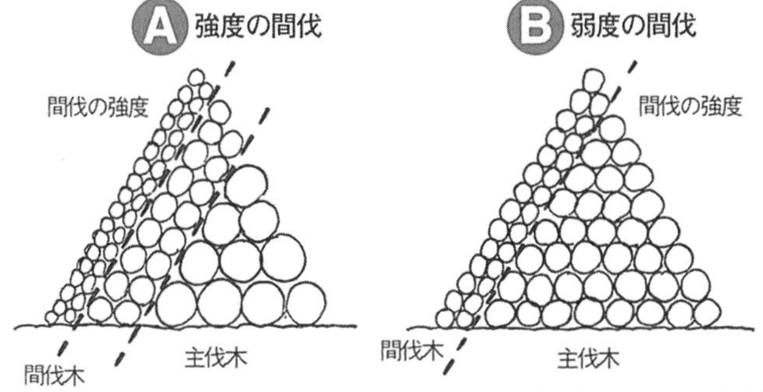

密度と全蓄積量の関係

間伐の強度によって丸太の総材積収穫量は変わらない
参考：『日本のスギ』全国林業改良普及協会

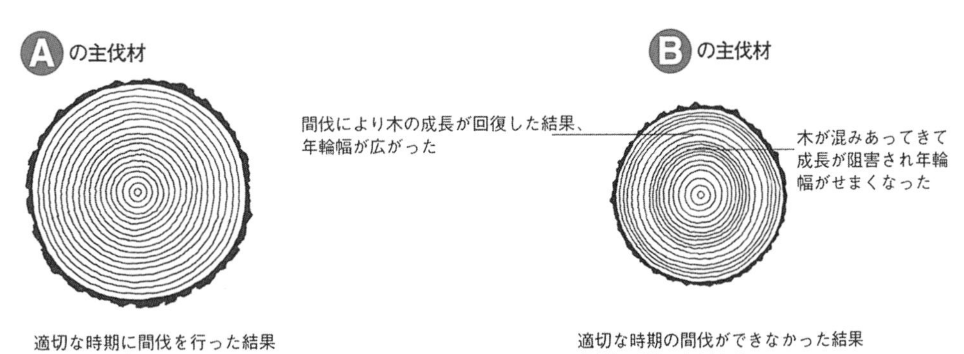

参考：『*The Woodland Workbook*』
Oregon State University

間伐の強さと年輪幅の関係

各種間伐方法
主な間伐方法と光環境の変化

下層間伐

下層間伐は選木がしやすく、間伐後の台風などの気象災害に対しては安全であるものの、放置しておけばやがて枯死する木を間引く方法であり、間伐の効果は最も少ない。

優：優勢木
準：準優勢木
介：介在木
劣：劣勢木
×印は間伐対象木

主伐木の年輪構成

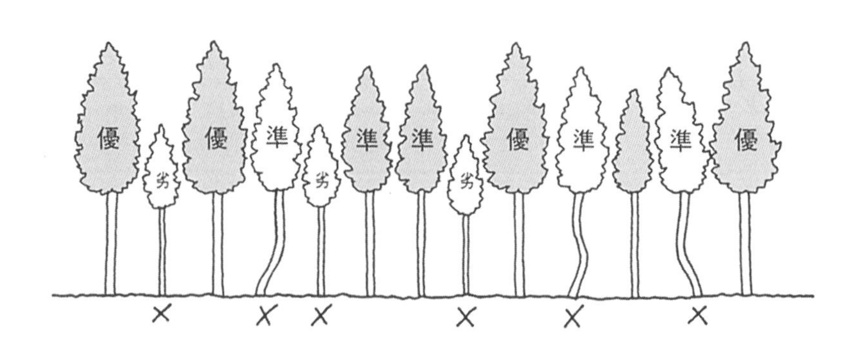

上層間伐（樹冠間伐）

上層間伐は、主に広葉樹の用材生産施業における間伐に用いられる。

×印は間伐対象木

優勢木間伐

優勢木間伐は、形質の悪い優勢木と劣勢木を伐採して、良好な中庸木を成長させ、なるべく多くの木を収穫しようというもので、年輪構成の均一な良質材生産に適している。

優：優勢木
準：準優勢木
介：介在木
劣：劣勢木
×印は間伐対象木

主伐木の年輪構成

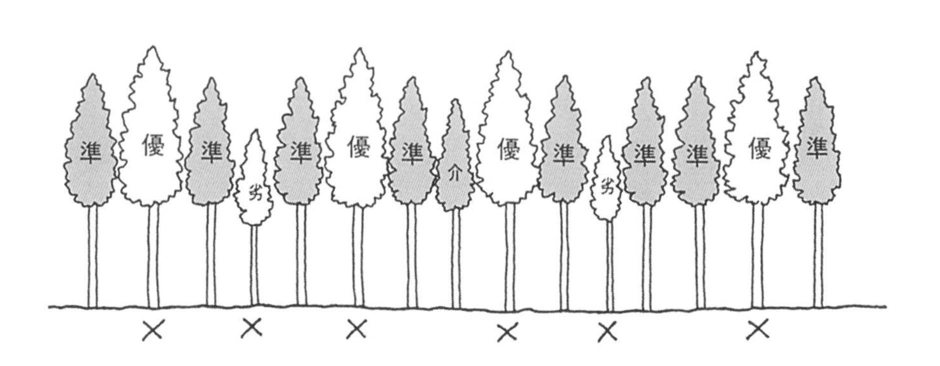

代表的な間伐方法と光条件の変化

ここでは、代表的な間伐方法を紹介します。また、間伐で林内の光環境がどのように変わるのでしょうか。間伐の方法ごとに見ていきましょう。

間伐の代表的なものには、

1. 準優勢木以下を中心に伐採する下層間伐
2. 優勢木を中心に伐採する上層間伐（樹冠間伐）
3. 優勢木と劣勢木を伐採する優勢木間伐
4. 優勢木、劣勢木に関係なく機械的に伐採する機械的間伐

があります。

いずれも混み合った林分の樹木を間引いて密度を減らし、樹冠に空きをつくり、残りの木が光を利用できるようにして、成長を促します。

［樹冠を上からみた図］

下層間伐

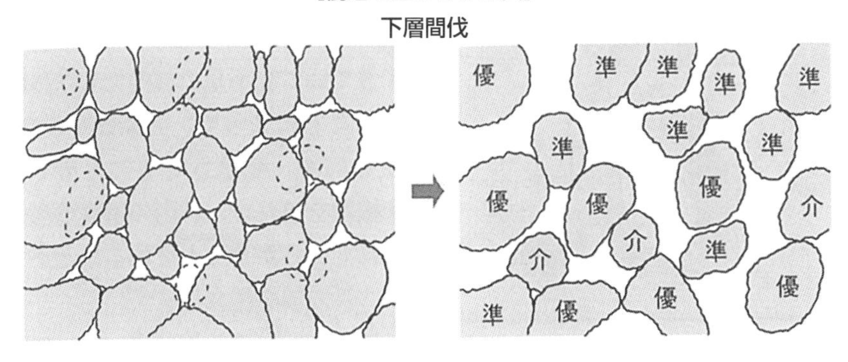

準優勢木、介在木、劣勢木を中心に伐採する（点線が劣勢木）

［伐採後］

上層間伐（樹冠間伐）

優勢木の中でも相対的に劣るものを優先的に伐採する

［伐採後］
優勢木の一部、準優勢木、介在木、劣勢木が残る

優勢木間伐

優勢木と劣勢木を伐採する

［伐採後］
準優勢木と介在木が残る

間伐の種類	間伐する木（選木対象木）
下層間伐（普通間伐）	準優勢木、介在木、劣勢木
上層間伐（樹冠間伐）	優勢木
優勢木間伐	優勢木、劣勢木
機械的間伐	機械的に選木

資料：藤森隆郎『ニューフォレスターズ・ガイド　林業入門』全国林業改良普及協会を補強

間伐の代表的種類

Column

強度の間伐法—鋸谷（おがや）式間伐

健全な森林

「鋸谷式間伐」は、間伐手遅れ林分を健全な植生の人工林に甦らせる最短距離の間伐技術です。風雪害に強くて良質な木材を生産する、下層植生が豊かで公益的機能が高い森林に甦らせるために、強度の間伐で密度管理を行います。

目標とするのは、最も健全な森林の一つである天然の針葉樹林です。屋久杉の天然林、木曽桧の天然林、秋田杉の天然林を訪れた方は納得できるでしょう。これらの天然林はいずれも上層木にスギ・ヒノキなどの針葉樹、中層・下層植生に耐陰性の針葉樹と広葉樹、また地表にはシダ類やコケ類が生えています。

このような健全な森林は、多くの植物、動物、微生物、菌類などの生物が共生することによって生物の循環機能が働き、これによって生態系を維持し、公益的機能を発揮しています。

「鋸谷式間伐」のポイント

鋸谷式間伐のポイントは次の通りです。

■折れない木を残す

「形状比」に注目し、風雪害に強い木を残します。形状比は、樹高（m）÷胸高直径（m）の値で、樹幹の形状を示す一つの物差しです。この値が大きいほど、細く長い幹なので雪折れなどへの抵抗力が弱くなります。間伐手遅れ林は、形状比が高く、適正な密度への間伐を困難にしています。間伐が多少遅れた林では、風害や雪害に強い形状比70（樹高が胸高直径の70倍以下）の木を選木して残し、材積率で33％（本数率で50％程度）の間伐を行います。

鋸谷さんがこの間伐法を普及し始めた頃は、選木後の残存木の少なさに「こんなに伐るのか？」と、森林所有者からストップがかかることがあったといいます。ところが、間伐後2年3年と経つにつれ、誰が見ても、見違えるように山が良くなり、段々と地域にこの間伐法が普及したそうです。

■巻枯らし間伐

残す木が形状比80を超える林分は風雪害に弱く、通常の伐倒間伐では残した木も崩壊する危険があります。このような林では間伐対象木を伐倒せずに立枯らし状態にする「巻枯らし間伐」を行い、一度に適正な密度まで誘導します。

■植栽木が優位になる密度で間伐

強度な間伐で伐り過ぎると、空き地に発生する侵入木によって植栽木が負けることや、強い直射日光が幹に当たり乾燥で植栽木が枯れることがあります。鋸谷式間伐では、植栽木が絶対的な優位を保ちながら健全に成長できる限度で密度管理を行います。このことで次回間伐までの期間を最大限に延ばします。

間伐遅れの林に鋸谷式間伐を施すと森林環境が劇的に変化する。
下層植生が回復し、鳥や小動物が共存できる。

鋸谷式間伐のイメージ

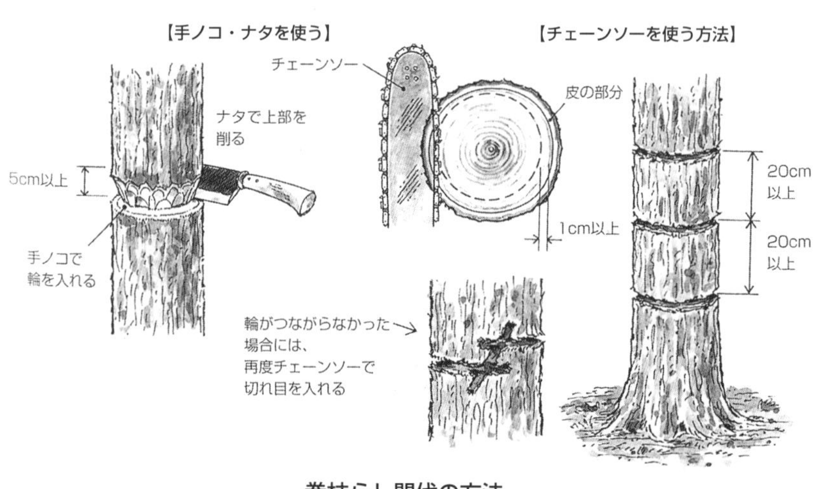

巻枯らし間伐の方法

出典：「鋸谷式　新・間伐マニュアル」全国林業改良普及協会、2002

第6章

あなたを守る知識

●

山での仕事は、森林という自然の中で行うので、他の仕事と違って特殊な環境下での仕事といえるでしょう。この特殊な環境下では、自分の身が常にいろいろな危険にさらされていることを自覚し、安全な作業を心がけたいものです。

山での基本は、自分の身は自分で守るということです。それにはまず、山に潜む危険を知っておくことが、自分の身を守る第一歩といえるでしょう。

山仕事の環境

林業の現場には、常に危険がひそんでいます。一般的な作業環境とは、どんなところが違うのでしょうか。

傾斜地での作業

日本の人工林は傾斜地につくられている場合が多く、かなりの傾斜地で作業をしたり、移動をしたりする場合が多くなります。

傾斜があることに加えて、足元に枝や石、また植物や切り株などがあります。作業地までの道は舗装されていない場合がほとんどですし、作業地に入ればもちろん道はありません。

このような状況では、歩き方に気をつけることが必要です。ここでは歩行時の注意について触れます。

- 作業での行き帰りには、いつも使っている、決められた歩道を通り、歩道以外の近道は通らないようにしましょう。よく通る歩道はできるだけ歩きやすいように整地したり、石などの障害物を取り除いたりしておきます。
- 歩行中、足元に穴やつる類、切り株など思わぬ危険があることがありますから、足元に常に注意を向けておきます。
- 機械や道具を持って歩く場合は、刃の部分に安全カバーをかけて持ち運びます。カマは杖がわりに使ってはいけません。
- 前後の人とはお互い十分な間隔を保ち、持っている道具が触れ合ったりしないようにします。持っている道具の長さの2倍以上は、距離をあけるとよいでしょう。
- 作業中の移動では、道具を谷側にもち、山側の手をできるだけ空けておきます。移動中は周囲の状況に気を配り、作業している人のそばを通るときには、合図をするか、距離を十分にとって通ります。
- 石などを斜面の下に落とさないように、気をつけましょう。
- そして、各作業の部分でも触れましたが、斜面の上下では作業は絶対に避けます。下になった人に危険が及ぶ可能性があります。

天候に左右される

屋外での作業ですから、雨や雪、風、暑さや寒さなど、天候の状況によって、作業のやりやすさが変わってきます。

台風、集中豪雨などの時には、天気予報や注意報、警報に気をつけて、危険が予想される場合には、作業を中止します。

また、雷による災害もよくあります。雷が発生したら、機械や道具は体から離して、すぐに適当な場所に避難します。凹地に避難するのが最もよいでしょう。近くに車があれば車の中でもよいです。高い木の下は危険です。事前に雷の発生が予測されたら、早めに仕事を中止し下山することが必要です。

このような環境の中で行われる森の中の作業では、作業効率よりもまず、自分や仲間の安全を、常に最優先して行動することが大切です。

Column

休憩をとって事故を防ぐ

ある森林組合では、労災事故を減らすために少し変わった休憩のとり方をしています。以前は事故が多発し、特に始業直後、昼休み直前、終業の直前に集中していたそうです。

そこで、休憩を午前・午後それぞれ2回とるようにしました。ここで注目したいところは、午前は11時半、午後は16時半（冬は16時）に15分の休憩があることです。

この結果、驚くほど労災事故が減りました。実働時間が減っているにもかかわらず、集中して作業できるため能率も上がったそうです。

野外の危険な生物

山での作業中に出会うものの中には、人間にとって危険な生き物や植物が存在します。ここでは代表的なものを紹介します。

ハチ

危険な生物の中で最も注意を払わなければならないものは、スズメバチなどのハチの仲間といってよいでしょう。刺されると、体質によってはアレルギー反応（アナフィラキシーショック）によって、最悪の場合には生命に係わります。ハチの活動期である夏から秋にかけてが被害の多い時期です。ハチについては、122ページで詳しく紹介します。

マムシ

日本の代表的な毒ヘビの一種です。頭の部分がやや長い三角形で、大きな銭型斑紋があります。マムシは、近づいたり、刺激したりしなければ、向こうから襲ってくるということはまずありません。むしろ、不用意につかまえようとした時に咬まれることが多いようです。草むらなどに潜んでいることもあるので、間違えて踏まないように気をつけて下さい。すね当てや長い靴を着用し、足を保護する服装で作業をするとよいでしょう。

もし咬まれた場合には、あわてないことが肝心です。あわてると脈拍が速くなり、毒の回りも速くなってしまいます。落ち着いて、すみやかに病院へ行くようにします。素人の処置はかえって危険です。

ヤマカガシにも毒があります。

ケムシ類

ケムシ類、ドクガやイラガの幼虫にも注意が必要です。触れると、炎症を起こし、痛みやかゆみなどの症状があらわれます。長そで、長ズボンで、できるだけ肌を露出しない服装を心がけましょう。

もし触れてしまったら、水で洗い流し、抗ヒスタミン剤含有の軟膏を塗ります。

ツツガムシ

地域によってはツツガムシが発生するところがあります。ツツガムシはダニの仲間で、草の中に生息しています。皮膚に食いつかれると、高熱を発して死に至ることもあります。ツツガムシの生息する地域は限られているので、地元の人などに尋ねて情報を得ておくようにしましょう。

ウルシ類

ツタウルシ、ヤマウルシなどは、触ると炎症を起こし、ひどくかぶれることがあります。体質によって、敏感な人はそばを通っただけでもかぶれることがあります。

どんな植物か図鑑などで確かめ、または詳しい人に教えてもらって、分かるようにしておきましょう。素手では触らないようにし、また長そで、長ズボンで、植物に皮膚が触れないようにします。

かぶれてしまった場合、水でよく洗って、抗ヒスタミン剤含有の副腎皮質ホルモン軟膏を塗ります。ひどい場合は病院へ行きましょう。

肌を傷つける植物

タラノキやノイバラ、キイチゴの仲間は、トゲがあるものが多く、ひっかかって怪我をする場合があります。また、ススキなどイネ科の植物では、葉のふちで切り傷ができることがあります。いずれも、肌を露出しないようにして防ぎましょう。

毒のある植物・きのこ

トリカブトは食べると死に至る猛毒をもつ野草です。山には、このように、毒をもつ植物がたくさん生えています。

また、ドクツルタケなどの毒キノコもあります。一見おいしそうにみえる木の実でも、猛毒をもつものがありますので、知らない植物はむやみに口にしないように気をつけましょう。山菜とよく似た毒草、食用きのことよく似た毒きのこも多いので、十分に注意してください。

マムシ

ヤマウルシ

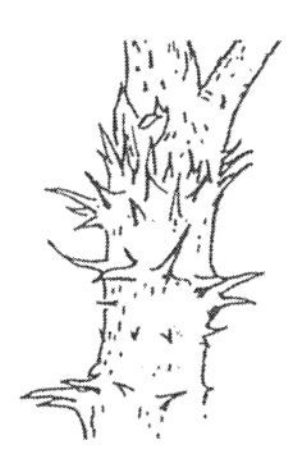

タラノキ

服装の基本

林業の仕事は、山で行うことから、急な斜面や、岩石、下草の繁茂などのため足元が不安定な中での作業が多いものです。このため作業がしやすく、安全を考えた服装が工夫されています。

足元

まず、足元から順に見ていきましょう。斜面などで滑りやすい場所では、スパイクの付いた地下足袋や長靴がよいでしょう。下刈り作業のような重労働の場合でも、スパイクによって足元が地面にしっかりと接していれば作業がしやすくなるという利点もあります。

また、一般的な山歩き、調査などが主体の場合にはスパイクがないものでもよく、安全靴や長靴でよいでしょう。特に積雪時は、雪の足元への進入を防ぎやすい長靴が適しています。

地下足袋をはく場合には、すね当て(脚絆)をつけると最適です。すね当ては丈夫で軽いものがよく、マムシやヘビにかまれにくいとか、ヒルが入りにくいとか、下刈り後の地上の切り株に打ち当てた時に保護するなどの働きをします。ちなみに、ヒルの多い地域では、ヒルの嫌いな塩あるいは木酢液をすね当てなどに塗布するなどして、その対策に効果をあげている例も見られます。

地下足袋のつま先部分については、親指と人差し指の間が分かれているものと、くっついているものがあり、つる類が多いところでは、前者のつま先が分かれているものは親指と人差し指の間につるがはさまりやすいので歩行時に注意が必要です。

以上のように、足元の3点セットとして、地下足袋、長靴、安全靴をあげましたが、大切なことは、自分ではいてみて、よく足に合ったものを使うことです。寒冷地の冬には、軍足(指先が分かれていて蒸れることが少ない)あるいは、くつ下を重ねて着用する場合があるので、サイズとしては若干ゆったりしたものがよいでしょう。

ズボンについても、ある程度ゆったりした動きやすいもので、蚊などの虫さされや、いばらなどの刺に備えてある程度生地の強い厚手のものがよいでしょう。

上衣・手袋

上衣についても同様のことがいえますが、袖じまりのよい長袖のものを着用します。虫さされやウルシかぶれを防ぐ腕カバーをすれば、いっそう安全です。

手袋は、軍手、革手袋、ミトンなど、下刈りカマなどの道具をしっかりと持てる滑らないものが必要です。手袋をつけていれば、作業中の枝条のはねかえりなどにも備えることができます。

チェーンソー作業を行う際は、保護具等をしっかりと身につけて行いましょう。防護性能が高いもの、作業性能がよいもの、視認性が高いもの、人間工学的に使いやすいものを選定することが重要です。保護具の選定に当たっては次の内容に注意してください。

1. 防護ズボン
- 前面にソーチェーンによる損傷を防ぐ保護部材があるものを使用すること。

2. 衣服
- 皮膚の露出を避けること。袖締まり、裾締まりのよいものとすること。
- 防湿性、透湿性を備えていること。

3. 手袋
- 防振、防寒に役立つものであること。

4. 安全靴
- つま先、足の甲、足首及び下腿の前側半分にソーチェーンによる損傷を防ぐ保護部材が入っていること。

5. 保護帽、保護網・保護眼鏡及び防音保護具
- 保護帽を着用すること、保護網、保護眼鏡等を使用すること、チェーンソーのエンジンを掛けているときは耳栓等を使用すること。

頭部・顔の保護

山仕事では作業する内容によって、ころんで頭を打ったり、あるいは上から枝条などの落下物が頭に当たったりというようなことが起こり得るので、頭を保護するヘルメットを着用します。森林調査など山歩きの時でも、少なくともふちのある帽子をかぶるようにしましょう。

頭と同様に顔の保護も大切です。スズメバチなどに顔を刺されると命にかかわることになるので防虫ネットをかぶります。これはハチの活動が盛んな夏場、下草が繁茂してハチの巣が確認しにくい中での作業となる下刈りの時などには是非着用して下さい。

下刈り作業などで枝条がはね返って目に当たったりすると危険ですが、これは保護メガネを着用して防ぐことができます。チェーンソーを使用する際には、耳栓をして騒音から耳を守ることも覚えておきましょう。

便利なもの

また、必要に応じて呼笛を携帯し、他の作業者との連絡・合図に用います。

その他、森林調査などのために、山をひとりで歩くようなときは、クマよけに、鈴をつけて歩いたり、携帯ラジオを鳴らしたりします。クマは突然出会うと襲ってきますが、あらかじめ人間の存在を知らせておくと遠くへ行ってしまいます。

山歩きや山仕事の後は、汗をかきやすい反面、休憩時には汗が冷えることがあるのでタオルや手ぬぐいも必要です。また、ケガをした時には包帯の代わりになります。

造林・育林作業
ヘルメット、呼び子、防災面、耳栓、防蜂ネット、防 振用グローブ、チェーンソー防護衣（地拵え作業等）、刈払機腰バンド、股バンド、すね当て、先芯入り足袋・安全靴等（必要に応じて選択）

伐木造材・搬出作業
ヘルメット、呼び子、防災面、耳栓、防振用グローブ、チェーンソー防護衣（防護ズボン）、先芯入り足袋・安全靴等）

安全装備品の例

動作の基本
姿勢と歩行

ここでは、森の手入れの中で出てくる基本的な動作について注意点をあげます。ちょっとしたことのように思えても、軽く見ると、思わぬ事故や怪我につながります。「自分の安全は自分で守る」ことを念頭において行動しましょう。

重いものを持つ姿勢

重いものを持ち上げるときの姿勢を見てみましょう。背中を曲げた姿勢で持ち上げると、テコの原理で椎間板が支点となり、持ち上げるときに、実際の重さの約15倍もの重さが加わるといいます。このような姿勢で持ち上げると背中や腰を痛める恐れがあるので、避けなければなりません。

必ずひざを曲げて、背中を伸ばした姿勢で、腿(もも)の筋肉を使って持ち上げるようにします。

また、体から離れた位置で、手を伸ばした姿勢ではものを持ち上げないようにします。必ず、運ぶものを体に近づけて持ち上げます。足をそろえた状態ではバランスを崩しやすいので、足を前後させるなど、バランスにも注意して、重いものを持ったまま転ばないようにします。

重いものを持つとき、腕を伸ばした姿勢を取ると、上腕部や胸への負担が軽くなります。また、指で運ぶものを支えるのではなく、手のひら全体で支えるような形で持つとよいでしょう。

林内の歩き方

森の中を歩くときの一番のポイントは、土を崩さないことです。地表の土には木が育つための養分がたくさん含まれています。これは長い時間をかけて落ち葉や枝、動物の死骸等が分解され、少しずつ作られてきたものです。人が歩いてこの土が崩れると養分も失われてしまいます。土を崩さないためには、斜面を歩くときになるべく株や根の上に足を置くようにします。また、山側の足のエッジをきかせて、そうっとやさしく歩くようにします。

日本の人工林はかなりの急斜面に作られている場合も多いので、

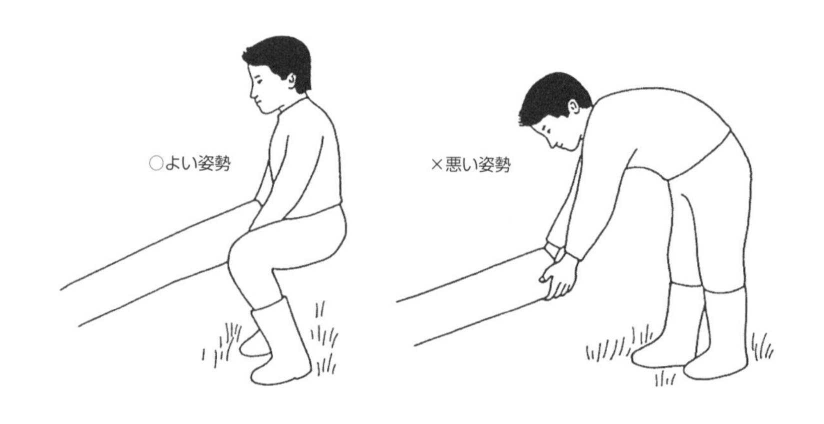

丸太を持ち上げるときは両手の指をクロスさせて組む

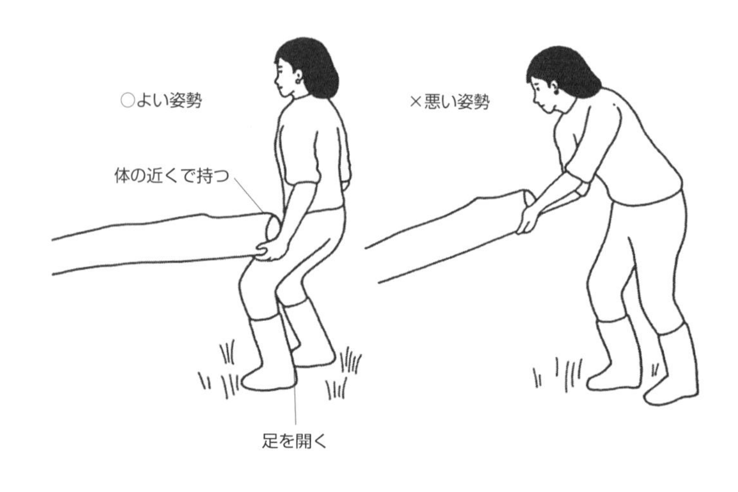

重いものを持つときの姿勢

初めて森の中を歩くと、なかなかうまく歩けない、という経験をする人が多いと思います。とくに下りはずるずると滑り落ちてしまい、恐怖さえ感じます。

斜面を歩くときには、利き足が山側になるような形で、横向きに歩くとよいでしょう。やむを得ず逆向き（利き足が谷側）に歩くときは、手の指先を斜面につけて、時々バランスを取るようにします。

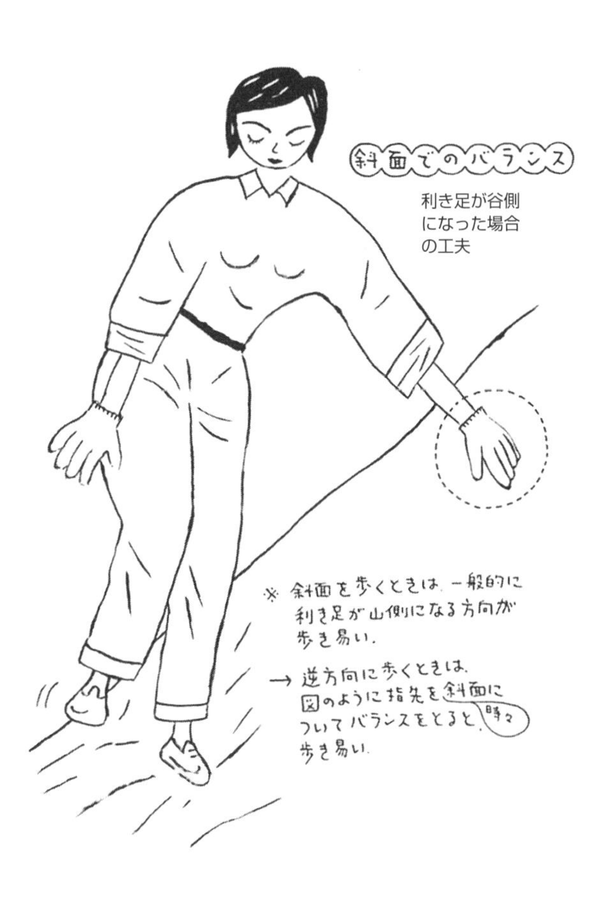

山の歩き方

ハチに注意

ハチの被害は、夏から秋にかけてが多いようです。中でも恐ろしいのがスズメバチの仲間で、刺されると、人によってはアレルギー反応（アナフィラキシーショック）を起こすので、毎年数十人の死者が出ています。

スズメバチと並んで被害が多いのがアシナガバチです。草やかん木などに巣を作るため、下刈りで巣に気がつかず刈ってしまって刺される、という被害が多いようです。スズメバチと同じく、アナフィラキシーショックを起こすことがあります。

刺されないために

巣に近づいたとき、「偵察バチ」がやってきて、威嚇のため、周囲を飛び回り始めるので、静かにその場を立ち去るようにします。この「静かに」がポイントで、急な動きをしたり、手でハチを追い払うなど、ハチを刺激する行動をしてはいけません。ハチの巣が多い地域では、防蜂ネットなどをかぶって作業します。

また、黒い色の服はハチを刺激するので、身につけないようにします。香水など香りがするものも厳禁です。

刺されたら

万が一刺されてしまったときには、冷水で傷口を洗い流します。傷口をつまんで毒液をしぼり出しながら洗うと効果的です。そして抗ヒスタミン剤含有の軟膏を塗ります。ポイズンリムーバー（蜂毒吸引器）という、毒を吸い出す道具が市販されており（主に海外製が輸入販売されており、1000～3000円程度）、これで毒液を吸いだすと効果的なので、ぜひ手に入れておいて、携帯しておくことをおすすめします。

刺されたら迅速に手当てをします。発疹、悪寒、貧血、めまいなどの症状があらわれたら、速やかに病院へ行きましょう。

蜂アレルギーの症状を緩和する薬・エピペン

現場で蜂に刺された場合、病院へ向かう間にアナフィラキシー症状（呼吸困難、血圧低下、意識障害など）で命を落とすことも考えられます。エピペンは、そんな緊急時の症状を緩和するため、自分で注射できる補助治療剤です。

エピペンを購入するには、エピペンの処方登録医の診察・処方を受ける必要があります。最寄りの処方登録医などの情報は、製造販売元のマイランEPD合同会社のエピペンサイトで確認できます。

ハチ毒アレルギーを持っているかどうかを知るためには、医療機関で抗体検査を受ける必要があります。検査の結果、陽性（次にハチに刺されたときにアレルギー反応が出る可能性がある）の場合はエピペンを処方してもらい、作業中に携帯することが義務づけられています。なお、2011年9月から保険適用になり3割負担ですむようになりました。地域によってはさらに助成があります。

エピペンの取扱い方法は購入前に医師から説明があります。購入したエピペンには、使用マニュアルや練習用の装置などが付属していますので、使用自体はそれほど難しくありません。ただ、高温を避ける必要があります。エピペンの有効期限は1年半ほどです。

ただし、エピペンはあくまでも病院へ行くまでの救急処置用です。防蜂網などで、刺されないようにすることが蜂対策の基本です。

フタモンアシナガバチ

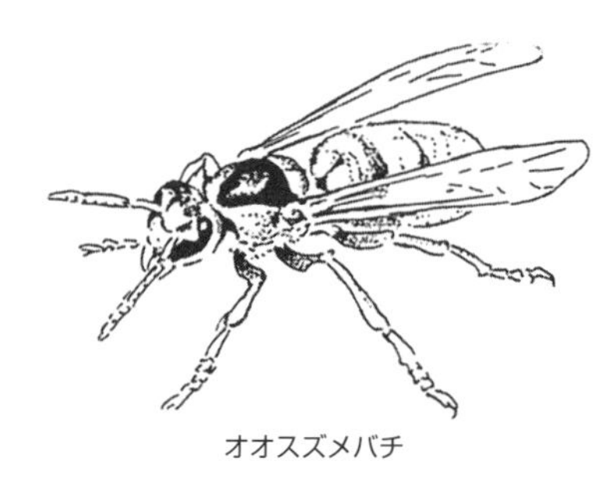

オオスズメバチ

危ないハチ

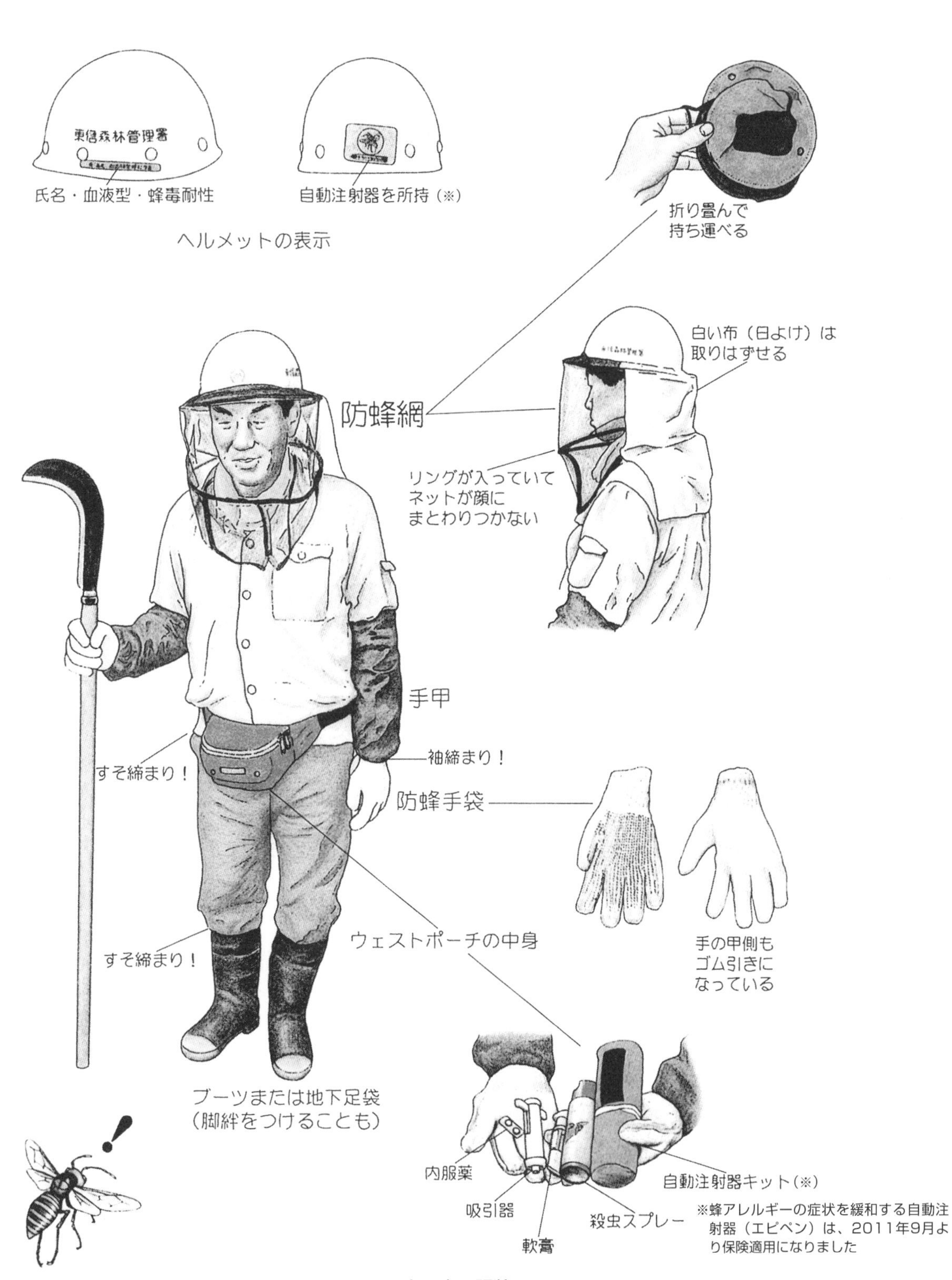

ハチから身を守る服装

出典：「林業リテラシー」『林業新知識』2001年9月号、全国林業改良普及協会

振動障害
チェーンソー

振動障害とは、チェーンソーや刈払機などの振動機械の使用にともなって発生し、振動が手腕を通して起こるものとされています。この症状は、いろいろな症状を呈する症候群ですから、早期発見・早期治療が必要とされています。

一般に振動障害が発生する要因としては、振動工具による物理的因子が大きく影響します。さらに操作時間、寒冷、騒音などが複雑に作用して、振動障害を発生させるとされています。

自営業では、チェーンソーや刈払機を専門で長年月使用することは少ないと思いますが、農作業の中では振動工具を使用しますので、山林作業だけでなく注意が必要です。

たとえばオートバイに乗って田畑に行き、あぜの草を刈払機で刈る。手動耕耘機で田畑を耕やしたりすることも振動工具の使用です。

なお、チェーンソーを使用して間伐や主伐の作業をすることは振動を連続的に受けることになります。

これらの振動工具を使用するときの振動障害の予防対策については、次に記述する点に注意しましょう。

チェーンソー

①防振機構内蔵型で、かつ、振動及び騒音ができるだけ小さいものを選ぶこと。

②できる限り軽量なものを選ぶ。機械は定期的に点検整備して常に最良の状態にしておくこと。

③ソーチェーンについては、目立てを定期的に行い、予備のソーチェーンを作業場所に持参して適宜交換する等、常に最良の状態で使用すること。

ソーチェーンの目立てとチェーンソーの振動の大きさとは極めて関係が深いので正しい目立てをしましょう。

一方、正しい目立てをしていれば、玉切り作業の場合などにおいてはチェーンソーの自重で食い込むようによく切れ、手はほとんどそえる程度ですみます。したがって、目立ては振動障害予防のポイントといえるほど重要です。ところが、チェーンソーは多少目立てが悪くてもチェーンソーの出力で切れることもあって、案外正しい目立てが定着していない実情にあります。

各地でいろいろな目立てなどの講習会が行われていますので積極的に参加して正しい技術を身につけるよう努めて下さい。

1日のうち1～2回の目立てでは若干少なく、1日に最小限3～4回は目立てをすることが振動障害の予防上も必要です。

④チェーンソーを使わない他の作業と計画的に組み合わせ、チェーンソーの操作時間を1日2時間以下とすること。

一般に「2時間規制」といわれていますがこのことは振動障害予防対策の主要な指導事項です。まず、1日2時間の操作時間では、適正な能率を確保でき

〔林業関係振動障害の新規認定者数〕

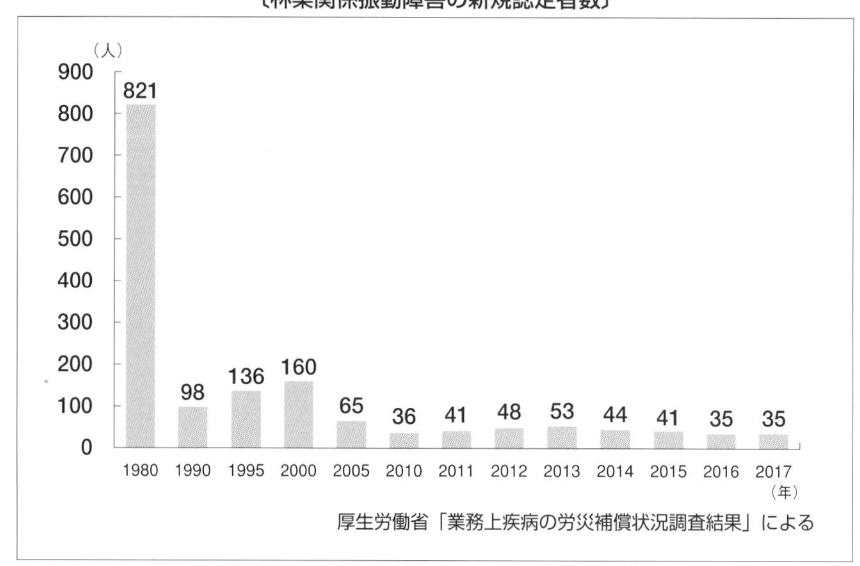

厚生労働省「業務上疾病の労災補償状況調査結果」による

ないのではないかと考える人がありますが、ある調査では1日8時間の伐木造材作業においてチェーンソーの操作時間は2ないし2時間半程度となっています。

したがって、手工具を使ったり、移動時のエンジン停止などを確実に行うことにより作業能率をそれほど低下させずに「2時間規制」は守れるものなのです。

⑤チェーンソーの一連続操作時間は、長くとも10分以内とすること。

長時間同一の作業を連続することは、筋肉の疲労を増大させるので適当な他の作業や休みをとるなどして疲労を少なくすることを考えることが必要です。

振動工具を長時間にわたって連続して使用することは、好ましくありません。なお、10分間チェーンソーを操作して1分間休みまたチェーンソーを操作するということはやはり好ましくありません。チェーンソー操作時間と同じ時間(10分)程度の他の作業などを交互に入れることが必要です。

⑥伐倒、集材、運材等を計画的に組み合わせることにより、チェーンソーを取り扱わない日を設けるなどの方法により1週間のチェーンソーの操作時間を短縮すること。

⑦大型の重いチェーンソーを用いる場合は、1日の操作時間及び一連続操作時間を更に短縮すること。

⑧雨の中の作業や、作業者の身体を冷やすことは、努めて避けること。

⑨防振、防寒に役立つ厚手の手袋を使用すること。

⑩騒音防止のため耳栓をして作業をすること。

⑪チェーンソーを無理に木に押しつけないように心掛けること。

チェーンソーを持つときは、肘(ひじ)や膝(ひざ)を軽く曲げて持ち、かつ、チェーンソーを木にもたせかけるようにして、チェーンソーの重量をなるべく木で支えるようにして、チェーンソーを支える力が少なくてすむようにします。

これはチェーンソー操作の際における姿勢についての基本的な遵守(じゅんしゅ)事項です。正しい姿勢でチェーンソーを操作することによって、体に伝わる振動は少なくなり、筋肉の疲労も軽減して結果的に作業能率も向上します。ソーチェーンを正しく目立てしておけば、手は鋸断方向を誘導する程度で、力を入れて材にチェーンソーを押しつける必要は全くありません。

⑫移動の際はチェーンソーのエンジンを止め、かつ、使用の際には高速の空運転を極力避けること。

チェーンソーを持って移動するときは、エンジンをこまめに停止することは操作時間を短縮させるために欠かせないことがらです。

時間観測によって伐木造材作業を分析してみると移動時間が意外に多いことがわかります。

なお、高速の空運転はエンジン等に悪影響を及ぼすのみでなく振動が身体に伝わるので避けるべきです。

⑬下草払い、小枝払い等はナタや手おの等を用い、チェーンソー使用をできる限り避けること。

チェーンソーの操作時間をできるだけ少なくすることに努めるようにしましょう。同じ作業量をこなすにしても、チェーンソーを使用しないでできる足周り整理や、小枝払いを手工具ですることによって、チェーンソーの操作時間を大幅に短縮することができます。

よく現場で見かけることですが足場整理などの際に、小灌木やササの刈払いを無理にチェーンソーで処理したり、鉈で一打ちすれば飛んでしまうような小枝までをチェーンソーで払っているケースがあります。これなどは、手工具の方がむしろ能率も上るので、直ちに改めて下さい。

振動障害
刈払機

刈払機

下刈作業や地ごしらえ作業など、刈払機を使用するときは、次の点に注意しましょう。

①林業に適した構造と強度を有するものを選ぶこと。

②防振機構を備え、振動ができるだけ小さいもの及び騒音もできるだけ小さいものを選ぶこと。

③刈払い対象に適したもので、かつ軽量なものを選ぶこと。

④刈刃は丸鋸刃を使用し、目立てをして良い状態にすること。

⑤1日の操作時間は2時間以内とし、一連続操作時間は、おおむね30分間以内とし、一連続操作時間の後5分間以上の休止時間を設けること。

⑥ハンドルは軽く握るようにすること。

⑦防振に役立つ厚手の手袋を使用すること。

⑧騒音防止のため耳栓をして作業すること。

以上の点に注意し振動障害にならないよう注意することが必要です。

振動障害は、手指が蒼白になりレイノー現象が現われたりするだけでなく、手指や腕にしびれ、不快感、痛みなどの現象がみられます。

体に異常を感じたら、直ちに専門の医師の診察を受けるように心がけましょう。

Column

刈払機の振動対策

刈払機の振動を細かく見た場合、エンジンからの振動、棹およびギヤケース、刃からの振動が多いようです。その原因は修理の不十分、ギヤケースのグリス切れ、ベアリングの摩耗、刈刃の目立て不良などによることが多いと言われています。

刈刃の目立てについては、ある林業研究グループの代表の方が便利な目立て機を開発しています。刈刃を目立て機に固定し、機械的に研削することで精度の高い目立てが可能とのことです。

Column

林業と振動障害

振動障害の症状

振動障害の主な症状として、手指や腕のしびれ、冷え、こわばりなどが現れます。これは、チェーンソーなどの振動が手指や腕に伝わることで、血液の循環が悪くなったり、末梢神経に障害が起こるためです。レイノー現象という言葉をよく聞きますが、これは血液の循環が悪くなったために起こる皮膚の色調変化（指が白くなるなど）のことです。

チェーンソーの改良

戦後、チェーンソーが急速に普及した時期に、林業従事者の振動障害が社会問題となりました。このため、さまざまな調査や研究が進み、振動障害のメカニズムが明らかになってきました。特にチェーンソーの改良が進んだ結果、当時と比べるとチェーンソー自体の振動が非常に少なくなりました。現在も、さらに振動の少ないチェーンソーの開発が続けられています。

熱中症と熱疲労

熱中症
― 日射病と熱射病

夏の作業で怖いのは、熱中症です。高温の環境下で、体温調節の障害を起こして、高熱を出して倒れてしまうのです。

炎天下で直射日光を浴びて起こる「日射病」、また日光が当たっていなくても密閉された蒸し暑い場所（ボイラー室や駐車場の車の中など）で起こる「熱射病」があります。

いずれも症状は同じで、39℃を超える高熱を出し、顔色は赤くなります。皮膚は乾き、脈拍は大きくなります。

応急処置は、まず全身を冷やすことが大切で、水で濡らしたタオルやシーツで全身を冷やし、さらにうちわであおぐようにして気化熱を利用して冷やしたり、地面を少し削って少しでも地表の温度を下げて寝かせるなど、温度を下げます。頭は少し高い位置におきます。水は飲めれば少量ずつ飲ませます。

この熱中症を甘く見てはいけません。山仕事での死亡例も報告されています。

熱中症を予防するには暑さ指数（WBGT値）を活用することが有用です。作業場所に右下の図のような測定器を配備しWBGT値を求めることが望まれています。基準値を超えるような場合は、WBGT値の低減を図り、身体作業強度の低い作業に変更するなどの対応を取りましょう。

熱疲労

もう一つ、蒸し暑い環境下で起こる「熱疲労」という症状があります。これは、汗の発散がうまくいかず、熱がこもって気分が悪くなる状態で、循環器障害の状態です。熱中症とは応急処置の仕方が違うので、暑さで気分が悪くなったらなんでも「熱中症だ」と決めつけず、症状をよく見極めなければなりません。

熱疲労の症状は、熱中症とは違い熱はありません。顔色は蒼く、皮膚は湿っています。脈が弱く、速く打っています。

応急処置は脳貧血と同じように頭を下げて寝かせ、風通しを良くします。体は冷やさず、汗を拭き、場合によってはタオルやシーツで保温します。これは本人の持っている体温を保つためで、温めるのではありません。水は飲めれば少量ずつ飲ませます。

作業は万全な体調で

「熱中症」や「熱疲労」を起こしやすい条件としては、体調不良、疲労、睡眠不足、空腹、貧血、肥満、水分摂取の不足、アルコール類の摂取、便秘、病弱などがあげられます。

体調が万全でないときに、高温下で作業をすることにより起こる場合が多いのです。作業にのぞむにあたっては、日頃の体調管理が重要といえます。また、調子が悪いときには、決して無理をしてはいけません。

病名	熱	顔色	皮膚	脈	救急処置	その他
日射病 熱射病	高温 39℃以上	赤い	乾いて 熱い	強く 大きい	冷やす 水分飲めれば 少量ずつ	体をさわるだけ で熱い 頭を上げる
熱疲労	平熱	蒼い	湿って いる	弱く 速い	風通しをよく 冷やさない 場合により保温 水分は飲めれば 少量ずつ	脳貧血同様 頭を下げる

熱中症（日射病と熱射病）と熱疲労の違い

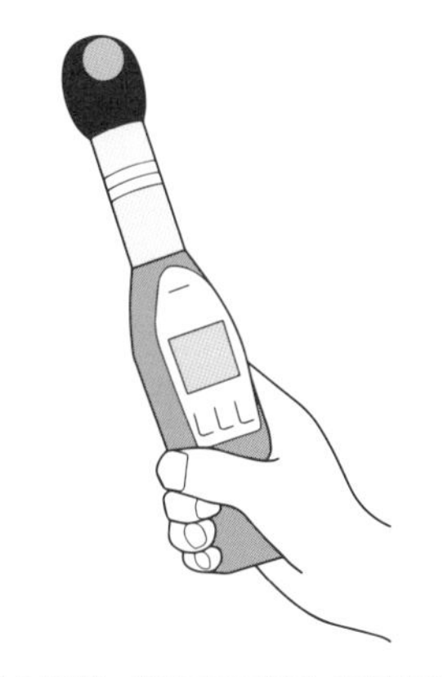

暑さ指数（WBGT値）測定器

救急処置

止血法

山での作業中、思いがけずケガや病気になった場合には、どうしたらよいでしょうか。作業地は車でのアクセスが悪い場合もあり、救急車を呼ぶなど医療機関への搬送が難しいこともあります。このようなとき、命にかかわることもあるので、速やかに救急処置をほどこす必要があります。

野外活動の中では小さな傷や病気でも全体の行動に大きく影響をしてくることもありますが、「救急」という考え方の中ではやはり生命に係わるものを優先して考える必要があります。その治療や搬送の順序を判断するため、トリアージ（TRIAGE／選別）という方法があります。救急医学や救急隊員は、常にそのことを考え患者を選別しています。

第一順位には、救急中の救急疾病として、①大出血②呼吸停止（心停止）③意識障害④服毒（中毒）⑤重症の熱傷（ヤケド）などです。

第二順位としては、直接生命に係わらない四肢の骨折や出血の少ない傷、意識のある患者などとなって、第三順位では軽症患者を示しています。

救急隊員が「重症」「中等症」「軽症」と大きく3つに分類することがこれに当たります。

直接圧迫止血法

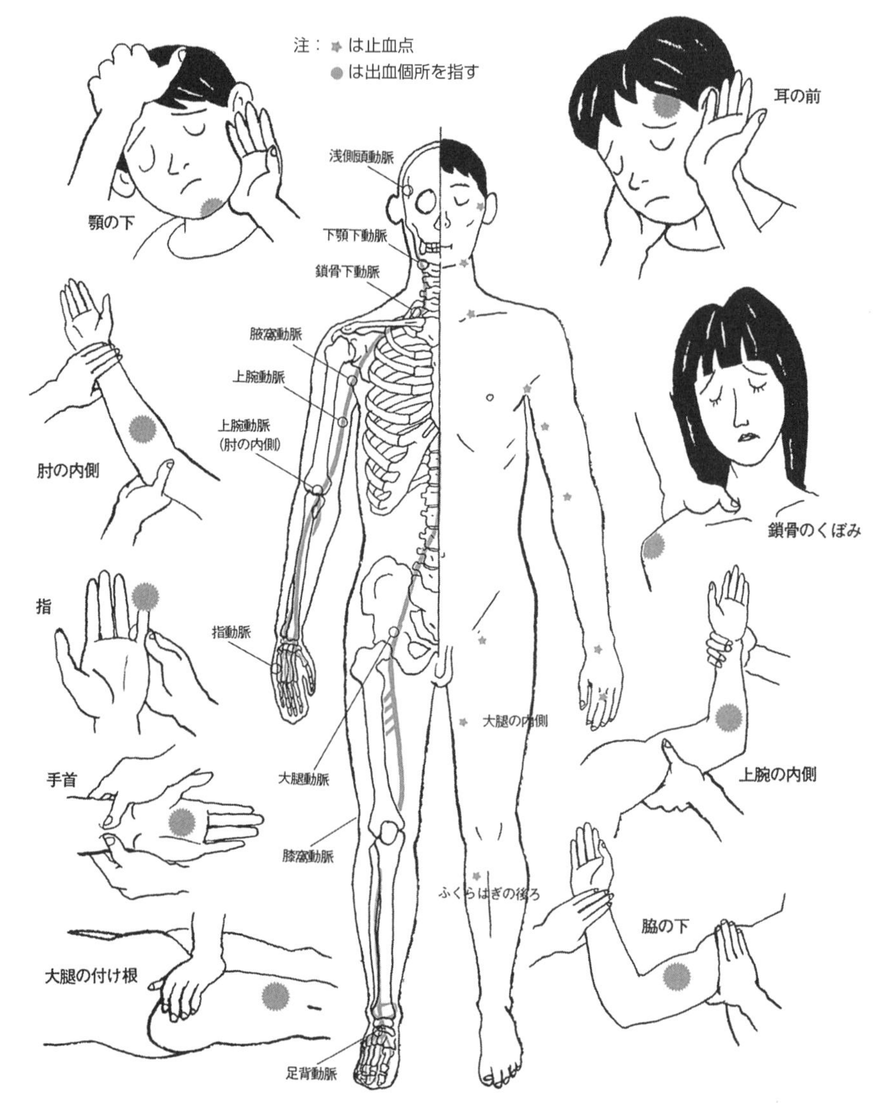

主な止血点

止血法
— 傷口を高くあげる

手や足が出血した場合は、出血している部位を心臓より高くあげます。これだけでも、止血の効果があります。

直接圧迫止血

傷口にガーゼなど清潔な布をあてて押さえます。もしくは包帯や三角巾を強めに巻きつけます。巻き方はきつからず、弱からずがコツ。結び目が傷にあたらないように気をつけましょう。

間接圧迫止血

止血点を手指で押さえて止血します。止血点に触れると脈拍があるので、出血が止まるまで圧迫し続けます。直接圧迫止血法と併用すると、さらに効果があります。

止血帯

手や足の出血で、直接圧迫や間接圧迫で出血が止まらない場合は、止血帯を使用した止血を行います。方法は、傷口より心臓に近いところを止血帯でしばります。止血帯がないときには、長くて幅のあるもので代用します。

止血帯はできるだけ医師にといてもらいます。また非常に時間がかかるときは20～30分に1回は、数秒間、止血帯をゆるめます。

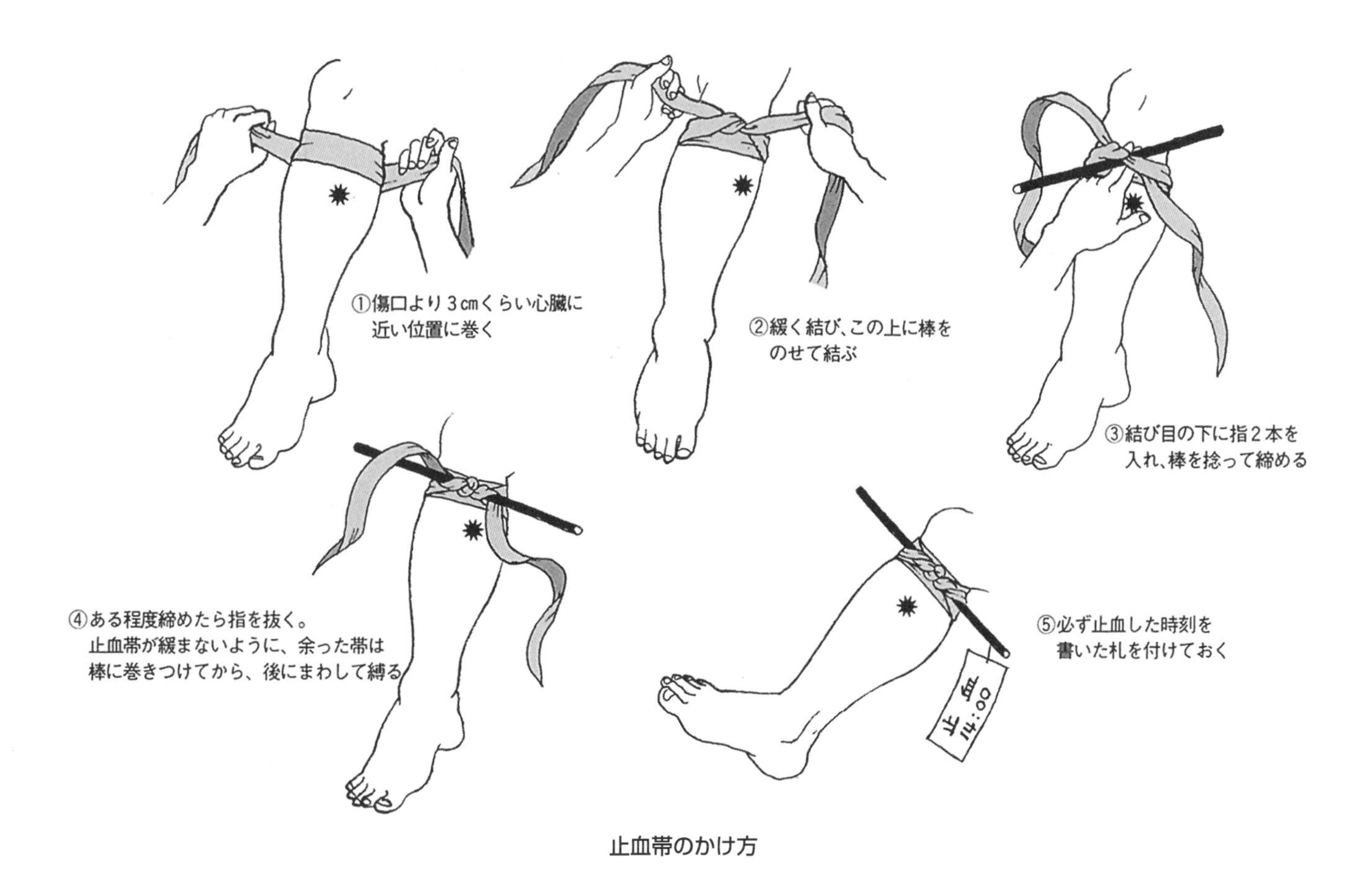

止血帯のかけ方

救急処置
人工呼吸・心臓マッサージ

前ページに続き、緊急を要する事態として、患者の呼吸や脈がない場合の救急処置（人工呼吸・心臓マッサージ）を紹介ましょう。ここに書かれている方法は、できれば消防署や日本赤十字社などで開かれている救急・救命講習会などで身につけるようにするとよいでしょう。

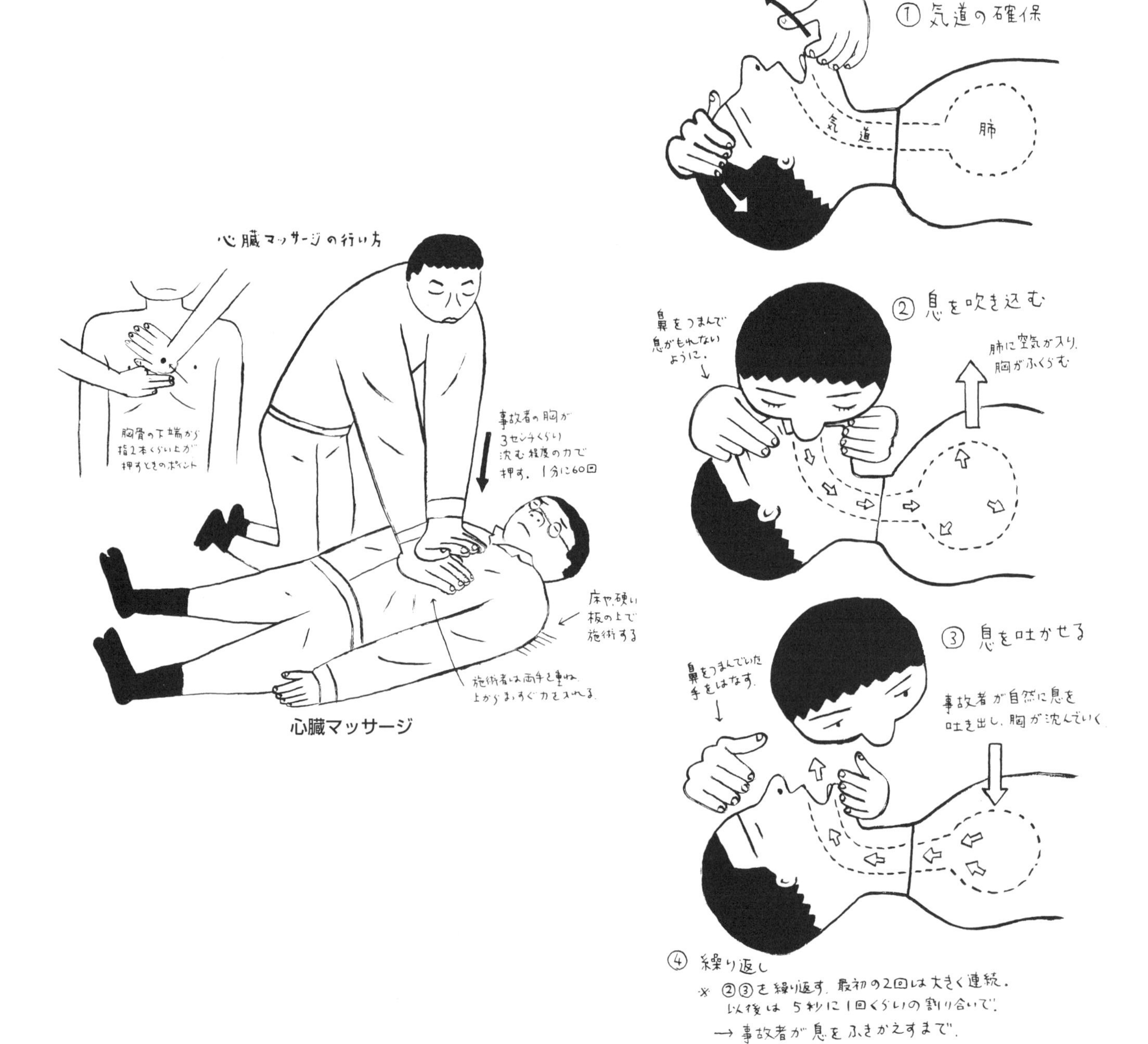

心臓マッサージ

人工呼吸

救急処置
打撲・骨折など

打撲・脱臼・捻挫

打撲は外から見たら傷のない場合がありますが、特に頭、首、胸、腹の打撲では内臓損傷や内出血のある場合もあり、軽く考えずに経過をよく見ましょう。

頭部打撲は日常でもよく起こる事故ですが、①少しでも意識を失う、②吐き気や嘔吐がある、③頭痛がだんだんひどくなる、④ふらつくなどの症状があれば要注意です。

脱臼は文字通り、関節が外れた状態です。指、肘、肩などで正常可動範囲を超えた外力(手を逆さにつくなど)で起こります。

捻挫は関節の正常可動範囲を超えた運動が起こり、脱臼しかかって元に戻ったもので、足関節や手関節などに起こりやすいです。いずれも腫れや痛みがあり、時には捻挫でも関節周辺の靱帯や腱などを傷めたり、小さい骨折を伴うこともあり、関節内血腫という関節包(関節を包む部分)が紫色に出血してきたりするものもあります。

脱臼、捻挫ともに安静にして冷やし、脱臼は整復(関節を元に戻す)が必要であり、捻挫も無理に歩かせたりせず、慎重に経過をみましょう。

骨折

骨折は完全骨折や不完全骨折、あるいは皮下骨折、開放性骨折(折れた骨端が皮膚の外に出る)などの表現もあり、完全に折れたものからヒビの入ったものまで重傷から軽傷までありますが、いずれも骨折部位の痛みや変形、腫れが起こります。ヒビの入った骨折などではレントゲン検査で初めて診断のつくものもあり、(動くから、歩けるから、骨折はない)という判断はしてはいけません。

骨折を疑われる場合は、骨折として扱うのが原則、救急処置としては、骨折部位中心に上下2つ以上の関節を固定するために副子(ふくし)(添え木)を当てます。

副子の木製のものは副木といわれます。副子は十分な長さ、幅、強度のあるもので、救急処置としては木片、スキー、ストック、段ボールを利用したりする代用副木を用いて固定して搬送します。搬送には人出を集め、患者を毛布などで包んで保温する(ショックの予防)などの注意も必要です。

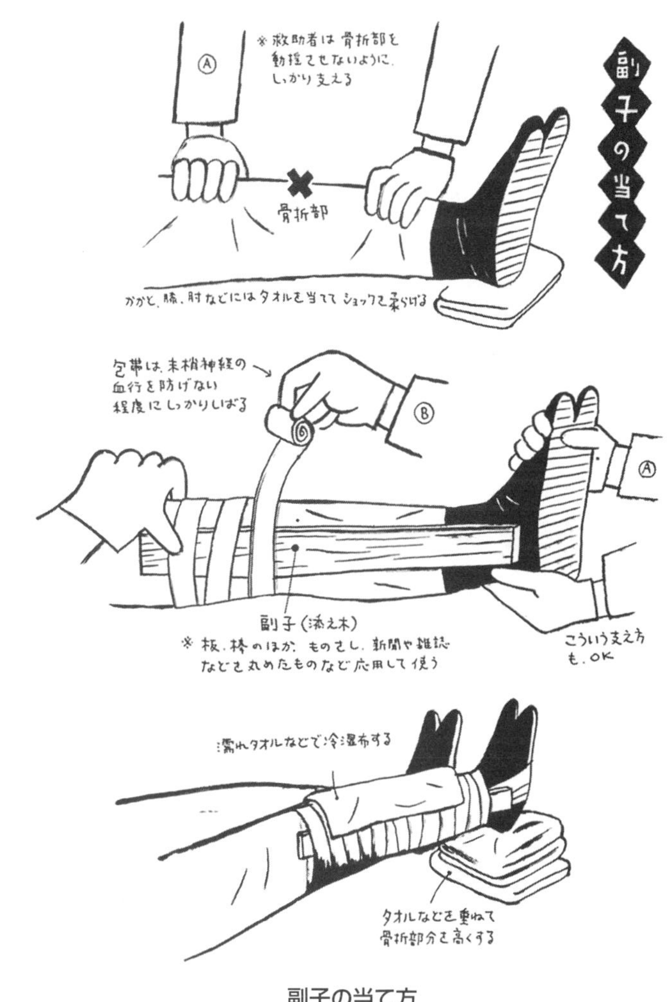

副子の当て方

救急処置
患者の搬送

搬送

搬送は治療と同様、非常に重要な実技なのでイラストをよく理解しましょう。

①搬送の目的（目的地）、②安全・確実な搬送方法の選択、③手順、④必要な人員、⑤資材の確保などを揃え、搬送途中で人員不足や物不足を起こさないようにします。一人で運ぶ場合も、人手があれば先導役や患者の荷物係や交代要員のある方が安全です。一人で一人を運ぶ、二人で二人を運ぶ、大勢で一人を運ぶなど、状況に合わせて活用するとよいでしょう。

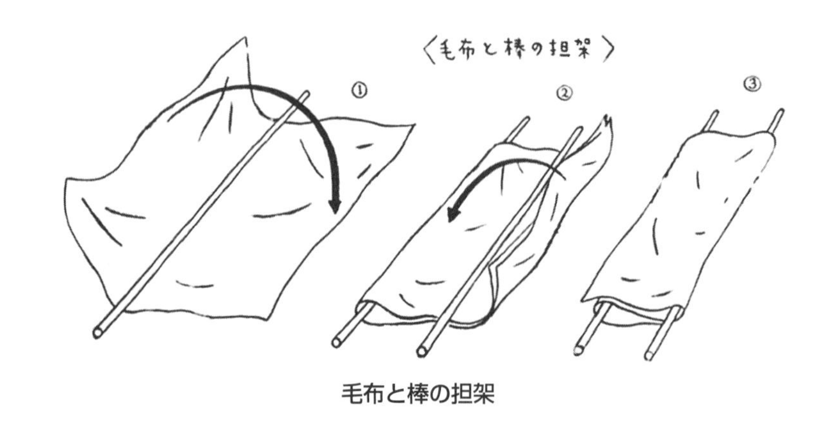

毛布と棒の担架

2人で運ぶ

背負って運ぶ

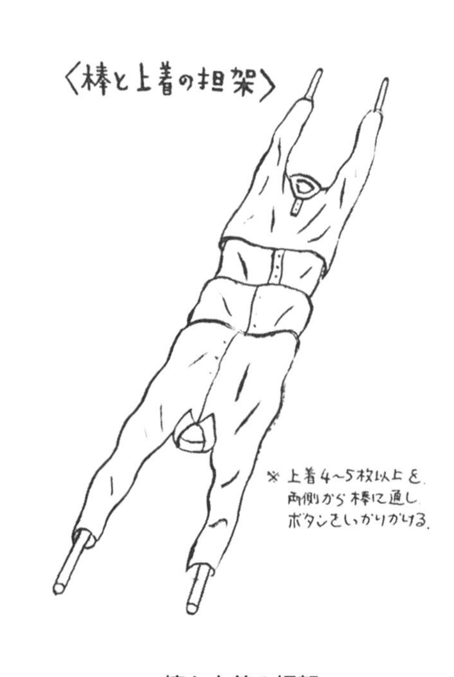

棒と上着の担架

準備運動とストレッチ

急に体を動かすと体を痛める恐れがあります。特に高齢者の場合や、冬場の作業などは危険が大きくなります。作業開始前に筋肉をほぐすため、準備運動を行うようにするとよいでしょう。

準備運動の例としては、ラジオ体操や筋肉などへの負担がかからないストレッチングを取り入れている人もいます。ストレッチの例を図で紹介します。

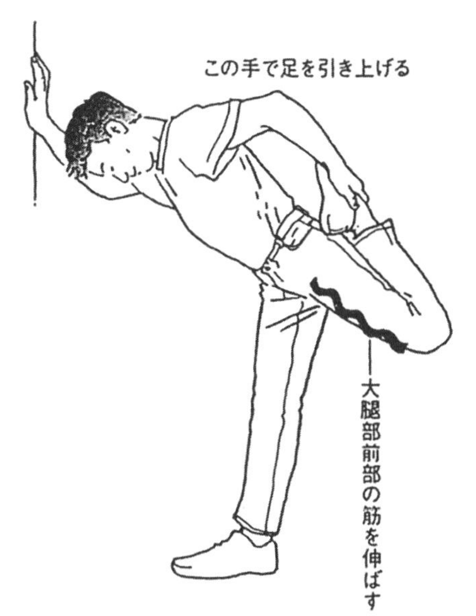

大腿前部のストレッチ

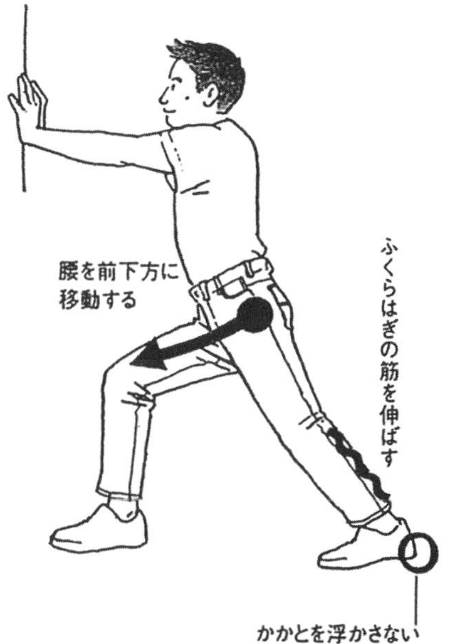

ふくらはぎのストレッチ

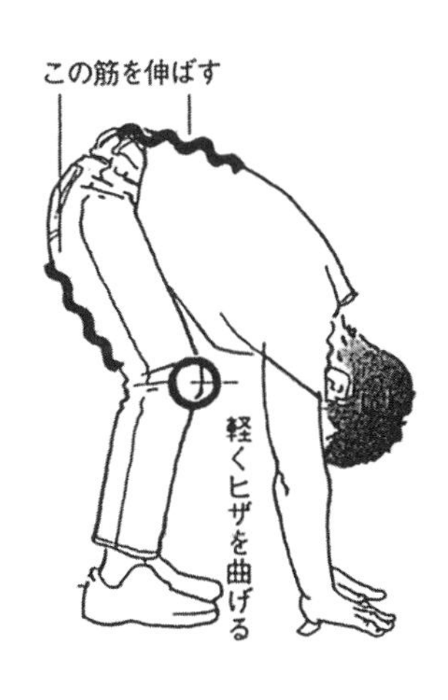

大腿後部のストレッチ

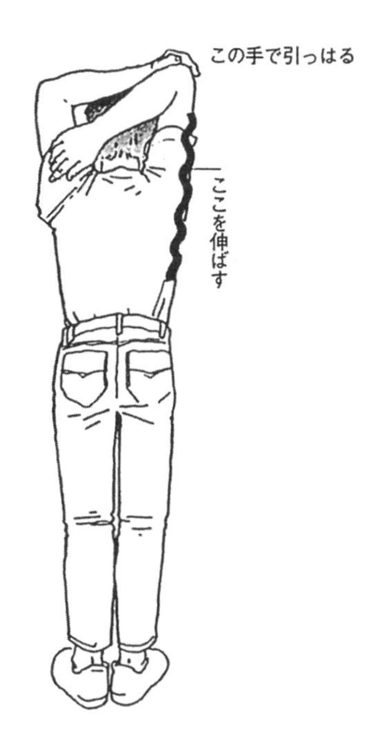

背中のストレッチ

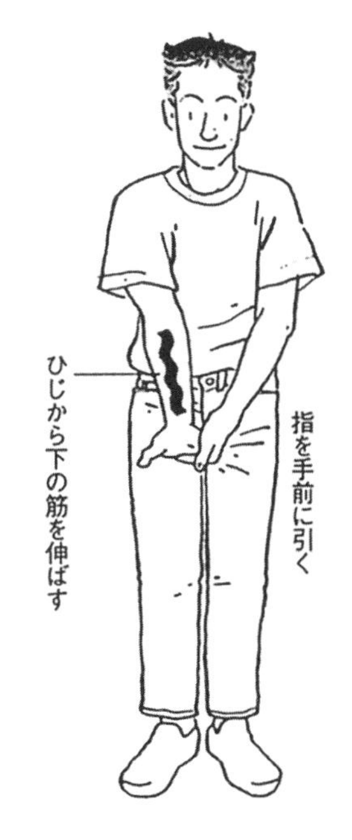

前腕部のストレッチ

肩のストレッチ

現場で起きている事故

林業の現場で起きる事故の現状はどうなっているのか、データで見てみましょう。

林業労働災害の現状

近年の林業における労働災害の現状を見ると、林業労働者が大幅に減少していることもあって、死傷災害は減る傾向にありますが、毎年数十人が林業の作業中に命を落としているという現実があります。

どんな作業で死亡災害が多いか

具体的には、どんな作業で死亡災害が多いのでしょうか。図を見てください。ずばぬけて多いのが、かかり木の処理の際の事故です（右頁コラム参照）。次に多いのが、下刈り作業中というのも、注目すべきデータでしょう。以下は、伐木作業や集材作業中の事故が目立ちます。

〔林業の労働災害件数〕

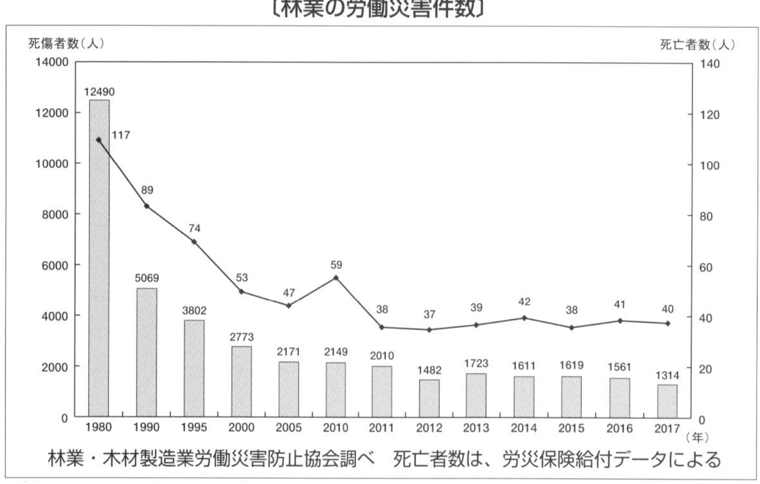

林業・木材製造業労働災害防止協会調べ　死亡者数は、労災保険給付データによる

〔林業における作業種別、死亡災害発生状況（平成29（2018）年）〕

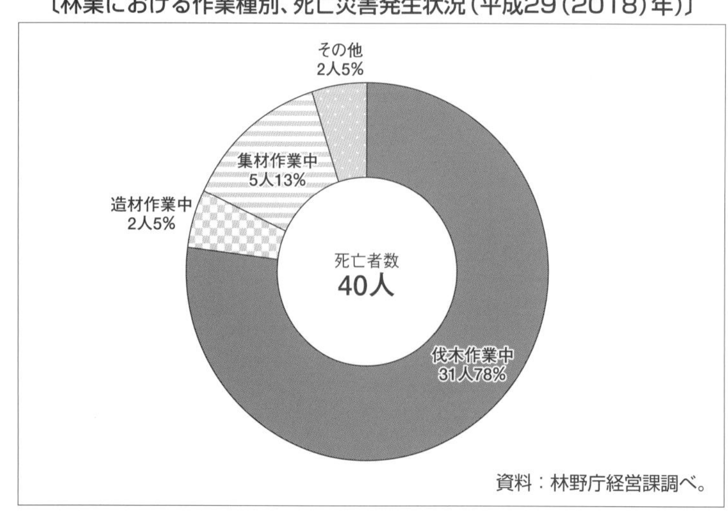

資料：林野庁経営課調べ。

危険を予測する

こうしたデータを知っておくことは重要です。同じ作業をする場合でも、「危険な作業をしている」という認識があるのとないのとでは、安全面で大きな差が出てくるからです。

人間は、誰でも「うっかりミス」をします。しかし「うっかりミス」にも原因があります。一つの原因は「リスクテイキング」と呼ばれ「危険だと分かっていても、あえて行動する」ことです。一度危険がなければ、次も大丈夫だと思ってしまいます。こうした「リスクテイキング」行動を起こしやすい人は、リスクについての知識が乏しく、危険に対して無関心である場合が多いのです。危険について、十分な知識・関心をもっておくことが必要です。

また、うっかりミスには、人間の意識レベルも大きく関係します。ぼーっとしている時やあわてているときにミスを起こしやすいことは、誰もが経験ずみでしょう。

人間の意識レベルには５つの段階があります。表を見てください。レベルⅢ（ベータ波）は注意力がよく働きますが、脳が疲れてしまうので、一日中レベルⅢで作業することはできません。ふつうはレベルⅡ（アルファ波）で作業をして、危険な作業や危険な場所では、レベルⅢに切りかえるとよいのです。そのためにも、危険な作業を知っておき、あらかじめ危険を意識しながら作業をする必要があるでしょう。

また、事故には至らなかったが、あと一歩で事故につながったかもしれない、という「ヒヤリとした、ハッとした」体験を仲間で出し合い、安全対策を考えたり、危険予知能力を身につけたりすることも有効です。

フェイズ	意識の状態	注意力・判断力	脳　波
0	睡眠、失神	ゼロ	デルタ波
Ⅰ	ぼんやり、疲れ切る、退屈、居眠り状態、酒酔い	注意力はほとんど働いていない。信頼性は非常に低い。	シータ波
Ⅱ	普通の生活時、定例作業時、リラックス	特別なことに注意力を向けていない。創造的活動は期待されない。	アルファ波
Ⅲ	精神活動が活発、意識は明快、機敏	注意力が最も良く働き、目配りの幅が広く、総合的判断ができる。適度な緊張で作業効率がよい。	ベータ波
Ⅳ	興奮、慌て、パニック	一点集中、ほかのものが目に入らず、判断停止、信頼性はⅠと同じように低い。	ガンマ波

人間の意識レベル（5段階）

Column

事故の事例

①かかり木になった、傾いている木の根元を切ったため、かかり木が作業者の方に倒れてきて胸部を強打しました。

②かかり木がかかっている枝を切り落とすため木に登り、ナタで枝を切り落としていましたが、かかり木が落下するとき足場にしていた枝がたたかれたため折れ、3メートル下に落下し頭部を打ちました。

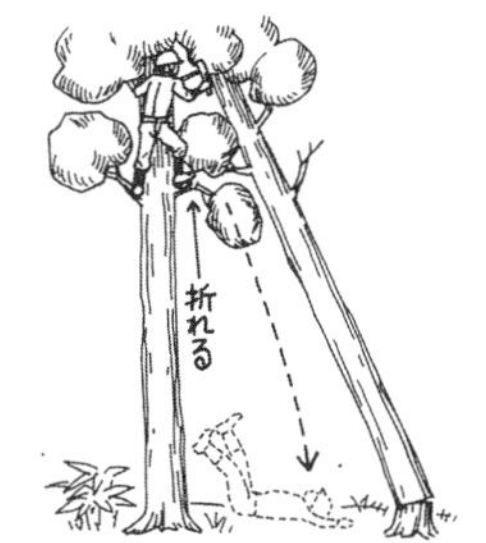

③かかり木の根元が容易に動かないため、かかられている立木を伐倒しようとして受け口を作り、追い口切りにかかったところ、突然、かかり木が落下してきて頭部を強打しました。

④かかり木になったので、隣接木を伐倒して、かかっている木に当て、その衝撃でかかっている木を外す方法（投げ倒し（浴びせ倒し））で処理作業中、伐倒木が予期しない方向に跳ねたため、伐倒木の下敷きになりました。

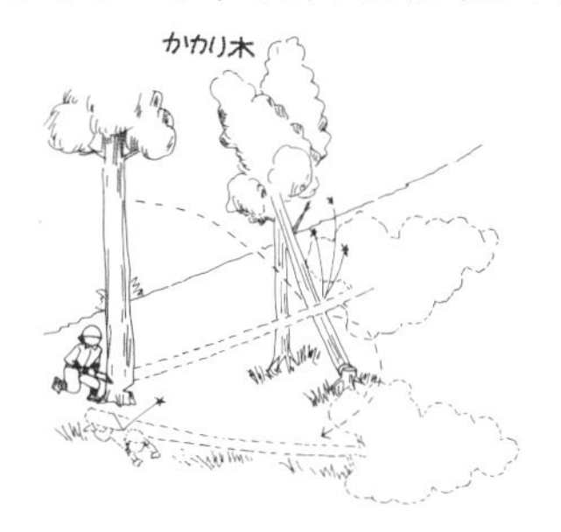

労働安全衛生関係の法律

これまで紹介したように、林業の仕事はいろいろな危険を伴うものです。そこで、労働条件の基準を一定に保って、作業に従事する人を守るための法律があります。そんな法律のいくつかの中から、主な項目を紹介しましょう。

労働基準法

第1章　総則

（労働条件の原則）

第1条　労働条件は、労働者が人たるに値する生活を営むための必要を充たすべきものでなければならない。

2　この法律で定める労働条件の基準は最低のものであるから、労働関係の当事者は、この基準を理由として労働条件を低下させてはならないことはもとより、その向上を図るように努めなければならない。

（労働条件の決定）

第2条　労働条件は、労働者と使用者が、対等の立場において決定すべきものである。

2　労働者及び使用者は、労働協約、就業規則及び労働契約を遵守し、誠実に各々その義務を履行しなければならない。

労働安全衛生法

第1章　総則

（目的）

第1条　この法律は、労働基準法（昭和22年法律第49号）と相まって、労働災害の防止のための危害防止基準の確立、責任体制の明確化及び自主的活動の促進の措置を講ずる等その防止に関する総合的計画的な対策を推進することにより職場における労働者の安全と健康を確保するとともに、快適な職場環境の形成を促進することを目的とする。

（事業者等の責務）

第3条　事業者は、単にこの法律で定める労働災害の防止のための最低基準を守るだけでなく、快適な職場環境の実現と労働条件の改善を通じて職場における労働者の安全と健康を確保するようにしなければならない。また、事業者は、国が実施する労働災害の防止に関する施策に協力するようにしなければならない。

第4条　労働者は、労働災害を防止するため必要な事項を守るほか、事業者その他の関係者が実施する労働災害の防止に関する措置に協力するように努めなければならない。

第6章　労働者の就業に当たっての措置

（安全衛生教育）

第59条　事業者は、労働者を雇い入れたときは、当該労働者に対し、厚生労働省令で定めるところにより、その従事する業務に関する安全又は衛生のための教育を行なわなければならない。

労働安全衛生規則

第1編　通則

第2章　安全衛生管理体制

（委員会の会議）

第23条　事業者は、安全委員会、衛生委員会又は安全衛生委員会（以下「委員会」という。）を毎月1回以上開催するようにしなければならない。

第4章　安全衛生教育

（特別教育を必要とする業務）

第36条　法第59条第3項の厚生労働省令で定める危険又は有害な業務は、次のとおりとする。

※1～6項は略

7　機械集材装置（集材機、架線、搬器、支柱及びこれらに附属する物により構成され、動力を用いて、原木又は薪炭材を巻き上げ、かつ、空中において運搬する設備をいう。以下同じ。）の運転の業務

8　胸高直径が70センチメートル以上の立木の伐木、胸高直径が20センチメートル以上で、かつ、重心が著しく偏している立木の伐木、つりきりその他特殊な方法による伐木又はかかり木でかかっている木の胸高直径が20センチメートル以上であるものの処理の業務

8の2　チェーンソーを用いて行う立木の伐木、かかり木の処理又は造材の業務（前号に掲げる業務を除く。）

第7章

知っておきたい知識

●

林業の基礎的な知識や技術、より専門的な知識や技術を学びたいと希望する方々に対して、いろいろな研修の機会があります。また研修の受講や資格取得、林業への就業やその準備に必要な資金を無利子で貸し出す制度もあります。

この章では、これから意欲を持って林業に取り組む時に、知っておきたい知識を紹介します

木材流通の知識

丸太の流通ルート

伐採され、造材（決められた寸法に切ること）された丸太は、製材所で挽かれて製品になります。「森林所有者」から「製材所」までの流通ルートは大きく①〜③に分けられます。

①森林所有者→製材工場

森林所有者自身が伐採し、直接製材工場に届ける方法や、森林所有者が立木で製材所に販売し、製材所の代行で林業事業体が伐採搬出を行う方法などがあります。

②森林所有者→林業事業体（素材生産業者・森林組合）→製材工場

林業事業体が森林所有者から立木を購入し、伐採搬出するなどの形で、林業事業体が中間に入る流通です。

③森林所有者→林業事業体（素材生産業者・森林組合）→木材市場→製材工場

林業事業体が森林所有者から立木を購入したり、委託を受けて、木材市場に出荷する方法です。木材市場には多くの買い手（製材所が多い）が参加して、丸太は「せり」で取り引きされます。

木材市場

ここでは、木材流通の要としての役割を担っている木材市場を実際の事例から紹介しましょう。

A県B市にある森林組合系統の木材市場では、荷主の6割が森林組合、3割が素材生産業者、1割が個人の森林所有者です。買い手は9割以上が製材業です。

荷主から市場に搬入された丸太は、樹種と長さ、太さごとに選別されて土場に椪積み（1本から数十本単位でまとめること）されます。丸太の太さと長さについてはJAS（日本農林規格）に定められています。

丸太の太さは、末口（丸太の細い方の断面をいう。太い方は元口）の樹皮を除いた最小径を測定します。太さは13cmまでは1cm刻み、14cm以上は2cm刻みに括約されます。括約とは「14cm以上16cm未満」が14cm、「16cm以上18cm未満」が16cmとなるようなまとめ方で、15.5cmも、14.5cmでも14cmに括約されます。

丸太の長さは、2m、3m、4m、6mが基本で、余尺として5cm以上が必要です。この太さと長さは、家づくりで使用される用途（柱、板）などに対応しています。

太さ14cm長さ3mの丸太からは、主に三五角（三寸5分＝10.5cm）の柱に製材されます（図）。

丸太の売り買い

丸太の売り買いは、ほとんどが1m^{3}当たりいくらで行われます。丸太の体積は「材積」と呼ばれますが、材積もJASで定められた「末口二乗法」で求めます。つまり「末口」^{2}×長さ（＝「末口」×「末口」×長さ）で計算します。末口が14cm、長さ3mの丸太は、0.14×

木材市場で丸太を下見する買い手

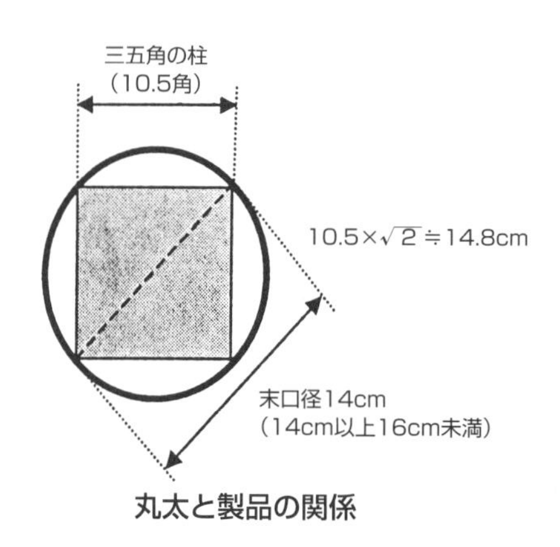

丸太と製品の関係

$0.14 \times 3 = 0.059m^3$になります。

この木材市場の市況速報を見ると、スギ3m末口径14cmの丸太は9,000円／m^3で落札しています。1本の単価は、$9{,}000円 \times 0.059 = 531$円になります。

山での造材がポイント

木材市場で丸太が商品としてどのように販売されているのかを見ると、山での造材の大切さが見えてきます。3mなのか6mなのか、それとも4mに玉切るのがよいのか。いつも市況を意識していなければなりません。造材は木を商品に仕上げる大事な作業です。

また市場では、上手に適期に枝打ちされた材がどのような価格で売られるかもわかり、技術研鑽の励みにもなると思います。

造材の方法で値段が変わる

静岡県森連天竜事業所市況速報　2019年1月23日　2075回市

△強気配　○保合　▼弱気配

樹種	長さ m	末口径 cm	落札価格 高値	落札価格 中値	落札価格 1本当単価	落札価格 安値	気配	摘要
すぎ	2.0	20-	8,000	6,000	-	5,000	○	
	3.0	14	9,000	9,000	531	7,000	○	柱目3.5寸取り
		16-18	12,000	12,000	1,044	10,000	○	柱目4寸取り
		20-	13,200	12,000	1,584	10,000	○	中目
	4.0	5-10	300	300	-	300	△	本@
		12-13	9,000	9,000	522	8,000	○	母屋取り
		14	10,000	10,000	780	9,000	○	桁目3.5寸
		16-18	11,190	11,000	1,276	10,000	○	桁目　4寸
		20-22	14,100	13,500	2,376	10,000	○	中目
		24-28	18,800	15,500	4,185	15,000	○	中目
		30-34	20,000	16,500	6,765	15,000	○	二番玉節少
		36-	55,800	20,000	-	-	○	根玉選木
	6.0	16-18	15,000	15,000	-	12,000	○	通し柱
		20-22	15,000	15,000	-	12,000	○	通し柱

（静岡県森林組合連合会ホームページより）

家づくりにはどんな木が使われているか

木の最終商品として大きなものは家です。家のどこにどんな木が使われているのかを知ることで、木の見方に新しい視点が生まれるかも知れません。また、林業で働くことが「家づくりの最前線」にいることをも意識できるでしょう。

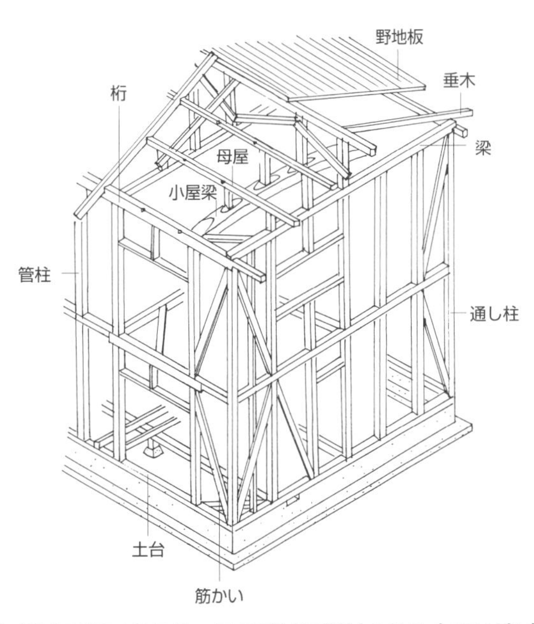

家は様々な部材で建てられる。その部材に製材される木には適寸がある

各種研修制度

林業技術者等の養成研修

各都道府県では、基幹となる林業技術者などを養成するために、林業労働に必要な車両系建設機械運転技能、フォークリフト運転技能、玉掛技能などの専門的技能の取得研修会を開催しています。

まずは、各都道府県の林業専門技術員（普及担当）にお問い合わせください。

林業関係の技能講習

林業の現場作業で必要な労働安全衛生法関係の各種の技能講習、特別教育、能力向上教育等が、林業・木材製造業労働災害防止協会（☎03－3452－4981）の主催で計画的に実施されています（右表）。講習の詳細については、同協会の各県の支部にお問い合わせください。

救急・救命講習会

山の中でケガをした場合には、ほとんどの場合病院に行くまでの時間がかかります。ケガや病気などの応急処置ができるかどうかが、生死を分けることもあります。消防署や日本赤十字社では、救急・救命講習などを開催しています。一度受講されてはいかがでしょう。

林業・木材製造業関係で必要になる技能講習等一覧

区　分	講習または教育	時間	
		学科	実習
免　許 （法第72条）	林業架線作業主任者免許取得講習	50	50
技能講習 （法第76条第1項）	木材加工用機械作業主任者技能講習	15	—
	はい作業主任者技能講習	12	—
	小型移動式クレーン（1t以上5t未満）運転技能講習	13	7
	フォークリフト（1t以上）運転技能講習	11	24
	不整地運搬車（1t以上）運転技能講習	11	24
	玉掛け（1t以上）技能講習	11	5
	車両系建設機械（整地・運搬・積込み用及び掘削用）運転技能講習	13	25
	地山の掘削及び土止め支保工作業主任者技能講習	*	*
安全衛生特別教育 （法第59条第3項）	伐木等機械の運転の業務	6	6
	走行集材機械の運転の業務	6	6
	フォークリフト（1t未満）運転業務	6	6
	機械集材装置運転業務	6	8
	簡易架線集材装置等の運転の業務	6	8
	伐木等業務　8号（大径木・偏心木等） 8号の2（チェーンソーによる）　（2019年8月統合）	8	8
	ロープ高所作業に係る業務	4	3
	小型車両系建設機械（3t未満）運転業務	7	6
	移動式クレーン（1t未満）運転業務	9	4
	移動式クレーン等の玉掛け（1t未満）業務	5	4
能力向上教育 （法第19条の2）	安全衛生推進者能力向上教育 （木材・木製品製造業関係） （林業関係）	7 7 7	 — —
	林業架線作業主任者能力向上教育	6	—
	木材加工用機械作業主任者能力向上教育	7	—
安全衛生教育 （法第60条の2）	フォークリフト（1t以上・1t未満）運転業務従事者安全衛生教育	6	—
	機械集材装置運転業務従事者安全衛生教育	5	—
その他通達等	チェーンソーを用いて行う伐木等業務従事者安全衛生教育	6	—
	チェーンソー以外の振動工具（エンジンカッター・刈払機等）取扱作業者安全衛生教育	4	—
	造林作業指揮者等安全衛生教育	6.5	—
	刈払機取扱作業者安全衛生教育	5	1
	トラクター等による集材作業の指揮者等に対する安全衛生教育	5.5	—
	林内作業車を使用する集材作業に従事する者に対する安全教育	6	—
	林材業リスクアセスメント実務研修	—	—

（林業・木材製造業労働災害防止協会ホームページなどから作成）
＊各種免許、運転経験によって、学科、実技時間が変わります

補助事業・補助金とは

補助事業・補助金のしくみ

補助事業とは、国や地方公共団体が税金などの財源を元に、条件の合った団体や個人等へ助成（経費の負担）を行って進める事業のことです。このような行政の負担分を補助金と呼んでいます。

森林・林業関連の補助事業には、植え付け、下刈り、間伐などの各種作業のほか、木材流通、基盤整備などに関するものなど、幅広くあります。助成の形態も、国、都道府県、市町村が単独で、あるいは国＋都道府県＋市町村というように上乗せして、など様々です（図A）。

補助金を活用するには

実際に行政へ補助金の申請手続きを行うには、事業計画書や申請書などの各種書類を整えて、都道府県・市町村の窓口に直接申請し、作業も含めて全て自分で行うやり方と、森林組合などに申請の手続きや実際の作業を委託するやり方があります。

間伐の支援制度

間伐の補助事業は、平成24年度から新しく「森林管理・環境保全直接支払制度」に変わり、制度変更に伴い、次の点が必要となりました。

「森林経営計画」の作成・認定

森林所有者または森林経営の受託者が、面的なまとまりを持った森林について、森林施業、森林の保護、路網整備等に関する計画を作成し、市町村長等の認定を受けます。

事前計画の作成・提出

間伐を実施する前に、実施予定箇所、事業量、林内路網の状況・計画などを記載した「事前計画」を作成し、都道府県知事に提出します。

5ha以上の施業実施面積

5ha以上施業実施面積が必要なため、場合によっては、複数の森林所有者の森林を取りまとめる必要があります（施業の集約化）。

平均10㎥／ha以上の木材の搬出

平均10㎥／ha以上の搬出が必要となりました。部分的に搬出できない箇所があってもかまいませんが、伐り捨て間伐のみは対象外となります。

（制度の詳細は、林野庁ホームページ http://www.rinya.maff.go.jp で、「森林管理・環境保全直接支払制度」を検索してご覧ください。）

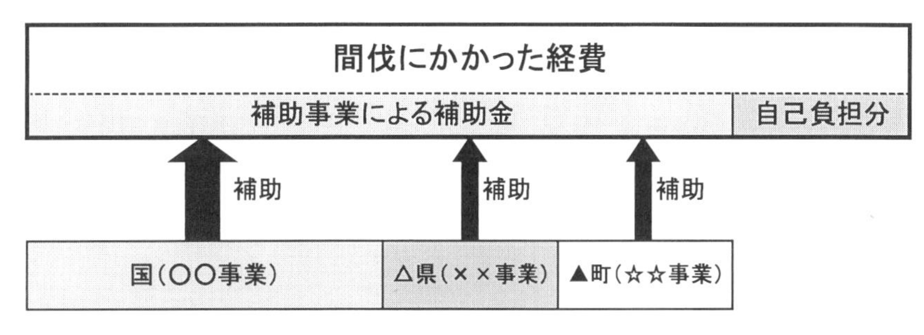

図A　補助事業のイメージ（Aさんが自分の山で間伐を行った場合）

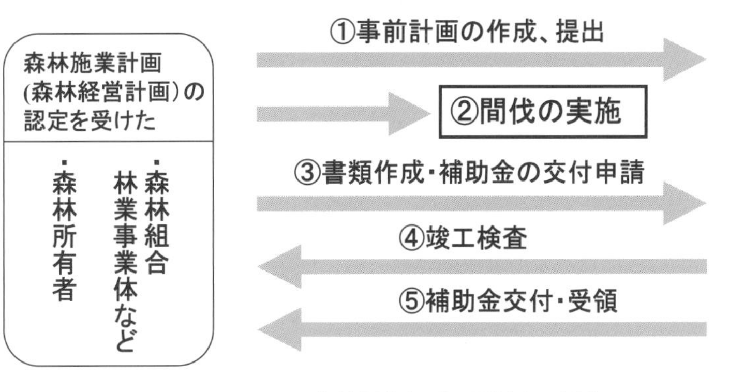

図B　森林組合などに委託する場合

林業参画関連の融資

林業就業促進資金

新たに林業に就業しようとする人のために、各種研修受講や資格取得、移転資金など、就業やその準備に必要な資金を都道府県の林業労働力確保支援センターが無利子で貸出す制度です。就業に必要な技術または経営方法を習得するための研修資金(「就業研修資金」)と就業に必要な移転、その他の事前活動に必要な資金(「就業準備資金」)の2つがあります。

就業研修資金は、研修の内容によって1人あたり5～15万円/月が借りることのできる限度額で、償還期間は20年以内(据置期間は4年以内)。就業準備資金は、1人あたり150万円が借りることのできる限度額で償還期間は20年以内(据置期間は4年以内)。また、森林組合など、雇い主も借りることができます(限度額などの諸条件は異なります)。

資金の窓口は、各都道府県の林業労働力確保支援センターです。

林業・木材産業改善資金

林業・木材産業改善資金は、新しい事業を始めることや、機材や設備を充実させること、働く環境を整えることなどの様々な事業計画に対して無利子の資金を借りることができる資金制度です。

貸付けを受けることができるのは、森林所有者、林業労働従事者、森林組合、生産森林組合、森林組合連合会、素材生産業者、素材生産組合、林業経営を行う市町村などで、木材産業関係では、木材製造業、木材卸売業または木材市場業を営んでいる方です。

個人では1500万円まで、会社は3000万円まで、団体は5000万円まで借りることができます。

償還方法は、事業内容などによって異なります。①償還期間を1年以内とした資金は一時払いです。②その他については、償還期間内(最長10年)で均等年賦支払となります。据置期間(3年以内)のあるものについては、償還期間から据置期間を差し引いた期間内での均等年賦支払です。

主な林業・木材産業改善資金は次の通り。

①新たな林業部門の経営の開始

素材生産事業やきのこ栽培などを開始するために必要な機械や施設を導入する場合。

新たに長伐期施業や複層林施業を実施する場合や森林認証を取得して林業経営を行う場合。

②新たな木材産業部門の経営の開始

③林産物の新たな生産方式の導入

生産性の向上、品質の向上などに役立つ林業生産機械(例えばプロセッサ)の導入。木質バイオマス利用施設も含まれます。

また、量的なまとまりがあったり、団地性を確保した森林施業など先駆的な生産方式も対象。

④林産物の新たな販売方式の導入

⑤林業労働に係る安全衛生施設の導入

防振装置付きチェーンソー、防振装置付き携帯用刈払機、自動枝打機、振動障害予防器具、無線機器、人員輸送用モノレール、休憩施設などの導入。

⑥林業労働に従事する者の福利厚生施設の導入

休憩室、浴場、シャワー、トイレなどを付備した施設の導入。

この資金を利用するには、47都道府県から貸付けを受ける方法と民間金融機関から貸付けを受ける方法の2つがあります。申請をお考えの方は、まず、最寄りの森林組合、木材協同組合、都道府県の林業事務所等の「林業・木材産業改善資金」担当窓口へご相談ください。

日本政策金融公庫
農林水産事業

日本政策金融公庫が融資を行う資金です。林業関係では、林地取得や造林・保育、林道整備、機械・設備の整備など、幅広い事業計画に合わせて資金があり、それぞれ低利かつ数十年の長期にわたって借りられる資金が多いのが特徴です。また、借入限度額は資金によって異なります。

融資の窓口は、日本政策金融公庫の各支店のほか、都道府県や市町村・農協等と連携して定期的に開催している相談窓口や最寄りの金融機関でも相談などが可能です。

情報収集法
相談援助の求め方

新しく林業に就業した人の周囲には、いろいろなノウハウを持った方々がいます。

都道府県 林業普及指導員

「森林や林業の新しい技術や情報がほしい」「地域の林業関係者などをつなぐコーディネーターがほしい」「研修会や講習会を開いてほしい」という方には、都道府県の通称「林業普及員さん」または「AGさん」と呼ばれる林業普及指導員に相談しましょう。

林業普及指導員は、森林所有者、森林組合、素材生産業者、製材・加工・流通業者など、林業に関わる全ての人達に技術や情報の提供をしています。国や都道府県の補助事業関連の情報提供や林業技術の指導などから、最近では新しいグループの組織化やネットワークづくりなどのコーディネーターとしても期待されています。都道府県事務所に配属されていますので気軽に連絡してみましょう。

市町村林務担当者

市町村には、市町村森林整備計画をたてる義務があると同時に、交付金制度などでは森林所有者との契約を結んでいます。また林業が盛んな地域などでは市町村単独事業として補助金を用意しているところもあります。

林業研究グループ（林研グループ）

林業経営に熱心な森林所有者がつくる組織として、林業研究グループ（林研グループ）があります。全国で約1500グループ（会員数約2万5000人）が活動しています。

林業技術の研究、青少年への森林・林業教育、森林ボランティア活動の支援、都市との交流イベント活動、製品開発、木材のPR活動など、地域の実情にあわせた活動を行っています。異業種のメンバーが集まって活動しているグループもあります。詳しくは地域の林業改良指導員にお問い合わせ下さい。

地域の篤林家（指導林家）

林業に対して深い造詣を持った地域の指導者的な存在である林業家です。長い経験に培ったアドバイスを求めるのも良いでしょう。

素材生産業者

森林の立木を伐採し売買する業者です。木材市況をにらみながら、森林にある木を伐採、搬出し商品として販売する、木材生産と木材流通のプロです。

インターネット

・「林野庁」は、様々なタイプの森林を対象に、各種の施策を講じています。
（http://www.rinya.maff.go.jp/）

・「林業就業支援ナビ」は、全国森林組合連合会が運営する、日本の森林・林業の将来を考え、林業に就職・転職したい方の応援サイトです。
（http://www.nw-mori.or.jp/）

・「林業・木材製造業労働災害防止協会」は、各種の講習や研修を開催するなど林業・木材製造業の安全・健康を推進している団体です。
（http://www.rinsaibou.or.jp）

・「フォレスターネット」は、山村回帰の支援情報や林研グループ・林業経営の先進事例を紹介するサイトです。
（http://www.foresternet.jp/）

森林に関する法的規制

主な森林に関する法的規制を簡単に紹介します。

森林法

この法律は森林資源の維持・管理のために、「森林計画、保安林その他の森林に関する基本的事項を定めて、森林の保続培養と森林生産力の増進とを図り、もつて国土の保全と国民経済の発展とに資すること」を目的としています。

森林法は、保安林制度などの各種の制度を有する総合的な法律です。自然環境保全に関わりの深いものとして、森林計画(地域森林計画)における森林の機能類型区分、保安林制度、林地開発許可制度などがあります。

●森林計画

森林の整備は、長期的な視点に立って計画的、合理的に行われる必要があり、全国森林計画制度、地域森林計画制度などの計画制度がもうけられています。

●林地開発の許可制度

森林の公益的機能が阻害されることのないよう、森林の開発については都道府県知事の許可が必要とされています。

●保安林制度・保安林施設事業

保安林制度では、農林水産大臣が森林の公益的機能を特に守らなければならない森林を保安林として指定することができます。水源のかん養、土砂の流失防備、土砂の崩壊防備以外の保安林については、委任された都道府県知事が指定します。保安林では、指定施業要件として立木の伐採の方法・限度、伐採跡地への植栽の方法などが定められ、森林所有者はこの要件に従って森林施業を行います。

保安林施設事業では、国または都道府県は水源かん養、災害の防備のため、森林の造成および維持に必要な事業を行います。この事業と地すべり等防止法の事業とを合わせて、治山事業といいます。

森林・林業基本法

森林法とともに、森林・林業関係の基本的な法律で、林政の基本的な考え方を示しています。

平成13(2001)年6月に改正され、名称も「林業基本法」から「森林・林業基本法」に改められています。国民の要請に応えて、我が国の森林が将来にわたり適切に管理されるよう、木材の生産を主体とした政策から森林の有する多面にわたる機能の持続的発揮を図るための政策へと転換しています。

森林・林業基本法に基づいて、森林・林業に関する施策を総合的かつ計画的に進めるために「森林・林業基本計画」が策定されています。

森林組合法

この法律は、「森林所有者の協同組織の発達を促進することにより、森林所有者の経済的社会的地位の向上並びに森林の保続培養及び森林生産力の増進を図り、もつて国民経済の発展に資すること」を目的としています。昭和53(1978)年に、森林組合制度は森林法から独立して単独立法化されています。

森林組合が行う事業は主に次のように定められています。

・組合員のためにする森林の経営に関する指導
・組合員の委託を受けて行う森林の施業又は経営
・組合員の所有する森林の経営を目的とする信託の引受け
・病害虫の防除その他組合員の森林の保護に関する施設
・前各号の事業に附帯する事業

自然環境保全法などによる規制

自然環境保全法などで指定された地域では、樹木を伐ったり、植物を採集したりすることには、規制が加えられています。

「自然環境保全法」:「原生自然環境保全地域」では全域で、「自然環境保全地域」、「都道府県自然環境地域」のうち地域指定を受けた特別地域では、木竹の伐採などを禁止、または規制しています。

「自然公園法」:「国立公園」および「国定公園」「都道府県立自然公園」の特別地域では、木竹の伐採などが規制されています。

「鳥獣保護及狩猟ニ関スル法律」:「鳥獣保護区」のなかに指定された「特別保護区」で木竹の伐採が規制されています。

第8章

農山村での生活

●

　あなたがＩターンで農山村で暮らしはじめるには、まず住むところが問題になります。また、今まで経験したこともない地域の中での付き合いがあるかも知れません。
　林業の現場で働きはじめた人が、仕事や生活に、途中で挫折することなく農山村に定着するにはどんな準備が必要なのでしょうか。この章は、体験者の声を元に進めていきます。

農山村での生活

林業をやりたい、山村に住みたいと思うさまざまな人たちがいます。

むらで働きたい人が仕事や生活をはじめ、途中で挫折することなく仕事や地域に定着するためには、どんな準備が必要なのでしょうか。

ここでは、林業現場の仕事で生計を立てるために、森林組合に飛び込んでくる人たちに焦点を当てて紹介します。実際に都市や他産業から新規参入者を受け入れているA森林組合(関東地方にある)を取り上げます。受け入れ側と参入者の両方の視点から、山村で暮らすためにどんな準備が必要なのかを考えてみましょう。

住まいの探し方

●賃貸物件は、少ない

都市からの参入者にとって農山村で暮らすためにはまず第一に、住むところが問題となります。

日本全国で空き家が問題となっており住居はすぐに見つかるというイメージをもっている人が多いのですが、実際は違います。

農山村にある空き家とは、基本的には地元の人が使えないで空けてあるものになります。

間取りが今の生活様式には合わないとか、不必要に大きな家であるとか不経済な面が多く、住めないからまたは住みにくいから空けてあることが大半です。

また、空き家といっても倉庫として利用していることも多く、実際に住むためには修理などの費用がかかります。盆や暮れだけ利用するために手放さない場合も多く、世帯分離(例えば長男夫婦が家を出て新居をかまえるなど)も地域内の賃貸需要を増やし、空き家がなくなってしまうことになります。

空き家を都会と同様の「賃貸・売買物件」と見ること自体が誤りとなります。ですから、都会でアパートを探す感覚で探していてもなかなか見つからないことになります。

●顔の広いセールスマンに情報収集を依頼

では、A森林組合では、どのように住まいを探しているのでしょうか。

森林組合では、まず地元の不動産業者はもちろんのこと保険営業マンや車のセールスマンに頼んで空き家などの物件情報を集めてもらいます。家族連れには一戸建て4部屋以上、駐車場付きを基本とします。

地元を隈なく歩いている保険営業マンや車のセールスマンは、地元の人が知らない情報にいち早く気づく場合が多いそうです。

その後、誰が持ち主か、すぐ住めるのか、修理が必要なのかなど諸々のことを調べ、住めそうな家をピックアップしていきます。しかし、やはり物件は少なく、なかなか見つからないそうです。

このように地元の人でさえも、手間や苦労の末やっと見つかるものですから、他地域からやってきた人が一人で見つけようとしても難しいでしょう。しかも、数が少ないのですぐに借り手がついてしまいます。情報をキャッチするためには役場などに何度も足を運び、ある程度辛抱強く待つことも必要となるでしょう。

現在は、新規参入者を歓迎する市町村が多く、熱意で相手を動かすほどの気持ちで探せば見つけることも可能ではないでしょうか。

●住まい選びのポイント

物件候補がいくつか見つかったとします。では、住まいを決めるときのポイントは、何でしょう。

まずまち全体を誰か詳しい人に案内してもらいます。都会の生活とは違って、家の周囲に何でもあるわけではありません。スーパーマーケット、役場、病院、裁判所、交番、駅、学校などが町のどこにあるのか把握し、生活の中で何を優先順位とするのかを検討します。

長続きの条件

●三年目で余裕が

山で働く経験をどのくらい重ねれば一人前なのでしょうか。個人差があり、判断しにくいことですが、今まで林業作業未経験の参入者でも、丸3年経てば「少し仕事を覚えたかな?」というかすかな実感が芽生えます。

また、「次に何をやれ、と言われなくても自分から少しは動けるようになったかな」、「『そんなところに立っていたら死ぬぞ。ばか野郎』などと怒鳴られる回数が減ってきたな」などということを感じ始めると言います。

山仕事では、1年を通して四季折々の仕事があり、それぞれの作業は1年に1度しかありません。ですから、最初の1年目は初めてのことばかりで右も左も分からず、何が危険なのかも分からないため怒鳴られるわけです。

本人も大変ですが、もしかすると周囲の方がもっと大変かもしれません。

2年目になると、1年目を思い出しながらのおさらいの1年になります。そして3年目にしてようやく「今度は自分はこうやってみよう」という一種の余裕も生まれ始め、山で働くための体がようやくできあがる時期になります。

はじめのうちは、傾斜の厳しい山を歩くことに慣れるだけで精一杯で、実際作業をしなくてもきついかもしれません。

40代で新規参入してきた方も「40を越えてから肉体労働をやっているんだから、やはり疲れることにはかわりはありません。しかし、その疲れ方が変わってきました。体が疲れることに慣れてきたような感じです」と言います。

森林組合の参事さんも「最初の1、2年は完全に投資期間です。でもベテラン作業班員にもいい刺激になっているはず。だから、一生懸命仕事を覚えてもらえばいいんです」と。

●地元の人との付き合い方

都会を離れ、面倒くさい人間関係から解放されて田舎で暮らしたいという思いから、山村への移住を希望する人も多くいます。

しかし、実際には都会とは違った種類の人間関係が存在し、今まで経験したこともない地域の中での付き合いがあることも事実です。それは、農山村というところが本来地域の資源を共同で管理し、相互に助け合っていかなければ生きていけない宿命があったという歴史があるからです。

現在は都会の人がイメージする「ムラ社会」のような閉鎖的なものではなくなってきていますし、地域の外へ働きに出る人も多くなっています。しかし、やはり自治会などの集まりもあり、地域の川や道の清掃などは地域住民全員で行うところが大半です。

また、そうした集まりの後は決まって打ち上げがあり、仲間内でお酒を酌み交わす場もあります。そんな場が、昔から地域内や集落内の交流の場であり、遊び・レクリエーションの場ともなっていました。そう理解し、積極的に参加し、地域にとけ込もうとする姿勢があれば馴染むのは早くなります。

都会とは違った付き合いがある中で、家族まるごと地域にとけ込んで行くことになります。その中でも特に奥さんの理解というものが重要になってくるのです。

●家族の理解の大切さ

都会に暮らすサラリーマンであれば、会社に着て行くものはたいていがスーツで、洗濯はクリーニングに出します。家で洗濯するものといえば、ワイシャツと下着と靴下くらいになるでしょう。また、お昼ご飯もお弁当を持っていく人はさほど多くないとも思われますし、外で買ったり食べたりするところもたくさんあります。

しかし、山仕事となるとそうはいきません。作業服は驚くほど汚れ、夏は着替えを持っていくため、考えられないほど大量の洗濯物が出るといいます。

山ではお弁当が必要になります。朝は7時前に家を出ることが多いため朝食も早く、出かける前にお弁当も作っておかなければならなくなります。

「まず、洗濯物の量の異常さに驚き、今まで以上に健康に気を使うようになりました」と新規に参入した方の奥さんは言います。

今まで新規参入した人の中には、家族を都会に残して単身で飛び込んで来た人もいたそうです。しかし、洗濯や食事の世話を自分でやっているうちに手が回らなくなり、体を壊して仕事ができなくなった例が多いといいます。A森林組合ではそれ以来、必ず参入する前に奥さんにも2度一緒に来てもらい、奥さんの了解がないと採用しない方針です。

地元の人との付き合い、仕事の上でなど、いろいろな意味で家族(特に奥さん)の理解が重要となってくるのです。

むらの暮らしでは、家族の大切さ、ありがたさがしみじみわかる

Column

①むらに住み働く あなたの隣人との付き合い

歩くこと、出会うこと

私が森林組合で働きはじめたときに最初に言われたことは、「お前の仕事は挨拶だ」ということだった。

当初、私の上司は6つ年上のHさんだった。Hさんの仕事は、主に森林開発公団と県森林公社の委託による造林・保育事業、森林所有者の森林管理である。森林組合は、その事業を作業班という実際に下刈りや枝打ち・間伐を行う組織に依頼する。その作業の進行具合を監督したり、仕事の配分、事業経理といった仕事だ。

Hさんは事業管理のために現場に赴き、山中を歩き回って作業班員一人ひとりに挨拶をしていた。私はずっと、そのようなHさんの仕事のやり方を当たり前のことだと思っていた。しかし、大学に戻り各地の森林組合を訪ねるが、職員がそのようにして作業班を訪ねて現場を歩くようなことをしているところは、あまりないようだ。

そのような仕事はしなくてもいいことである。"ジャングル"のように歩きにくい広い山中を、下刈機のエンジン音や枝を落とすナタの音をたよりに探すのは、大変に時間のかかる仕事であり、大変な重労働である。

けれども、現場の人たちはHさんが来るのを楽しみにしていた。Hさんが来ると仕事の手を休め、タバコを吹かしながら笑っていた。やがて、Hさんは退職し、私がその仕事を引き継いだ。毎日、山を登り現場のじいちゃんと親しくなるにつれて、山のこともむらのことにもなじんでいったように思う。

むらの人との付き合い

私とむらの人たちとの付き合いは、このようにして始まった。最初のころは言葉が分からないので苦労した。同じ日本に住んでいるのに、これほど言葉が違うというのにも驚いた。話が分かるようになってからは、むらの人たちだけにしか分からない不文律みたいなものに戸惑った。普段は親しくしていても、そこに踏み込んだ時の言いしれぬ疎外感は、私が他所者であるということを思い出させた。

これからむらに移り住もうと考えている人の大半が、むら人とのつきあいを心配していると思う。けれども、多くの人が言うように、むらの人間関係が特別に難しいものだとは思わない。

ただ、都会で住むような感覚で生活するのは難しいと思う。

むらというのは、生活の大部分を自然と対峙して暮らしていかなければならなかった。そのために人は集団をつくり、集団は決まりをつくったのである。

他所者は、その集団に属していなかったのだから、決まりのことは分からないのは当然だ。けれども、その集団が拓いてきたむらに住む以上、その決まりを無視してはいけない。分からないなりに尊重していくべきだろう。

むらに溶け込んでいくということに関しては、私はとても恵まれていたと思う。林業の現場で働くおじいちゃん達の大半はむらに住む古老である。村会議員もいれば区長もいた。むらの歴史そのものでもあった。そのような人たちと共に汗を流し、酒を飲まされることを通して、私のことを分かってもらえた。

古老が私のことを知っているということで、むらの中で私を見る目もずいぶん変わったように思う。古老の口から伝えられることによって、むらの誰もが私を知るようになった。初対面の人でも私を見知った若者のように扱うようになっていった。

他所者は、むらのことを知ろうと考える前に、自分のことを分かってもらうことが先なのだと思う。

森林組合とソーメン

森林組合の職員は私を含めて13人だった。3人が総務を担当する管理課、5人が加工品の製造管理・販売を監督する食品課、私が配属されたのは林業部門を管理する事業課だった。事業課は課長のMさんを筆頭に治山事業を担当する2人と造林事業を担当するHさんと私だった。

森林組合というと林業に関することだけをしているように思いがちだが、その他の事業を行っている組合も多い。それは、その森林組合の基盤となる地域の状況によって多様である。木材の伐出・販売という、もっとも林業らしい事業が中心のところも多いが、林業は、その他にも木材となる樹木を植え、育てる仕事もある。そのような事業ももちろん森林組合の仕事の一部である。

もっとも森林組合は地域の森林所有者による協同組合であるから、その事業の目的は森林所有者の資するものとなる。そのため、例えばある地域がシイタケ生産が盛んであれば、それを主とした森林組合の経営もあり得る。私の勤めることになったこの森林組合は、山菜加工からソーメンを中心とした麺類の製造・販売などを行う多角経営化した森林組合であった。

こう説明しても、森林組合とソーメンというのはあまり結びつかないかもしれない。ソーメンがこのむらの特産品というわけでもない。では、なぜ森林組合がソーメンを作っているのかというと、過疎化の影響で他の企業が育たない中で、森林組合が村人の雇用を確保する事業体として成長したのである。

このような森林組合の発展形態というのは、全国的にも珍しいが、過疎に抵抗して独自の道を歩むバイタリティを評価してもいいと思う。

移住者になるには

この本を読んでいる人の多くは、田舎で暮らしたいと漠然と考えているのかもしれない。理由は様々だと思うが、今の暮らしがどうもしっくりこない、もっと自分らしい生き方があると考えている人も少なくないことだろう。

では、どのようにして移住地を見つけられるだろうか。全国には、すでにたくさんの移住者がいる。

彼らの多くが移住先を見つけるに当たって、はじめに転職情報誌やインターネットなどの情報にアクセスして、移住者を募集している自治体や企業を見つけ出し、条件に近いところにコンタクトを取るという手順を踏んでいる。

林業への就職の場合は、森林組合や林業をしている第３セクターが主な就職先となる。これらの事業体は、その事業体のある自治体と密接な協力関係をもって移住者募集に踏み切っていることが多い。

それは事業体の規模が単独で、移住者を受け入れるだけの力がないという事情もあるが、林業という仕事自体が、その地域にとっては一産業を超えて地域資源の管理といった公共的な役割を担っているためでもある。

現実としては、林業作業員募集という形態をとらざるを得ないけれども、受け入れ先の多くは過疎という問題を抱えており、文字どおりの林業労働力として以外にも、地域の一員としての移住者を期待している。

したがって、直接人口増になるということで、家族連れを優先的に雇用するところが多い。家族連れなら、すぐに辞めたりしないだろうという安心感もある。また、子どもが一人増えたために学校が廃校にならなくなったという場所もある。でも、単身者はお断りかというと、そうではない。事業所と自治体の考え方によるのだ。

住居については、ほとんどの受け入れ先が面倒をみてくれている。それも村営住宅等の家賃が格安のところを紹介してくれるだろう。

しかし、収入については、都市で得ていた収入に較べて一時的には大幅に減ることは覚悟しないといけない。このことは、就職に先立って話しがあるだろうが、給料収入以外の家計の変化を考えておくべきである。例えば、奥さんがパートに出るようなところは、都会のように豊富ではない。逆に近くに家庭菜園が借りられるかもしれないし、仲間と一緒に田を借りることもできる。

家計については、それら総合的な生活の変化を考えておくべきだろう。

（大成浩市）

（おおなり・こういち）
1969年広島生まれ。東京育ち。1992年から２年間、富山県利賀村森林組合で造林・保育事業を担当する。その後、京都大学大学院農学研究科を経て、現在、京都大学大学院助手。

コミュニケーションは、まず一言から

②農山村のくらし
山と林業が新しいくらしを提案する

山に住み、山で生きる者の特権

秋になって、マイタケがたくさん採れたから食べに来いとN・Yさんから電話をもらった。N・Yさんの家は、当時、所属する作業班の班長の家の隣にある納屋を改装したものだった。納屋といっても、親子5人が暮らすには十分な広さだった。会社勤めをしていたけれども、セミプロのミュージシャンとしても腕をふるっていたN・Yさんの家には、大きなラックいっぱいの楽器があって、遊びに行くとブルーグラスを聞かせてくれた。後からやってきたN・Yさんだったが、兄貴のような存在になっていた。

彼の家に着くと、ミカン箱にあふれんばかりのマイタケがあった。まだ、ところどころに土や木屑がついていた。今日は仕事をそうそうに切り上げ、作業班全員でマイタケを取りに行ったそうだ。

というのもベテラン班員の何人かが、数十年前に今日の現場の近くでブナの巨木を切り倒したことを覚えていて、そろそろマイタケでも出ているころだろうと言ったからだ。そして、案の定、そのブナの倒木にはびっしりとマイタケが生えていたのだ。

「マイタケを見た時は、うれしくて飛び跳ねてしまったよ。」とN・Yさんは言った。

踊り出してしまうくらいうれしくなるから、マイタケと言うともベテラン班員に聞いたという。その日は、N・Yさんの奥さんにマイタケ汁や天ぷら等をごちそうになった。

山の記憶は、ときたまそんなプレゼントをくれる。それは、山に住み山で生きる者の特権である。森林組合の仕事で、造林地に新たに林道を敷設するときにも山に住む者だけが知る「智恵」があることを知った。

山の智恵

林道の路線を計画するのは、課長のMさんの仕事である。林道敷設は地図で山の傾斜を見ながら何度も計画地を測量して、計画地を歩かなければならない大変な作業である。地図上でいくら最適な路線を引いたところで、山にはいたるところに岩（ガン）が出、沢（サワ）が流れている。

けれども、それがMさんの手にかかると、現場で山を見ながら最適な路線が引ける。Mさんの頭には、むらの山肌を刻む岩や沢が全て入っているからだ。それは、数十年にわたる山との暮らしの中で獲得したものである。利賀の山なら全部歩いたと、Mさんは言う。

マイタケや林道を通して、山の知恵を知った。学校で教えてくれる知識というのは、個々の地域の様々な特殊性には当てはまらない場合もある。その地に長く関わり、獲得した経験と知識を融合させた結果、山の知恵が生まれるのだと思う。

都市に住んでいたたくさんの若者が山村に移り住めば、都会で獲得した知識を活かし、新しい山の知恵が育っていくことだろう。そして、それを都市に伝えていくこと、活かしていくことが、「新山村業」の役割なのである。

むらのデザイン

私たち、森林組合の職員は、雪解けを待たずに林道を塞ぐ雪を割りに行く。この仕事は、一刻も早く現場仕事が始められるようにするのだが、そのまま「雪割り」と呼んでいる。

以前は、スコップなどを使っていたのだろうが、今ではパワーショベルで雪を掘り進む。そのような重機を使うおかげで、ずいぶん仕事ははかどるようになったが、一人で済む仕事にもなってしまった。昼時などは、スギの枝から雪が落ちる音に驚きながら、一人で弁当を広げる。雪に照り返された日射しがずいぶん眩しく感じる。その雪の下から芽を出しているフキノトウが、私たちが真っ先にいただける山の幸である。

近世までの利賀村は、他の多くの山村に見られるように粟や稗、蕎麦などの穀類を主食にし、おかずにはウドやゼンマイ・ワラビなど山菜や漬け物の他に豆腐などが添えられていたようだ。今でも、祝い事の席では、豆腐や山菜の煮しめがごちそうとして出される。

山菜の宝庫の利賀村は、雪解けの頃から、それを目当てに多くの人がやってくる。もちろんむらのじっちゃんもばっちゃんもこの時を待ちかまえていて、冬の間にコロコロに太った体を重そうにヤマへと向かっていく。

本格的な山菜のシーズンになると、まちから山菜専門家とおぼしき人が来る。彼らが採るものは珍しい山菜で、料亭等にも出されるそうだが、むらの人はあまり食べない。もちろん、むらに生える植物のことは何でも知っている古老もいる。けれど、少量しか採れない山菜では料理法が確立されなかったのかもしれないし、山菜はあくまで日々の食べ物であったから、珍しいものをありがたがるということにはならなかったのかもしれない。

そういえば、むらではツクシを食べない。ツクシを採っていくのはまちの人だけである。むらの人は、「あんなモノあんまりうまかねえ」と言う。有り余る程の山菜の中からうまいモノだけを集めて利賀村のごちそうはできたのかもしれない。

むらで採れた山菜や木の実や野草を、料理したり薬酒にしたり飾ったりして、家々は彩られている。むらの生活は、こういった自然の幸を活かしてデザインされている。

むらにある知恵を手本に、新しい生活のデザインをしていくことは、新山村業の大きな楽しみとなるだろう。

むらを飾る景観林業の発想

これから山村へ移住しようとする人の何人かは、林業関係に就業するだろう。けれども、目下のところ日本の林業というのは、あまり儲かる商売ではなくなっている。

例えば、現在の林業の問題というと、すぐに木材価格の低迷や林業労働者の高齢化という経済的な問題が返ってくる。

すなわち、現在の林業（基本的に木材生産を中心）では、数十年かけて育ててきた木材の一部分が市場で価値を付けられ、立木の木材以外の部分は、ほとんど経済的な評価をされない。森林の環境的機能や景観などの文化的価値は、ほとんど経済的価値を認められていない。

しかし、経済的な価値だけの林業（木材生産だけの林業）は、多くの人々が期待するものではなくなっている。日本でも森林に対しては環境や国土保全といった役割が期待されるようになっている。

これから、森林資源をどのように活用していくべきだろうか。そして、森林の新しい価値を創造していくことは、新山村業を目指す人たちへの大きな宿題となるだろう。そのヒントを紹介したい。

三重県の宮川村の村長は、別名「モミジ村長」と呼ばれている。その理由は、村の街道沿いにモミジを植えているからである。

宮川村は三重県でも林業の盛んな地域の一つであるが、それに加えて豊かな森林をも誇っている。そのような森林とともにあるむらの魅力を景観の上からも知らしめようというのが、村長のねらいのように思う。

この村のように他所の人から見た村の景観を気にするのはとてもいいことだと思う。姿形を彩るように自らの住む村を飾るのは、村に対する愛着が増すことになる。

そのような村を飾る発想で林業を行うことも考えられないだろうか。

むらを演出する新山村業

山道を車で走っているときにフッと「ああ、ここが村境かもしれない。それとも山持ちが変わったかな？」と思う時がある。流れていく人工林の様子が変わるからである。手入れの行き届いた人工林は、一番手前に並ぶ木の幹がきれいに見える。着物の裾からのぞく足首のように清く感じる。

反対に、手入れをしていない林は、人工林とは一見して分からない。つるが繁茂し、まるで草の壁のように見える。その壁の上端にモコモコとしたスギの先端が見える様は、哀れなものだ。

山の肥やしは人の足跡（あしあと）なのである。極相に達した原生の森の鮮やかな緑は素晴らしいが、人の手の入った人工林の深い緑も美しいと思う。

そのような人と森林の関わりが密に続いているような山の姿を、日本中で見たい。それは、新山村業を志す人とむらの人、まちの人（例えば森林ボランティア）との新しい関係を築くことによって可能になるだろう。

現在、森林・林業ボランティアに参加する人は少なくない。これからも、

林業を演出する発想を大事にしたい

Column

そのようにして森林と関わっていきたいという人は増えていくだろう。

そのようなボランティアの受け入れ先は、一部の懐の深い森林所有者や、行政主催の場合には県有地などの限られた森林である。その活動の場を、地域の幹線道路沿いへと移してみればいい。そして、ボランティアの力で道路沿いの森の手入することによって、地域の森林景観を美化することへ広げてみてはいかがだろうか。

森林ボランティアが手入れする森を探すとき、所有者の同意を得ることが課題となる。しかし、所有する森林のうち、道沿いのわずかな部分だけを施業するのであれば、同意は得やすいだろう。そして、そのような同意の積み重ねは、所有者に林業への関心を呼び戻すことにつながるという副作用ももたらす。

こうした所有者から同意を得てボランティアを組織し、運営するのは、新山村業の仕事の一つである。

もちろん、見た目を考えた景観林業にどれほどの意味があるのかと訝しく思う方もおられるにちがいない。

しかし、地域の森林景観の美化は大きな力を持ってくる。美しい森は、街道を通行する人の目にとまり、その地域の評価を高めることにつながる。また、ボランティアにとってはきれいな森の景観ができたという、分かりやすい成果として満足度を増すだろう。それが都市に住むボランティアとむらの結びつきを強めるだろう。お金だけではない都市とむらの継続的な協力関係をつくるのだ。

いま、林業は
輝きをもった生き方となる

林業で働きたいという若者を応援しようということで、林野庁は平成8年度から「全国林業労働力確保支援センター」を各県に設置し始めた。このセンターは、各都道府県の林業事業体の求人情報などを集約して広報するものである。この林業労働力確保支援センターは、ホームページによる情報発信をしている。そこでは、林業に入りたいという人が自由に質問や情報を書き込める「森林の広場」と名付けた掲示板を開設し、私はそこの案内役をしている。ホームページへのアクセスは、半年あまりで3万件を超えた。多くの人が、林業に関心を持っていることが分かった。

本当にたくさんの人が、林業や森林に関心を持っている。林業へ就業したいという人々の熱い思いも感じることができた。

このことは、今、日本の林業は森へ向かう人たちへ生き方を提案できる（売れる）“産業”になっていることを表しているように思う。生き方というのは、林業に就業した人の生き方ばかりではない、林業や森に熱い思いを寄せる人たちの生き方もである。

日本全体を見渡してみても、生き方を売れる産業というのは、わずかしかないだろう。だからこそ、今、林業は輝きを持った生き方なのである。

その林業で暮らしつつ、むらの知恵を吸収し、都市と山村を結びつける仕事を新山村業は提案している。これから育っていくだろう「新山村業」に、あなたも加わってみてはいかがだろうか。

（大成浩市）

いいえ、輝きをもった生き方を提案できるのが林業です

林業実践ブック キーワード集

林業の現場で使われる用語、知っておきたい技術用語を中心に紹介します(50音順)。

あ 行

育成林

植栽の有無にかかわらず、育成のために人手を積極的に加えていく森林のこと。

育成複層林施業

森林を構成する林木を択伐等により部分的に伐採し、人為により複数の樹冠層を構成する森林として成立させ、維持していく施業。
上・下木とも人工植栽による従来の複層林施業をはじめ、人工植林地に天然広葉樹を導入する混交林施業、里山林等で景観形成のため花木の植栽やかん木の除・間伐をする施業、天然林を択伐などで部分的に伐採し、その後更新の補助や除・間伐などの保育作業をする施業なども含まれる。

育成単層林施業

森林を構成する林木の一定のまとまりを一度に全部伐採し、人為により単一の樹冠層を構成する森林として成立させ、維持する施業。
スギ・ヒノキ等の皆伐一斉林施業のほか、クヌギ等の萌芽更新および芽かき等を行う短伐期施業も含まれる。

入会林

現在の大字や集落など江戸時代の村を単位として、そこに住む住民が共同で利用するための森林。

植え付け

→植栽

運材

木材の運搬のこと。主に市場等への運搬を指す。

エコシステムマネージメント

森林生態系の知識を重視した森林管理のこと。持続可能な森林生態系の管理が森林管理の基本原則であるという考えが根底にある。

枝打ち

立木の一定の高さまで枝を切り落とす作業。節のない木材や、年輪幅を調節し質の高い木材を生産するために行う。

か 行

皆伐

森林の林木の全部あるいは大部分を一時に伐採し、収穫する方法。

皆伐一斉林施業

森林の林木の全部あるいは大部分を一度に伐採して収穫し、伐採跡地に一斉に同齢林を更新する施業。

刈払い

→下刈り

官行造林

土地所有者と契約を結び収益を分収する条件で国が行う造林。

間伐

混みすぎた森林を適正な密度にして健全な森林に導くために、また利用できる大きさに達した立木を徐々に収穫するために行う間引き作業。間伐によって生産された木材を「間伐材」と言う。

気象害

気象現象による森林被害のことで、風害、雪害、凍害、潮害などがある。

形状比

立木の樹高（単位：cm）を胸高直径（単位：cm）で割ったものを形状比という。例えば樹高18m（1800cm）で胸高直径20cmの立木の場合、形状比は90となる。形状比が80～90を越えると、雪害・風害を受けやすくなり大変危険。形状比を低く保つには適切な間伐が必要となる。

更新

森林の樹木の世代交代。目的に適した樹種を早く、効率的に世代交代できるのが人工林施業の利点である。

高性能林業機械

立木の伐採、造材、運搬などの作業を行う重機類のこと。プロセッサ、タワーヤーダ、フォワーダなどがある。

公有林

地方公共団体が所有する森林。都道府県有林、市町村有林などが、民有林に含まれる。

国有林

国が所有する森林のこと。大半は林野庁の管轄だが、文部科学省、財務省などが管轄するものもある。

さ 行

作業道

林道等から分岐し、立木の伐採、搬出、造林等の林内作業を行うために作設される簡易な道路。

里山

農山村の集落の近くにあり、農家の生業のもと利用されてきた林野のこと。対照語として奥山があり、類似語に生活や農業用資材に利用されてきた農用林や、主に薪炭生産用に充てられてきた雑木林がある。
また、里山林をはじめとして、近接する田んぼ、溜池、あぜ道、土手の草地、用水路からなる、農的営みと一体の景域・景観を里山と呼ぶことがある。

資源の循環利用林

安定して木材を供給する働きを重視する森林で、森林・林業基本計画で3区分されたものの一つ。主に、木材生産を目的に造林されたスギ、ヒノキ、カラマツなどの人工林が区分される。

地ごしらえ(じごしらえ)
植栽予定地で、苗木の植え付けがしやすいよう、雑草木を刈り払うなど、植栽地を整理する作業のこと。

下刈り(したがり)
目的の樹種(例えばスギ、ヒノキ)を植え付けた後、その生育を阻害する植物を刈り払う作業。一般に植栽後の数年間、毎年、春から夏の間に行われる。

市町村森林整備計画(しちょうそんしんりんせいびけいかく)
市町村が講ずる森林施策の方向を示すとともに、森林所有者が行う伐採、造林等の森林施業の指針となるものとして、市町村が民有林について10年を1期として5年ごとに立てる計画。

獣害(じゅうがい)
獣類によって、樹皮をはがされたり若木が食害を受けたりする被害のこと。

集材(しゅうざい)
伐採した木を一定の場所へ集める作業のこと。

集成材(しゅうせいざい)
板材や角材を、厚さ、幅、長さ方向に接着して集成した木材。

主伐(しゅばつ)
利用期に達した樹木を伐採し収穫すること。間伐と異なり伐採後、次の世代の樹木の育成を行う。

私有林(しゆうりん)
個人または私法人の所有する森林。

小班(しょうはん)
森林を尾根や谷など天然地形によって細分したものが「林班」で、林班をさらに細かく分けたものが小班である。小班は、林相、樹種、林齢などが異なるごとに設ける。

植栽(しょくさい)
苗木を植え付けること。

植林(しょくりん)
植栽によって森林を造り上げること。植林は、森林でなかったところに、森林を新たに造成する場合によく使われ、その場合には裸地造林とも言う。なお、造林は天然更新も含む。

除伐(じょばつ)
目的樹種(例えばスギ、ヒノキ)以外の進入して生育してきた樹種を中心に、生育や形状の悪い目的樹種も含めて間引く作業。

針広混交林(しんこうこんこうりん)
針葉樹と広葉樹が混じって生育する森林。

振興山村地域(しんこうさんそんちいき)
山村の振興を目的として制定された山村振興法に基づき指定された山村を「振興山村」という。旧市町村を単位とし、林野率が75%以上、人口密度が1.16人/ha未満であり、当該地域の生活環境や産業基盤等の整備が遅れている地域が指定されている。

人工林(じんこうりん)
植栽などによって、人の手によって仕立てた森林。

薪炭林(しんたんりん)
薪や木炭の原木など燃料を供給する森林。

森林インストラクター(しんりんいんすとらくたー)
一般の人に森林や林業の知識を与え、森林の案内や森林内での野外活動の指導を行う者で、(社)全国森林レクリエーション協会の認定資格。

森林組合(しんりんくみあい)
森林組合法に基づいて組織された、森林所有者を組合員とする協同組合。

森林経営計画(しんりんけいえいけいかく)
持続的な森林経営を図るために森林所有者等が5年間の自らの森林施業について立てる計画。森林の面的なまとまりの確保、森林の保護に関する事項の追加、森林経営の受委託の推進、間伐の計画面積基準の設定という点で、従来の森林施業計画とは大きく異なる。

森林計画制度(しんりんけいかくせいど)
健全な森林を計画的に維持・造成するため、森林法に基づいて国、都道府県、市町村の連携により森林・林業の長期的・総合的な施策の方向と森林整備の目標、森林施業の指針等を定める制度。国が策定した森林・林業基本計画を受け、国レベルの全国森林計画、都道府県レベルの地域森林計画(民有林の場合)、市町村レベルの市町村森林整備計画、森林所有者等レベルの森林経営計画と体系的なものとなっている。

森林整備地域活動支援交付金(しんりんせいびちいきかつどうしえんこうふきん)
森林施業計画が認定を受けた森林で一定の要件を満たす場合に、現況調査や歩道の整備などに対して支払われる交付金。

森林総合監理士(しんりんそうごうかんりし)(フォレスター)
地域の森林管理を総合的視点で支援する技術者。市町村森林整備計画の作成、合意形成、実現に向けての支援を行い、森林経営計画の認定・実行監理を行う。計画の達成のために様々な場面で連携や調整、技術・知識に関する指導・助言を行う。林業普及指導員資格試験の試験区分「地域森林総合監理」に合格した者。

森林施業(しんりんせぎょう)
目的とする森林を造成、維持するための造林、保育、伐採等の一連の森林に対する行為。

森林施業計画(しんりんせぎょうけいかく)
森林所有者などが作成する5年間の伐採(間伐を含む)、造林、保育等の計画(平成26年より計画の名称が森林施業計画から森林経営計画と改められました)。

森林と人との共生林（しんりんとひととのきょうせいりん）

原生的な森林生態系などの貴重な自然環境を保全したり、森林レクリエーションや教育の場など森林とのふれあいの場としての利用を重視する森林。森林・林業基本計画で3区分されたものの一つ。

森林の機能別3区分（しんりんのきのうべつさんくぶん）

わが国の森林は、森林・林業基本法の制定を受けて策定された森林・林業基本計画に沿って、重視すべき機能に応じ「水土保全林」「森林と人との共生林」「資源の循環利用林」の3つに区分されている。

森林の多面的機能（しんりんのためんてききのう）

森林には、国土の保全、水源のかん養、自然環境の保全、保健休養の場の提供、地球温暖化の緩和、木材等の林産物の生産など、多くの働きがある。こうした働きを「森林の多面的機能」という。日本学術会議による「地球環境・人間生活にかかわる農業及び森林の多面的機能の評価について」では、森林の多面的機能を貨幣換算すると年間約70兆円になるとしている。

森林・林業基本法（しんりん・りんぎょうきほんほう）

森林に対する国民の要請の多様化、林業を取り巻く情勢の変化などを受け、林業基本法を改定して制定された法律。木材生産を主体とした政策から、森林の機能の持続的発揮を図るための政策へと転換した。

水源かん養機能（すいげんかんようきのう）

洪水を緩和させる、流量を安定させる、水質を浄化するなど、森林のもつ水資源を保全する働き。

水土保全林（すいどほぜんりん）

良質で安全な水を供給する水源かん養の働き、山崩れや土砂流出などの山地災害を防止する働きなどを重視する森林。森林・林業基本計画で3区分されたものの一つ。

スキッダ（すきっだ）

装備したグラップルにより、伐倒木を牽引式で集材する集材専用トラクタ。

造林（ぞうりん）

植栽や天然更新で森林を育成管理すること。

製材（せいざい）

丸太から角材や板材を挽き出すこと、またはその製品。

穿孔性害虫（せんこうせいがいちゅう）

カミキリムシ、キクイムシ、ゾウムシ、キバチの仲間など、樹木の主に幹の部分を食害する昆虫の総称。

選木（せんぼく）

間伐の際に、伐る木と残す木を選んで決めること。

雑木林（ぞうきばやし）

主に木材用途以外の樹種で構成され、燃料や食料を調達するなど、古くから生活に密着していた森林。里山と同じ意味で使われることも多い。

造材（ぞうざい）

切り倒した立木の枝を払い、用途に応じた長さに切って丸太にすること。

素材生産（そざいせいさん）

立木を伐採し、造材して素材（丸太）を生産すること。

た 行

択伐（たくばつ）

主伐の一種で、単木もしくは小面積で行う伐採。

タワーヤーダ（たわーやーだ）

人工支柱を装備した移動可能な架線式集材機。

地位（ちい）

土地のもつ生産力の良し悪しを5等級にランク分けしたもの。

力枝（ちからえだ）

木の枝の中で、最も太い枝のこと。

稚樹（ちじゅ）

樹木の子ども。高さ30cm程度までのものを指す場合が多いが、はっきりした基準はない。

中山間地域（ちゅうさんかんちいき）

中間農業地域と山間農業地域をあわせたもので、耕地率が20%未満、森林率50%以上の地域のことを指す。国土面積の7割、森林面積の8割を占めている。

長期育成循環施業（ちょうきいくせいじゅんかんせぎょう）

抜き伐りをくり返しながら徐々に更新を図り、複層状態の森林に導いていく施業。公益的機能の高度発揮や森林資源の持続的利用に資する施業として期待されている。

長伐期施業（ちょうばっきせぎょう）

伐期齢（項目参照）が高い施業のことで、おおむね標準伐期齢の2倍以上の林齢を伐期齢とする。

つる切り（つるきり）

樹木の幹に巻きついたアケビなどのつる植物を根元から切り、取り除く作業のこと。

天然更新（てんねんこうしん）

自然の力でタネを散布したり、切り株から新芽が生えて世代交代すること。

天然生林施業（てんねんせいりんせぎょう）

主に天然力を活用することにより成立させ、維持する施業。

天然林（てんねんりん）

一般には人為の影響を受けていない森林を指すが、施業上は更新が人為的でないものであれば天然林としている。

特用林産物（とくようりんさんぶつ）

森林で生産される産物で、木材以外のもので、きのこや山菜、木の実などを指す。

土場

市場などに出荷する前に、木材を一時的に集積・貯蔵しておく場所のこと。

な 行

二段林

二層林ともいい、主に樹齢の違いによる上層木と下層木から構成される森林。

法面

地面の切り取りや盛り土によってできた人工的な斜面のこと。

は 行

ハーベスタ

伐倒、枝払い、玉切り（材を一定の長さに切りそろえること）の各作業と玉切りした材の集積作業を一貫して行う自走式機械。

伐期

林業経営の目的からみた、植栽から伐採までの年数。

伐採

立木を伐（き）り採（と）ること。

伐倒

立木を伐り倒す作業のこと。伐木ともいう。

パルプ

木材などを機械的・化学的に処理することによって得られる繊維のこと。主に製紙用原料として使用される。

フェラーバンチャ

立木を伐倒し、伐った木をそのままつかんで集材に便利な場所へ集積できる自走式機械。

フォワーダ

玉切りした材をグラップルを用いて荷台に積載し、運ぶ集材専用トラクタ。

複層林

主に樹齢の違いによって、林内に異なる樹高の層が複数できた森林。二段林も複層林のひとつ。

プロセッサ

集材された材の枝払い、玉切りと、玉切りした材の集積作業を一貫して行う自走式機械。

分収林制度

森林の土地所有者と、造林または保育を行う者の2者、あるいは、これらに費用負担者を加えた3者で契約を結び、森林を造成・育成し、伐採時に収益を一定の割合で分け合う制度。分収林には、植え付けの段階から契約を結ぶ「分収造林」と、育成途上の森林を対象に契約を結ぶ「分収育林」がある。

保安林

水源のかん養、山地災害の防止、レクリエーションの場の提供などについて、特に重要な役割を果たしている森林を国や都道府県が森林法に基づいて保安林に指定し、伐採を制限したり、適切な施業を行う等を通じて森林の期待される働きが維持できるように管理をしている。保安林の指定を受けると、伐採などの制限を受けることになるが、それを補うため税制面などの優遇措置も用意されている。

保育

植栽を終了してから伐採するまでの間に、樹木の生育を促すために行う下刈り、除伐などの作業の総称。

ま 行

松くい虫

一般に、マツを枯らす線虫（マツノザイセンチュウ）を媒介するマツノマダラカミキリの俗称。

緑の募金

緑の羽根で知られ、（公社）国土緑化推進機構と都道府県緑化推進委員会が主体となって行っている募金。集まった募金は、国内外のさまざまな森林づくりに活用されている。募金期間は春と秋。

民有林

国有林以外の森林。民有林には、私有林（林家などの個人、会社、寺社などが所有）、公有林（都道府県、市町村、財産区などが所有）などがある。

銘木

材質や形がとても優れていたり、鑑賞価値が高い、珍しいなどの木材の総称。

木酢液

木炭を作る時に出る煙から採れる液体。土壌改良、防虫、防菌などの働きがある。

や 行

要間伐森林

間伐または保育が適正に実施されていない森林で、間伐・保育を早急に実施する必要があるもののこと。

雪起こし

雪によって倒れた若い木を、幹が曲がったまま成長しないよう雪解け後にロープなどで引き起こして固定する作業。

ら 行

立木

土地に生育している樹木またはその集団のことを言う。

流域森林・林業活性化協議会（りゅういきしんりん・りんぎょうかっせいかきょうぎかい）

流域ぐるみで林業・林産業を活性化する流域管理システムの推進母体。活性化基本方針を取りまとめ、活性化実施計画の策定、情報の収集・提供などを行っている。協議会のメンバーは、地方公共団体、森林組合、林業経営者、林業事業体などから市民団体まで幅広い層で構成される。

林業普及指導員（りんぎょうふきゅうしどういん）

林業普及指導員は、林業関係の普及員として、森林所有者や林業に携わる人たち、山村に暮らす人々を支える都道府県の公務員。林業技術および知識の普及と森林施業に関する指導、林業後継者への学習機会の提供、山村づくりへの応援などを行っている。

林業事業体（りんぎょうじぎょうたい）

林家、林家以外の法人、団体、グループ。林家以外の林業事業体としては、会社、社寺、森林組合、造林組合、農協などの各種団体組合、財産区、市町村、都道府県、国などがある。

林業労働力確保支援センター（りんぎょうろうどうりょくかくほしえんせんたー）

「林業労働力の確保の促進に関する法律」に基づき、都道府県知事が指定する社団、財団法人。

林地開発許可制度（りんちかいはつきょかせいど）

森林の乱開発防止のため、森林法によって定められている開発規制措置。

林道（りんどう）

森林内に設けられた道路の総称。一般に車の通行できる道を指す。

林班（りんぱん）

森林資源管理上の単位で、字界、天然地形または地物をもって区画したもの。林班をさらに細かくした細分したものが小班。

林分（りんぶん）

人工林を取り扱う際の最小単位。樹木の種類やその大きさ・密度などがほぼ一定の集団（土地）のこと。

林齢（りんれい）

森林の年齢。人工林では、苗木を植栽した年を1年生とし、以後、2年生、3年生と数える。

路網（ろもう）

一般に林道・作業道（伐採や搬出のために設けられた簡易な道）の総称。

単位換算表

長さ

日本尺度	メートル法
1分（ぶ）	3.03 mm（ミリメートル）
0.33分	1 mm
1寸（すん）	3.03 cm（センチメートル）
0.33寸	1 cm
1尺（しゃく）	30.3 cm
0.033尺	1 cm
1尺	0.303 m
3.33尺	1 m（メートル）
1間（けん）	1.818 m
0.55間	1 m
1町（ちょう）	0.109 km（キロメートル）
9.1667町	1 km

1尺＝10寸　1寸＝10分　1間＝6尺　1町＝60間

木材材積

1立方尺	0.0278 m^3（立方メートル）
35.973立方尺	1 m^3
1石	0.278 m^3
3.5973石（こく）	1 m^3

1石＝10立方尺（末口1尺で長さ10尺の丸太の材積が1石）

面積

1平方尺	918.1 cm^2（平方センチメートル）
0.0010892平方尺	1 cm^2
1平方尺	0.0918 m^2（平方メートル）
10.892平方尺	1 m^2
1坪（つぼ）	3.3058 m^2
0.3025坪	1 m^2
1畝（せ）	0.9918 a（アール）
1.0083畝	1 a
1町（ちょう）	0.9918 ha（ヘクタール）
1.0083町	1 ha
1町	0.009918 km^2（平方キロメートル）
100.83町	1 km^2

1 ha＝100 a　1 km^2＝100ha
1坪＝1平方間　1畝=30坪
1町＝10反＝100畝＝3000坪

森林・林業に関する情報源

※2019年3月現在の情報です

農林水産省林野庁

〒100-8952
東京都千代田区霞ヶ関1-2-1
Tel：03-3502-8111（代表）
●農林水産省ホームページ
http://www.maff.go.jp/
●林野庁ホームページ
www.rinya.maff.go.jp/
www.facebook.com/rinyajapan

◆林政課渉外広報班
森林・林業情報全般
Tel：03-3502-8026

◆研究指導課
研究情報、林業普及情報
Tel：03-3502-1063

◆森林総合研究所
森林に関する試験・研究情報
〒305-8687
茨城県つくば市松の里1
Tel：029-873-3211
●森林総合研究所ホームページ
http://www.ffpri.affrc.go.jp/

全国の都道府県・市町村のホームページ集

●全国自治体マップ検索
www.j-lis.go.jp/spd/map-search/cms_1069.html

林業への就業に役立つ実用情報

●森と木と人の総合情報サイト
全国森林組合連合会
http://www.zenmori.org/
●「森林就業支援ナビ」森林の仕事ナビ。林業の現場で仕事探しに役立つ情報満載
http://www.nw-mori.or.jp/
●全国の農山村情報―全国山村振興連盟
http://www.sanson.or.jp/
●地域活性化センター
www.jcrd.jp
●「フォレスターネット」。約1万件のデータベース。山村回帰支援情報や林業経営・技術・研究情報。
http://www.foresternet.jp/
●森林・林業の入門書、資料情報など（全国林業改良普及協会）
http://www.ringyou.or.jp/

参考図書紹介

●森林・林業全般

・全林協編『ニューフォレスターズ・ガイド　林業入門』全国林業改良普及協会
・東京農工大学農学部林学科編『林業実務必携』朝倉書店
・月刊『林業新知識』全国林業改良普及協会
・月刊『現代林業』全国林業改良普及協会

●森と人とのかかわり

・中島彩『今日も林業日和―ナカシマ・アヤの現場日誌　山、仕事、愉快な仲間たち』全国林業改良普及協会
・湯浅勲『林業を天職に！人生を愉しむ仕事術』全国林業改良普及協会
・梶谷哲也『梶谷哲也の達人探訪記』全国林業改良普及協会
・大橋慶三郎『大橋慶三郎　林業人生を語る』全国林業改良普及協会
・全林協編『森林とわたしたちシリーズNO.1～NO.4』全国林業改良普及協会
・全林協編『森と人シリーズNO.1～NO.4』全国林業改良普及協会
・全林協編『森林の本シリーズNO.1～NO.4』全国林業改良普及協会
・全林協編『森林と日本人』全国林業改良普及協会

●森林に関する知識・科学

・大橋慶三郎『写真解説　山の見方　木の見方　森づくりの基礎を知るために』全国林業改良普及協会
・藤森隆郎『森林生態学　持続可能な管理の基礎』全国林業改良普及協会
・正木隆『森づくりの原理・原則　自然法則に学ぶ合理的な森づくり』全国林業改良普及協会
・酒井秀夫・吉田美佳『世界の林道　上・下巻』全国林業改良普及協会
・ISA（International Society of Arboriculture）ほか『ISA公認テキスト アーボリスト®必携 リギングの科学と実践』全国林業改良普及協会

〈全林協編　森のセミナーシリーズNo.1～10〉
・No.1『森と水　水を育む森、森を育む水』
・No.2『くらしと森林　災害を防ぎ、くらしを彩る』
・No.3『地球と森林　温暖化を防ぐ森林・木材』
・No.4『私たちの人工林　再生資源をつくろう、つかおう』
・No.5『里山の雑木林　みんなで活かそう、くらしの森』
・No.6『くらしと木材　環境共生のすまいづくり』
・No.7『森のバイオマスエネルギー　地域資源で快適・おしゃれなあたたかさ』
・No.8『森をゆたかにする間伐　歴史、生態から技術、経済まで』
・No.9『森林・林業の仕事図鑑　森をつくる・人をつなぐ・木を活かす』

・No.10『森と健康　自然がくれる心とからだの癒し』
すべて全国林業改良普及協会

●森林境界確認、GPS・GIS
・全林協編『林業GPS徹底活用術』全国林業改良普及協会
・全林協編『続 林業GPS徹底活用術 応用編』全国林業改良普及協会
・竹島喜芳『森林境界明確化』全国林業改良普及協会
・竹島喜芳『DVD付き フリーソフトでここまで出来る 実務で使う林業GIS』全国林業改良普及協会
・喜多耕一『業務で使う林業QGIS徹底使いこなしガイド』全国林業改良普及協会

●造林・育林
・藤森隆郎『「なぜ3割間伐か?」林業の疑問に答える本』全国林業改良普及協会
・津布久隆『木材とお宝植物で収入を上げる 高齢里山林の林業経営術』全国林業改良普及協会
・津布久隆『補助事業を活用した里山の広葉樹林管理のマニュアル」全国林業改良普及協会
・石垣正喜『刈払機安全作業ガイド—基本と実践』全国林業改良普及協会
・鋸谷茂『鋸谷式間伐　実践編　なるほどQ&A』全国林業改良普及協会
・鶴岡政明『イラスト図解　造林・育林・保護』全国林業改良普及協会

●木材生産・利用
・赤堀楠雄『有利な採材・仕分け実践ガイド』全国林業改良普及協会
・丹羽健司『「木の駅」軽トラ・チェーンソーで山も人もいきいき』全国林業改良普及協会
・小田桐久一郎『小田桐師範が語る　チェーンソー伐木の極意』全国林業改良普及協会
・ジェフ・ジェプソン『「なぜ？」が学べる実践ガイド　納得して上達！伐木造材術』全国林業改良普及協会
・酒井秀夫『実践経営を拓く　林業生産技術ゼミナール　伐出・路網からサプライチェーンまで』全国林業改良普及協会
・遠藤日雄『「複合林産型」で創る国産材ビジネスの新潮流ー川上・川下の新たな連携システムとは』全国林業改良普及協会
〈全林協編・道具と技シリーズ〉
『Vol.1チェーンソーのメンテナンス徹底解説』
『Vol.5 特殊伐採という仕事』
『Vol.6 徹底図解　搬出間伐の仕事』
『Vol.7ズバリ架線が分かる　現場技術大図解』
『Vol.8パノラマ図解　重機の現場テクニック』
『Vol.9 広葉樹の伐倒を極める』
『Vol.10 大公開　これが特殊伐採の技術だ』
『Vol.11 稼ぐ造材・採材の研究』
『Vol.12私の安全流儀　自分の命は、自分で守る』
『Vol.13 材を引っ張る技術いろいろ』
『Vol.14 搬出間伐の段取り術』
『Vol.15 難しい木の伐倒方法』
『Vol.16 安全・正確の追求ー欧州型チェーンソーの伐木教育法』
『Vol.17 皆伐の進化形を探る』
『Vol.18 北欧に学ぶ 重機オペレータのテクニックと安全確保術』
『Vol.19写真図解 リギングの科学と実践』
すべて全国林業改良普及協会
・岡橋清元『現場図解 道づくりの施工技術』全国林業改良普及協会
・大橋慶三郎『作業道 路網計画とルート選定』全国林業改良普及協会
・湯浅勲+酒井秀夫『これだけは必須！ 道づくり技術の実践ルール 路網計画から施工まで』
・酒井秀夫『作業道ゼミナール　基本技術とプロの技』全国林業改良普及協会
・鶴岡政明『イラスト図解　林業機械・道具と安全衛生』全国林業改良普及協会
・大橋慶三郎『道づくりのすべて』全国林業改良普及協会

●森林環境教育
・全林協編『森林インストラクター入門』全国林業改良普及協会

●森林の相続・登記、法律相談
・鈴木慎太郎『林業改良普及双書 No.188　そこが聞きたい 山林の相続・登記相談室』全国林業改良普及協会
・北尾哲郎『林業改良普及双書 No.190 『現代林業』法律相談室』全国林業改良普及協会

●白書・統計資料ほか
・『森林・林業白書』(各年版)
・『環境白書』(各年版)
・林野庁編『森林・林業統計要覧』日本森林林業振興会
・農林水産省統計情報部編『木材需給報告書』(各年版)農林統計協会

執筆者紹介（敬称略　五十音順）

※肩書きは、本書初版発行時現在です。

青木広行（あおき・ひろゆき）　日田郡森林組合ログハウジング加工場

大内正伸（おおうち・まさのぶ）　イラストレーター

大成浩市（おおなり・こういち）　元京都大学大学院助手

桑原正明（くわばら・まさあき）　元林業機械化協会・技術士

河野晴哉（こうの・はるや）　林業・木材製造業労働災害防止協会調査役

櫻井尚武（さくらい・しょうぶ）　独立行政法人 森林総合研究所研究管理官

柴田順一（しばた・じゅんいち）　元独立行政法人 森林総合研究所研究管理官

垰田　宏（たおだ・ひろし）　独立行政法人 森林総合研究所四国支所長

高橋有二（たかはし・ゆうじ）　元東京都赤十字血液センター所長

原島幹典（はらしま・みきのり）　林業家・森林インストラクター

平沼孝太（ひらぬま・こうた）　農林水産省大臣官房企画評価課環境対策室監査官

藤森隆郎（ふじもり・たかお）　社団法人 日本森林技術協会技術指導役

山本哲也（やまもと・てつや）　北海道森林管理局旭川分局上川中部森林管理署長

協　力――――全国森林組合連合会

取材協力――――鋸谷　茂
佐藤壽彦
新島敏行

イラスト制作――たかやなぎきょうこ
たなかじゅんこ
鶴岡政明
長野亮之介
イナアキコ

装丁・デザイン――株式会社　インタービジョン
（塚本　丹・高橋由香里）

林業実践ブック　基本技術と安全衛生

全国林業改良普及協会　編

定価：本体5,300円＋税

発行　2021年6月15日　第14刷発行
発行者　中山　聡
発行所　全国林業改良普及協会
〒107-0052　東京都港区赤坂1-9-13三会堂ビル
電話　03-3583-8461（代表）
FAX　03-3583-8465
注文専用FAX　03-3584-9126
HP　http://www.ringyou.or.jp/
印刷・製本所　技秀堂
ISBN978-4-88138-130-4
Printed in Japan
